미술관에
간
해부학자

| 일러두기 |

• 본문에 등장하는 인명의 영문명 및 생몰연도를 괄호 안에 국문명과 함께 표기하였다.

  예 : 다 빈치(Leonardo da Vinci, 1452~1519)

• 미술이나 영화 작품 및 시는 〈 〉로 묶고, 단행본은 《 》, 논문이나 정기간행물은 〈 〉로 묶었다.

• 본문 뒤에 작품 색인을 두어, 작가명순으로 작품을 찾아볼 수 있도록 하였다.

• 인명, 지명의 한글 표기는 원칙적으로 외래어 표기법에 따랐으나, 일부는 통용되는 방식을 따랐다.

• 미술 작품 정보는 '작가명, 작품명, 제작연도, 기법, 크기, 소장처' 순으로 표시하였다.

• 작품의 크기는 세로×가로로 표기하였다.

• 본문에 등장하는 해부학 용어는 대한해부학회에서 집필한 《해부학용어》 6번째 판을 기준으로 하였다.

미술관에 간

명화로 읽는 인체의 서사

해부학자

이재호 지음

GALLERY OF ANATOMY

어바웃어북

해부학 발전의 숨은 공로자는
예술가들이다!

종종 어떤 기억은 특정한 냄새를 소환하기도 합니다. 의대생이 되어 맞이한 본과 1학년 봄은 코를 찌르는 포르말린 냄새로 기억됩니다. 봄부터 의사가 되기 위해 넘어야 할 첫 번째 산, 해부학 실습이 시작됩니다. 실습실 문을 열면 늘어선 철제 해부대 위로 하얀 방수포에 쌓인 카데바(cadaver)가 한 구씩 놓여 있습니다. 의학 교육 및 연구 목적으로 사용되는 시신을 카데바라고 합니다. 방수포를 벗기고 대면한 카데바의 위용에 얼어붙은 오감을 깨운 건, 다름 아닌 눈과 코로 쏟아지는 포르말린 냄새였습니다.

난생처음 마주한 카데바의 표정, 생김새, 체형, 피부에서 느껴지던 서늘한 감촉까지 그날의 모든 것은 기억 속에 선명하게 각인되어 있습니다. 비단 필자만이 아니라, 의사가운을 입은 지 수십 년이 지난 의사들 역시 그러합니다.

해부학은 인체를 이루는 구조물의 형태, 크기, 위치, 구조, 기능 등을 밝혀내는 학문입니다. 의사로서 질환을 진단하고 치료하는 데 있어 토대가 되는 학문이기에, 본과생이 되는 첫해에 해부학을 배웁니다.

카데바와의 첫 만남을 지배했던 감정이 두려움과 긴장이었다면, 실습이 거듭될수록 그 감정들은 경외감으로 바뀝니다. 뼈, 근육, 신경, 피부, 장기 등 인체 구조는 매우 정교할 뿐만 아니라 참으로 오묘합니다. 인체에 대해 하나하나 알아가다 보면, 결국 생명이 있는 모든 존재는 소중하다는 데 생각이 미치게 됩니다.

인체를 해부하는 것은 동서고금을 막론하고 오랫동안 금기였습니다. 현대 의학은 금기를 깬 많은 이들에게 빚을 지고 있다고 해도 과언이 아닙니다. 베살리우스(Andreas Vesalius, 1514~1564)는 수많은 금기를 깨고 의학 역사에서 가장 중요한 이정표를 세운 인물입니다. 그는 손으로 하는 모든 의료 행위를 이발사에게 맡기던 의학계의 오랜 관행을 깨고, 자기 손으로 인체를 해부했습니다. 1543년 그는 직접 사람의 몸을 해부하고 관찰한 내용을 담아 《인체의 구조에 관하여》라는 이름의 해부학 백과사전을 출간했습니다. 《인체의 구조에 관하여》에는 정확한 해부학 지식뿐만 아니라, 300점 이상의 정교한 해부도가 담겼습니다. 베살리우스가 정립한 해부학을 기반으로 의학은 눈부시게 발전했습니다.

놀랍게도 베살리우스보다 먼저 실제 사람의 몸을 해부해 정확한 해부학 지식에 근접한 인물이 있습니다. 바로 다 빈치(Leonardo da Vinci, 1452~1519)입니다. 글자와 말로 얻는 배움보다 경험으로 습득한 지식을 더 가치 있게 여겼던 다 빈치는 30구 넘는 시체를 해부하며 1800여 점의 해부도를 그렸습니다. 의사도 과학자도 아닌 다 빈치가 사람의 몸을 해부한 이유는, 인체를 보다 정확하게 그리기 위해서였습니다.

당시 교회법은 인체 해부를 금지하고 있었기 때문에 다 빈치는 사람들의 눈을 피해 은밀히 해부를 진행했다고 합니다. 방부처리 기술이 발달하지 못한 시대였으니, 시체가 내뿜는 악취와 참혹함은 상상 이상이었을 것입니다. 그럼에도 다 빈치는 한 구의 시체를 일주일 넘게 들여다보며 인체를 탐구했습니다. 그는 관상동맥을 최초로 정확하게 담았을 뿐만 아니라, 시신경이 뇌와 연결된다는 것도 가장 먼저 확인했습니다. 그가 남긴 1800여 점의 해부도는 인체 구석구석을 세세하게 알려주며, 현대 해부학자들을 놀라게 합니다.

다 빈치와 함께 르네상스를 이끌었던 많은 예술가들은 해부학 발전의 숨은 공로자들입니다. 신을 향하던 눈을 인간에게로 돌린 르네상스시대 예술가들은, 근육과 관절 등 인체의 움직임을 사실적으로 묘사하길 원했습니다. 미켈란젤로(Michelangelo Buonarroti, 1475~1564), 뒤러(Albrecht Düer, 1471~1528), 라파엘로(Raffaello Sanzio, 1483~1520) 등은 직접 메스를 들었습니다. 이 시기 예술가들은 당대의 어떤 의사보다 더 과학적인 시선으로 인체를 탐구했습니다.

인체를 해부하는 이유는 '인간'이라는 존재를 제대로 알기 위해서입니다. '나'를 아는 것은 우리가 사는 세상을 이해하는 출발점입니다. 해부학은 비단 의사라는 특정 전문직뿐만 아니라, 생로병사를 거치는 모든 인간에게 필요한 학문입니다. 해부학을 누구나 쉽게 이해할 수 있게 설명하고 싶은 필자의 눈앞에 펼쳐진 것이 수많은 미술 작품이었습니다.

거장들의 캔버스 앞에 서면, 카데바를 마주한 듯한 기분이 듭니다. 영국 원저궁을 방문해 다 빈치의 〈심장〉 스케치를 직접 봤을 때는 특히 놀랐습니다. 현대 해부학 교본에 들어간다 해도 손색없는 해부도가 눈앞에 펼쳐졌기 때문입니다. 실제로 그가 묘사한 심장의 프랙털 무늬는 500여 년이 지난 후

에야 기능이 밝혀졌습니다. 인류가 오랫동안 풀지 못한 심장 구조의 비밀에 대한 해답이 바로 미술관에 있었던 것이지요.

미켈란젤로가 〈아담의 창조〉 속에 숨겨놓은 뇌 단면도, 보티첼리(Sandro Botticelli, 1445~1510)가 〈봄〉에 그려놓은 허파, 다비드(Jacques Louis David, 1748~1825)가 〈호라티우스 형제의 맹세〉에 묘사한 두렁정맥, 베르메르(Johannes Vermeer, 1632~1675)가 〈우유 따르는 여인〉에 그린 위팔노근, 라이몬디(Marcantonio Raimondi, 1488~1534)가 〈파리스의 심판〉에 묘사한 볼기근……. 인간의 몸을 과학적으로 탐구했던 예술가들이 남긴 작품은 최고의 인체 탐구 자료입니다.

학창 시절 외우기 급급했던 인체 용어들을 하나씩 되짚어보니, 그 안에는 흥미로운 이야기들이 담겨 있었습니다. 림프, 승모판, 라비린토스, 견치 등 몸속 기관 중에는 신화 속 인물 혹은 닮은꼴 대상에게 이름을 빌려온 것이 많습니다. 신화, 종교, 역사 등 다양한 이야기를 품고 있는 미술 작품은 해부학을 쉽고 재미있게 설명할 수 있는 훌륭한 교재입니다.

해부학 실습 시간에 카데바를 본격적으로 해부하기에 앞서 반드시 거치는 과정이 있습니다. 시신을 기증하신 분들에게 묵념하는 일입니다. 지금부터 우리는 전 세계 미술관을 여행하며 인체를 탐험할 것입니다. 그 전에 인체의 아름다움과 신비를 알려줄 수많은 미술 작품을 그리고 조각한 예술가들에게 감사의 뜻을 표하는 시간을 가졌으면 합니다. 예술가들이여, 그대의 노고에 깊이 감사드립니다.

2021년 여름의 길목에서   이재호

CONTENTS

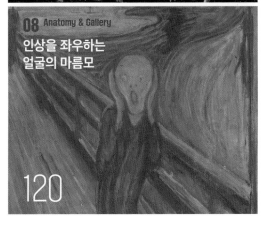

CONTENTS

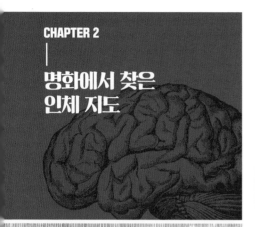

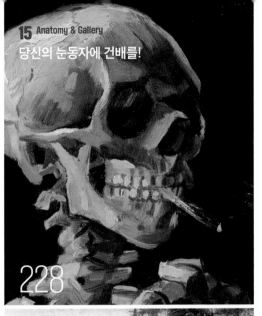

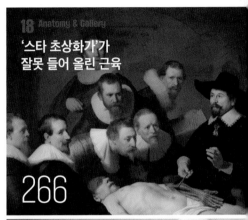

CONTENTS

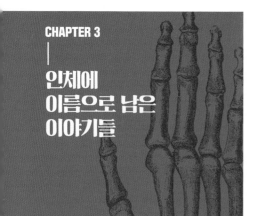

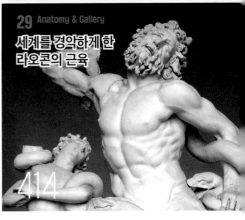

CHAPTER 1

해부학으로 푸는
그림 속 미스터리

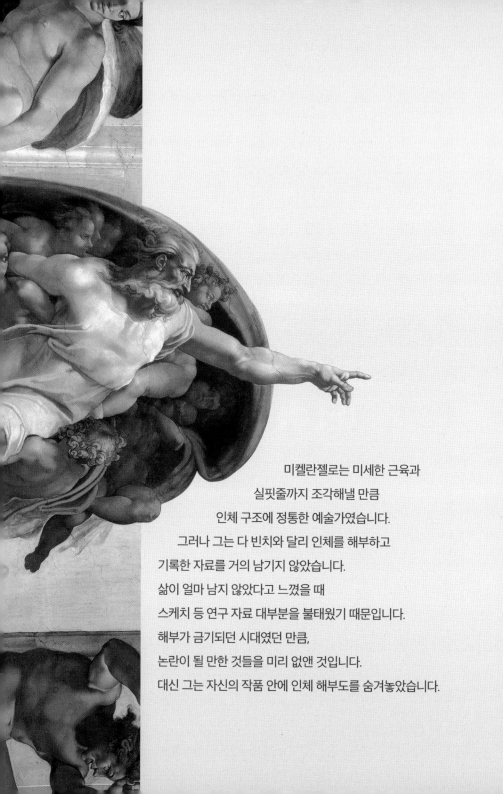

미켈란젤로는 미세한 근육과
실핏줄까지 조각해낼 만큼
인체 구조에 정통한 예술가였습니다.
그러나 그는 다 빈치와 달리 인체를 해부하고
기록한 자료를 거의 남기지 않았습니다.
삶이 얼마 남지 않았다고 느꼈을 때
스케치 등 연구 자료 대부분을 불태웠기 때문입니다.
해부가 금기되던 시대였던 만큼,
논란이 될 만한 것들을 미리 없앤 것입니다.
대신 그는 자신의 작품 안에 인체 해부도를 숨겨놓았습니다.

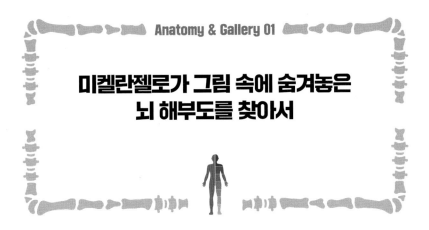

미켈란젤로가 그림 속에 숨겨놓은 뇌 해부도를 찾아서

이탈리아의 예술가 미켈란젤로(Michelangelo Buonarroti, 1475~1564)는 다 빈치(Leonardo da Vinci, 1452~1519)와 함께 '르네상스 최고의 예술가'로 불립니다. 하지만 미켈란젤로와 다 빈치는 '천재'라는 점 외에는 공통점이 별로 없었습니다.

다 빈치는 외모가 준수하고 패션 감각이 뛰어났으며, 성격이 온화하고 세속적 쾌락을 즐겼습니다. 반면, 미켈란젤로는 등이 굽고 키도 작았고 외모 콤플렉스도 있었습니다. 그는 동료 조각가에게 맞아 부러진 코뼈를 치료하지 않아서 코뼈가 주저앉은 채 평생을 살았습니다. 온종일 먼지투성이 작업복을 입고 있을 만큼 패션에 관심이 없었습니다. 괴팍하고 독선적인 성격 때문에 친구도 많지 않았습니다. 신앙심이 깊었던 미켈란젤로는 금욕주의자였습니다.

"세상에서 가장 아름다운 조각품이
되어야 할 것이다."
미켈란젤로에게 조각상을 주문한
의뢰인이 내건 계약 조건이다. 계
약대로 <피에타>는 시대를 초월한
명작의 반열에 올랐다. 미켈란젤로
는 예수의 근육과 혈관까지 사실적
으로 조각했다.

미켈란젤로 부오나로티, <피에타>,
1498~1499년, 대리석,
174×195×87cm,
바티칸 성 베드로 대성당

중요하게 생각한 예술 분야 역시 달랐습니다. 다 빈치는 회화를, 미켈란젤로는 조각을 중시했습니다. 미켈란젤로는 "조각은 회화를 비추는 횃불이다"라고 말할 정도로 조각을 사랑했지만, 다 빈치는 조각이 회화보다 아래에 있다고 말했습니다. 미켈란젤로는 다 빈치보다 스물세 살이나 어렸지만, 두 사람은 서로를 견제하며 경쟁했습니다.

실핏줄까지 깎아낸 천재 조각가

미켈란젤로는 스물넷의 젊은 나이에 자신의 3대 작품 중 하나인 〈피에타〉를 조각했습니다. '피에타(pieta)'는 연민, 자비, 동정심을 뜻하는 이탈리아어입니다. 〈피에타〉는 십자가에 매달려 죽은 예수를 성모가 품에 안고 있는 모습을 묘사한 작품입니다. 미켈란젤로는 성모의 무릎은 치맛자락을 이용해 상대적으로 크게, 예수의 몸은 상대적으로 작게 깎아서 어머니 품에 안긴 예수를 자연스럽게 표현하였습니다. 또한 미켈란젤로는 예수의 근육과 혈관까지 세밀하게 조각했습니다.

해부학적 사실성에 기반한 미켈란젤로의 〈피에타〉는 같은 주제를 표현한 작품들 가운데서 최고라고 평가받는 작품입니다. 미켈란젤로는 조각

〈피에타〉 중 예수 팔 부분 확대.

을 시작하기 전, 시체를 해부하거나 나무로 모델을 만드는 등 사전에 충실히 연구했습니다. 해부 시에는 외과 시술용 메스를 사용했고, 해부 내용은 그림으로 남겼습니다. 하지만 죽음이 임박했다고 느낀 미켈란젤로는 완성된 작품을 제외한 대부분의 스케치를 태워버렸습니다. 그래서 현대에 전해지는 그의 해부학 그림은 그 수가 매우 적어서 해부학에 정통했다는 사실은 잘 알려져 있지 않습니다. 다 빈치와 미켈란젤로 외에 뒤러(Albrecht Dürer, 1471~1528), 라파엘로(Raffaello Sanzio, 1483~1520)도 인체를 해부했습니다. 정확한 해부학 지식을 바탕으로 인체를 사실적으로 묘사하는 것은 르네상스 예술가들의 특징이기도 합니다.

'미켈란젤로 코드', 작품 안에 숨겨놓은 인체 해부도

미켈란젤로는 유년 시절 '이탈리아 회화의 아버지' 조토(Giotto di Bondone, 1266~1337)와 회화에 원근법을 최초로 사용한 마사초(Masaccio, 1401~1428)의 작품을 습작하였습니다. 또 열세 살 때부터 1년간 피렌체의 화가 기를란다요(Domenico Ghirlandajo, 1449~1494)에게 미술을 배웠고, 메디치 가문이 운영하던 조각학교에 입학했습니다. 르네상스의 열렬한 후원자였던 메디치가의 로렌초 공(Lorenzo de Medici, 1449~1492)은 실력이 출중한 미켈란젤로를 눈여겨보았고, 그가 훌륭한 예술가로 성장할 수 있도록 지원을 아끼지 않았습니다. 메디치가의 지원 아래 미켈란젤로는 의사이자 철학자인 메디고(Elia del Medigo, 1458~1493)에게 해부학을 배웠

미켈란젤로 부오나로티, 〈드로잉〉,
1511년, 종이에 백묵, 19.3×25.9cm,
런던 대영박물관

미켈란젤로 부오나로티, 〈아담의 창조〉,
1511~1512년, 프레스코, 280×570cm,
바티칸 시스티나 성당

 하나님과 아담의 첫 만남을 웅장하게
묘사한 <아담의 창조>에서 하나님과
천사는 뇌 단면과 절묘하게 닮아 있다.

습니다. 그런데 직접 인체를 해부할 기회가 좀처럼 오지 않자 신원 미상의 시체를 구해 직접 해부하기도 했습니다.

미켈란젤로는 작품에 집중하면 며칠간 옷도 갈아입지 않고 작업에만 몰두했습니다. 이런 그가 4년여간 공들여 완성한 천장화가 있습니다. 교황 율리우스 2세(Julius II, 1443~1513)의 명으로 바티칸 시스티나 성당 천장에 그린 〈천지창조〉입니다. 〈창세기〉를 모티프로 그린 이 작품은 길이 41m, 폭 14m에 300여 명의 인물이 등장하는 대작입니다. 시스티나 성당 천장은 높이가 20m에 달했습니다. 그는 천장 아래 세운 작업대에 앉아 고개를 젖힌 채로 4년 동안 이 넓은 공간을 채워나갔습니다. 심지어 미켈란젤로는 거의 혼자서 천장화 작업을 진행했습니다. 조수로 뽑은 화가들의 실력이 마음에 들지 않으면 모욕적인 말로 쫓아냈기 때문입니다. 이 완벽주의자 화가는 목과 안구 통증을 참아내며 천장화를 완성했습니다.

시스티나 성당 천장화 중에서 가장 유명한 작품은 최초의 인간 '아담(Adam)'이 탄생하는 장면을 그린 〈아담의 창조〉(22~23쪽)입니다. 왼쪽 하단에 비스듬히 앉아 있는 인물이 아담입니다. 오른쪽 상단에 구름과 천사들에게 떠받들린 채 아담에게 손을 내미는 이는 하나님입니다. 하나님은 나른하게 앉아 몽롱한 표정을 짓는 아담에게 생기를 불어넣기 위해 손을 뻗고 있습니다.

미켈란젤로가 그림 속 하나님과 아담의 근육을 사실적으로 표현하기 위해 얼마나 연구했는지 가늠해볼 수 있는 흔적이 런던 대영박물관에 있습니다. 종이에 붉은 백묵으로 그린 얼굴 없는 스케치(21쪽)의 주인공은 아담입니다. 미켈란젤로는 어깨, 몸통, 팔, 허벅지 근육을 놀라울 만큼 섬세하게 묘사하고 있습니다. 이처럼 미켈란젤로는 자신의 작품 안에 '인체 해부도'를 숨겨놓았습니다.

<아담의 창조>에 '인간의 뇌'가 있다!

미국 의사 메시버거(Frank Lynn Meshberger, 1947~2020)는 1990년 〈미국의학협회지〉에 미켈란젤로가 〈아담의 창조〉에 그린 하나님의 형상이 사람 뇌의 단면이라는 주장을 내놓았습니다. 브라질 외과의사 바헤토(Gilson Barreto, 1944~)와 화학자 지 올리베이라(Marcelo G. de Oliveira, 1959~)는《미켈란젤로 미술의 비밀》이라는 책에 시스티나 성당 천장화를 해부학적으로 분석한 결과를 담았고, 그들 역시 메시버거와 의견을 같이 했습니다. 세 사람은 하나님과 천사의 모습을 뇌 단면이라 볼 수 있는 근거로 신경, 실핏줄, 혈관을 형상화하기 위해 미켈란젤로가 분홍색과 녹색을 사용했다는 점을 피력했습니다.

뇌(brain)는 몸의 중추신경계를 담당하는 기관입니다. 우리 몸의 움직임을 관장하고 신체의 항상성을 유지하는 역할을 하며, 인지·감정·기억·학습 기능까지 담당합니다. 성인의 뇌는 약 1.5kg이며, 머리뼈 안에 있습니다. 뇌는 신경세포인 뉴런(neuron)과 신경섬유로 구성됩니다. 단단한 머리뼈, 뇌와 척수를 감싸는 뇌척수막(meninges), 뇌와 척수를 순환하는 뇌척수액은 뇌를 보호합니다. 척수는 뇌의 아래쪽과 연결되어 있으며, 뇌와 말초신경계의 다리 역할을 합니다.

뇌는 형태와 기능에 따라 대뇌(cerebrum), 소뇌(cerebellum), 사이뇌(간뇌, diencephalon), 중간뇌(중뇌, mesencephalon), 다리뇌(교뇌, pons), 숨뇌(연수,

뇌의 단면과 각부 명칭

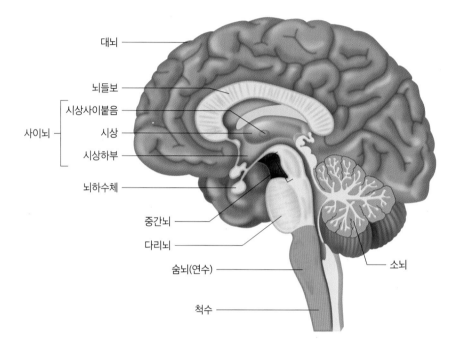

대뇌

뇌들보

시상사이붙음

시상

시상하부

사이뇌

뇌하수체

중간뇌

다리뇌

숨뇌(연수)

척수

소뇌

뇌는 몸의 중추신경계를 담당한다.

우리 몸의 움직임을 관장하고 신체의 항상성을 유지하는 역할을 하며

인지·감정·기억·학습 기능까지 담당한다.

medulla)로 구분합니다. 대뇌는 전체 뇌의 80%를 차지하며, 운동·감각·언어·기억·판단 등의 고등 정신 기능을 수행합니다. 좌우 두 개의 반구로 구성된 대뇌는 뇌들보로 연결됩니다. 뇌들보는 대뇌를 연결하는 신경다발로, 대뇌의 신호 전달과 상호작용을 담당합니다. 소뇌는 운동·평형에 관여합니다. 마음먹은 대로 움직일 수 있는 수의운동도 관장합니다. 사이뇌는 시상(thalamus)과 시상하부(hypothalamus)로 나뉩니다. 시상은 인식과 의식을 조절하고, 시상하부는 체온, 수면, 욕구, 뇌하수체 호르몬의 분비를 조절합니다. 중간뇌는 다양한 형태의 감각 정보를 전달하는 통로로, 안구 운동과 동공 반사를 관장합니다. 다리뇌는 대뇌와 소뇌 사이에서 정보를 전달하는 다리 역할을 합니다. 숨뇌는 호흡, 심장 박동, 소화를 조절하는 중추입니다. 어떤 자극을 받으면 기침이나 재채기를 하고 침, 눈물 등의 분비물을 생성하는 반사 중추이기도 합니다. 뇌와 척수를 연결하는 신경다발은 숨뇌를 통과하면서 좌우가 바뀝니다.

왼쪽 뇌의 단면 그림과 〈아담의 창조〉 속 하나님과 천사들을 번갈아 바라봅시다. 그러면 〈아담의 창조〉 속에서 '뇌'가 보일 것입니다. 하나님은 최초의 인간 아담에게 지성을 선물하기 위해 내려왔고, 미켈란젤로는 이 거룩한 장면을 남기기 위해 세상에 왔던 모양입니다.

최후의 심판을 받는 육신의 껍데기

1533년 중순, 교황 클레멘스 7세(Clemens Ⅶ, 1478~1534)가 미켈란젤로에게 시스티나 성당 제단 벽에 '최후의 심판도'를 그리라고 명했습니다.

미켈란젤로 부오나로티, 〈최후의 심판〉,
1536~1541년, 프레스코, 1370×1220cm,
바티칸 시스티나 성당

클레멘스 7세의 사망으로 잠시 중단되었던 작
업은 새 교황 바오르 3세(Paulus Ⅲ, 1468~1549)의 재
의뢰로 1541년에 완성되었습니다. 391명의 인물이
살아 숨 쉬는 걸작 〈최후의 심판〉은 그렇게 세상에
나왔고, 60대에 접어든 미켈란젤로는 또 하나의 대
작을 완성했습니다.

　작품의 중앙 상단부에 후광이 비치는 예수
가 보입니다. 예수의 왼쪽에는 성모가 있습
니다. 두 사람 주위를 성인(聖人)들이 둘러싸
고 있습니다. 위쪽은 천상 세계, 아래쪽은 지옥 세계
입니다. 아래쪽은 위쪽에 비해 어둡습니다. 왼쪽 하

〈최후의 심판〉 중
바르톨로메오 부분도.

단에는 지상에서 천당으로 올라가는 무리가, 반대편에는 지옥으로 떨
어진 무리가 보입니다.

　〈최후의 심판〉 제작 과정 중 생긴 일화로 미켈란젤로의 성격을 짐
작할 수 있습니다. 교황 바오르 3세와 수행원들은 생각보다 나체의 비
율이 높고 처음 취지와 다르게 그려진 미켈란젤로의 그림에 놀랐습니
다. 교황은 미켈란젤로에게 수정을 요구했습니다. 그러자 미켈란젤로
는 교황의 사자(使者)에게 "교황께서 먼저 세상을 바로 잡으시라고 전
하게. 그럼 저까짓 그림 따위야 저절로 바로잡힐 테니."라고 답했습니
다. 결국 교황은 미켈란젤로 대신 그의 제자인 볼테라(Daniele da Volterra,
1509~1566)에게 나체를 가리라고 명령했고, 볼테라는 원작을 최대한 유
지하기 위해 성기 부위만 덧칠해 가렸습니다. 볼테라 덕분에 우리는
원작에 가까운 〈최후의 심판〉을 볼 수 있게 되었지만, 그는 이 작업으

로 '기저귀를 그린 화가'라는 모멸적인 별명을 안고 살아야 했습니다.

예수의 오른쪽 하단에 늘어진 무언가를 들고 있는 사람이 있습니다(29쪽 상단). 남자는 산 채로 살가죽이 벗겨지는 잔혹한 형벌로 순교한 바르톨로메오(Bartholomew) 성인입니다. 그는 오른손에 피부를 벗기는 칼을, 왼손에는 벗겨진 살가죽을 들고 있습니다. 미켈란젤로는 벗겨진 살가죽에 자신을 그려넣어 원죄에 대한 두려움과 반성을 표현했습니다.

인체에서 가장 큰 단일기관, 피부

바르톨로메오는 한 손으로 가뿐하게 벗겨진 살가죽을 들고 있습니다. 이것은 회화적 상상력일까요? 피부는 평균 표면적이 $2m^2$로 인체에서 가장 큰 단일기관입니다. 성인의 피부 무게는 대략 5kg입니다. 축구공만 한 수박이 5kg이니, 바르톨로메오가 사람의 피부 전체를 한 손으로 드는 건 충분히 가능합니다.

피부는 체내 근육과 기관을 보호하고 방어하는 기능을 합니다. 또한 수분 손실을 막고 땀을 배설함으로써 체내 수분량을 조절합니다. 피부는 우리 몸으로 들어오려는 침입자들이 맞닥뜨리는 1차 방어선이며, 어떤 피부세포는 면역계에 기여하기도 합니다. 피부로 전해진 감각은 감각성 신경섬유를 통해 뇌와 척수로 전달됩니다.

피부는 표피(epidermis), 진피(dermis), 피하조직(hypodermis)으로 구성됩니다. 표피는 피부의 가장 바깥층으로, 신체의 표면을 덮고 보호와 방수 기능을 합니다. 진피는 신체를 누르고 끌어당기는 힘을 덜 받게 하는 완충작용을 담당합니다. 진피층에는 혈관과 신경이 발달해 있고, 털

피부의 구조

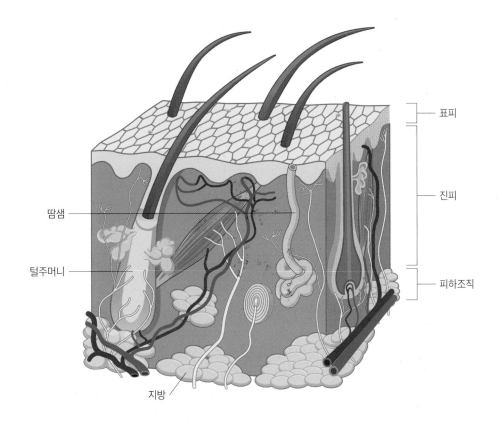

표피

진피

피하조직

땀샘

털주머니

지방

피부는 인체에서 가장 큰 단일기관이며, 무게는 약 5kg이다.

우리 몸을 덮고 있는 피부는 체내 근육과 기관을 보호하며,

몸속으로 들어오려는 침입자를 막는 1차 방어선이다.

다니엘 다 볼레타, 〈미켈란젤로 부오나로티〉,
1544년, 패널에 유채, 88.3×64.1cm,
뉴욕 메트로폴리탄미술관

주머니와 땀샘이 있습니다. 피부의 가장 안쪽 층인 피하조직은 지방층으로, 체온을 유지하고 피부층 아래에 있는 근육과 혈관을 보호합니다.

피부처럼 각자의 색을 지닌 예술가들

'살색'이라고 부를 수 있는 색상은 정해져 있지 않았습니다. 살색은 피부 표피층에 있는 멜라닌의 양에 따라 달라지기 때문에 피부색을 하나로 꼭 집어 말할 수 없습니다. 멜라닌세포는 체내에 검은색 색소인 멜라닌을 생성합니다. 멜라닌은 자외선으로부터 피부를 보호합니다. 적도 부근에 사는 사람들의 피부가 검은 이유는 멜라닌세포가 피부를 보호하기 위해 멜라닌을 다량 생성하기 때문입니다. 멜라닌은 표피 아래층에 있다가 시간이 지날수록 표면층으로 올라옵니다. 그래서 처음 햇빛에 노출되었을 때보다 어느 정도 시간이 지났을 때 피부가 더 검게 보이는 것입니다. 멜라닌세포는 표피층 외에도 안구, 모공 등에 분포해 눈동자와 머리카락 색상에도 영향을 줍니다.

　오랫동안 우리나라에서 살색으로 부르던 색상은 살구색으로 정정되었습니다. 살색이라는 단어에 내재한 '차별'을 인정하고 바로잡은 것이지요. 프랑스 소설가 롤랑(Romain Rolland, 1866~1944)은 "천재가 어떤 사람인지 모른다면, 미켈란젤로를 보라"고 말했습니다. 누군가에게는 다 빈치가 르네상스를 대표하는 최고 예술가이겠지만, 누군가에게는 미켈란젤로가 최고일 수도 있습니다. 각자의 색으로 르네상스를 물들였던 예술가들은 모두 박수를 받아 마땅합니다.

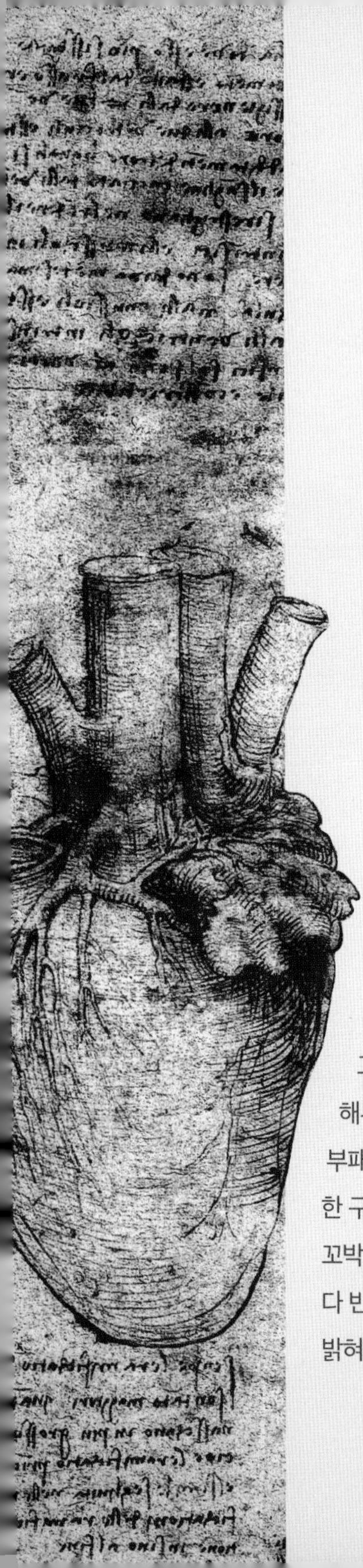

다 빈치에게서 '천재'라는 수식어를 지워내야만,

그가 남긴 1800여 점에 이르는

해부도의 진가를 알 수 있습니다.

부패한 시체가 뿜어내는 악취에 아랑곳하지 않고

한 구의 시체를 해부하기 위해 그 곁에서

꼬박 일주일을 보내는 탐구 의지가 있었기에,

다 빈치는 최초로 심장의 해부학적 구조를

밝혀낼 수 있었습니다.

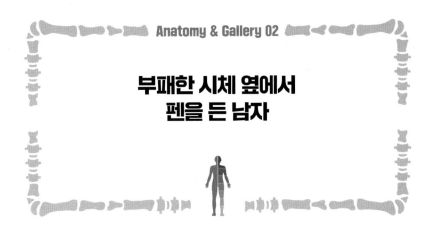

부패한 시체 옆에서
펜을 든 남자

예술과 해부학에 조금이라도 관심이 있는 사람이라면, 나신의 남자가 양팔과 두 다리를 벌린 채 커다란 원과 사각형 안에 있는 작품을 본 적이 있을 것입니다. 이 그림은 이탈리아의 거장 다 빈치가 그린 〈비트루비우스적 인간(Vitruvian Man)〉입니다. 〈인체 비례도〉라는 이름으로도 알려져 있지요.

로마를 재정비하는 사업에 일조했던 고대 로마의 건축가 비트루비우스(Marcus Vitruvius polio, ?~?)는 고대 그리스·로마의 건축사와 기술사를 총망라한 책 《건축서(De architectura)》를 집필하였습니다. 그는 《건축서》 3장 신전 건축 편에서 "인체에 적용되는 비례 규칙을 신전 건축에 사용해야 한다"고 주장했습니다. 다 빈치는 '인체 비례'에 관해 기술한 내용을 읽고 〈비트루비우스적 인간〉을 그렸습니다. 비트루비우스는 인

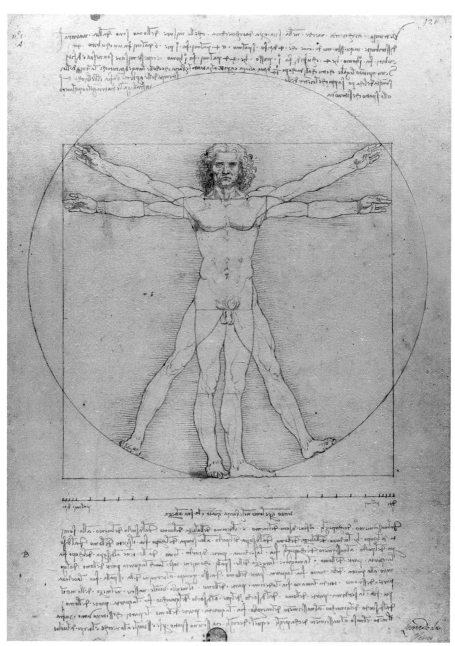

레오나르도 다 빈치, 〈비트루비우스적 인간(인체비례도)〉, 1490년, 종이에 잉크, 34.6×25.5cm, 베니스아카데미아미술관

체 비례를 다음과 같이 설명합니다.

"자연이 낸 인체의 중심은 배꼽이다. 등을 대고 누워서 팔다리를 뻗은 다음 컴퍼스 중심을 배꼽에 맞추고 원을 돌리면 두 팔의 손가락 끝과 두 발의 발가락 끝이 원에 붙는다. …… 정사각형에도 맞닿는다. 발바닥에서 정수리까지 잰 길이는 두 팔을 가로로 벌린 너비와 같기 때문이다." — 비트루비우스, 《건축서》 중에서

다 빈치는 글자와 말로 얻는 배움보다 경험으로 습득한 지식을 더 가치 있게 여겼습니다. 그는 〈비트루비우스적 인간〉을 고대 인체론과 인체를 실측한 자료를 토대로 그렸습니다.

르네상스시대의 천재를 꼽으라면, 많은 사람들이 다 빈치를 떠올릴 것입니다. 다 빈치가 회화, 건축, 조각, 철학, 시, 작곡, 물리학, 수학, 해부학 등 다방면에서 두각을 드러냈기 때문입니다. 이탈리아 토스카나의 산골 마을 빈치에서 태어난 다 빈치는 열다섯 살에 피렌체로 건너가 베로키오(Andrea del Verrocchio, 1435~1488)의 공방에 들어갔습니다. 그는 베로키오에게 해부학, 원근법, 드로잉을 배웠습니다. 또한 스승을 도와 여러 작품을 제작하였습니다. 그러면서 다 빈치는 회화, 건축, 조각 등 다양한 분야에서 경험을 쌓았습니다.

천재의 실수인가?

서른이 되던 해인 1482년, 다 빈치는 밀라노로 거처를 옮겼습니다. 밀

레오나르도 다 빈치, 〈리타의 성모〉, 1490년, 캔버스에 템페라, 42×33cm, 상트페테르부르크
예르미타시미술관

라노 궁정의 화가가 된 그는 마음껏 기량을 펼칩니다. 밀라노에 머문
1482년부터 1499년까지 다 빈치는 〈최후의 만찬〉, 〈암굴의 성모〉 등의
걸작을 내놓았습니다.

〈리타의 성모〉도 다 빈치가 밀라노에 거주할 때 그린 작품입니다.
한동안 무명(無名)이었던 이 작품은, 1865년 구매자인 리타 공작의 이름을 붙여 '리타의 성모'라고 명명되었습니다. 성모의 자애로운 표정, 그녀의 품에 안긴 아기 예수, 창밖의 평화로운 풍경이 조화롭게 표현된 작품입니다. 〈리타의 성모〉를 좀 더 오래 바라보면, 아기 예수의 왼손에 잡힌 황금방울새가 보입니다. 황금방울새는 예수가 겪게 될 '수난'을 의미합니다.

해부학자인 제 눈에는 또 하나 눈에 띄는 게 있습니다. 바로 성모의 가슴입니다. 가슴이 실제 위치보다 위쪽에 있습니다. 해부학에 정통했던 다 빈치가 실수라도 한 걸까요?

다 빈치는 일부러 성모의 가슴을 실제 위치보다 위쪽에 그렸습니다. 그의 의도를 파악하기에 앞서, 아기 예수를 다시 한 번 보시죠. 크고 부리부리한 눈매가 인상적입니다. 마치 누군가를 노려보는 것 같기도 합니다. 어색한 가슴 위치와 아기 예수의 날카로운 눈빛, 이 두 가지는 그림을 보며 혹여나 불경한 생각을 할지 모를 이들에게 다 빈치가 보내는 경고입니다.

화가는 해부학에 무지해서는 안 된다

다 빈치가 '인체'에 관심을 기울인 이유는, 제대로 된 그림을 그리기 위해서입니다. 다 빈치는 골격과 근육의 구조를 거듭 연구하였고 그 과정에서 인체 기능에도 관심이 생겼습니다. 그래서 해부학 교수 토레 (Marcantonio della Torre, 1481~1512)와 함께 산토 스피리토 시체안치소에서 30여 구의 시체를 해부하였습니다. 두 사람은 시체들과 하루 종일 함께하면서 뼈와 근육의 구조를 비교했고, 그 결과를 기록했습니다. 피부

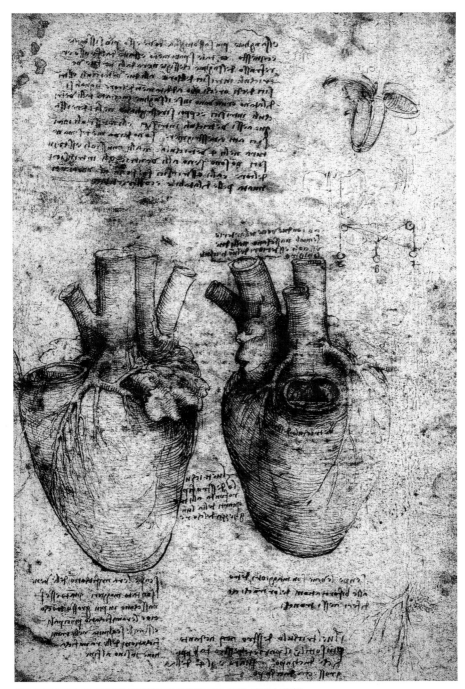

레오나르도 다 빈치, 〈심장(심장의 해부학 연구를 기록한 노트)〉, 1511~1513년, 윈저궁

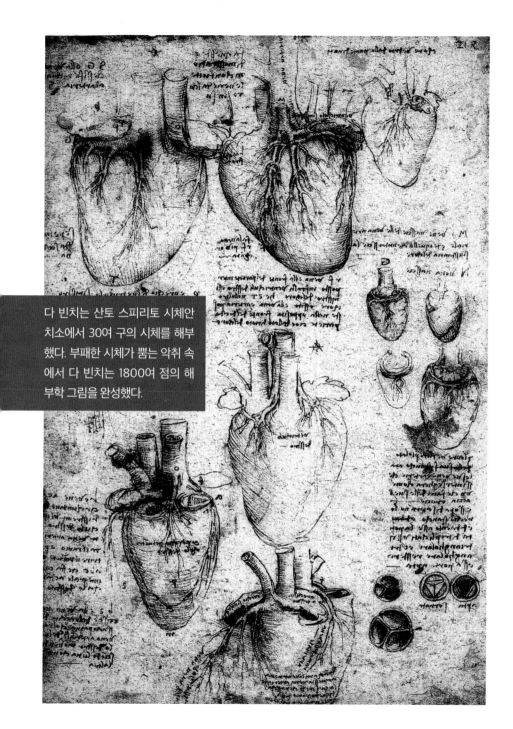

다 빈치는 산토 스피리토 시체안
치소에서 30여 구의 시체를 해부
했다. 부패한 시체가 뿜는 악취 속
에서 다 빈치는 1800여 점의 해
부학 그림을 완성했다.

의 미세한 혈관 같은 작은 부분까지 놓치지 않고 탐구하였습니다.

다 빈치와 토레의 작업은 인체 해부를 금지하는 교회법을 어기는 일이어서 매우 조심스럽게 진행되었습니다. 시체를 해부하는 데 또 하나의 걸림돌은 악취였습니다. 방부처리 기술이 발달하지 못하여 일주일이면 시체는 부패했고, 두 사람은 시체 썩는 냄새를 참아가며 해부를 진행해야만 했습니다. 두 사람의 인체 탐구는 고난의 연속이었습니다.

다 빈치는 직접 인체를 해부하며 1800여 점의 해부학 그림을 완성했습니다. 다 빈치와 토레는 인체 해부에서 얻은 지식을 바탕으로《해부학 백과전서》를 발간하려고 했습니다. 하지만 책 발간을 준비하던 때인 1512년, 토레가 흑사병으로 서른 살의 젊은 나이에 사망했습니다. 예순 살의 노인이었던 다 빈치 역시 우측 반신마비로 고전 중이어서 연구의 마침표를 찍을 수 없었습니다. 두 사람의 기록은 결국 책으로 묶이지 못하고 뿔뿔이 흩어졌습니다.《해부학 백과전서》가 출간되었다면, 근대 해부학은 더욱 빠르게 발전했을 것입니다.

심장을 감싼 왕관

《해부학 백과전서》는 출간되지 못했지만, 다 빈치의 해부학 그림은 남아 있습니다. 메모광으로 알려진 다 빈치는 방대한 기록을 남겼는데요. 7200쪽에 달하는 다 빈치의 노트 안에는 1800여 점의 해부학 그림도 포함되어 있었습니다.

해부학 그림 중에서 가장 큰 비중을 차지한 것은 심장이었습니다.

다 빈치의 〈심장〉(40~41쪽) 스케치에는 수축과 이완을 반복하는 근육, 4개의 방(chamber), 관상동맥(심장동맥, coronary artery)이 자세히 나타나 있습니다. 또한 관상동맥의 존재를 최초로 정확하게 담아낸 의미 있는 작품이기도 합니다.

관상동맥은 대동맥에서 갈라져 나와 심장근육에 혈액을 공급하는 혈관으로, 심장근육을 감싸고 있습니다. 심장을 거꾸로 세워놓고 보면, 심장 표면을 감싼 관상동맥의 모습이 왕관처럼 보인다고 하여 왕관을 뜻하는 라틴어 'corona'에서 이름을 따왔습니다.

왕관은 다른 곳에서도 발견됩니다. 태양 주변을 감싸는 대기의 가장 바깥쪽을 구성하는 부분의 명칭도 코로나입니다. 달이 태양을 가리는 일식이 진행되면, 검은 동그라미 주변으로 대기의 형태가 희미하게 보이는데요. 이 모양이 왕관과 닮아서 코로나라고 부릅니다. 다른 왕관은 2019년 전 세계인을 공포로 몰아넣은 코로나19 바이러스(corona virus disease 19, COVID-19)에서 찾을 수 있습니다. 투과전자현미경으로 코로나19 바이러스를 관찰하면, 바이러스의 구형입자를 둘러싼 왕관 형태의 돌기(스파이크)가 보입니다. 이 왕관은 바이러스가 인간 세포로 들어갈 수 있게 돕습니다. 아주 위험한 왕관입니다.

심장의 해부학적 구조를 처음 밝혀낸 다 빈치

다 빈치의 〈심장〉을 다시 한 번 살펴볼까요? 심장에 그물처럼 늘어져 있는 근섬유망이 보이시나요? 심실 안쪽 벽에 있는 이 근육을 '사이막모서리기둥(septomarginal trabecula)'이라고 부릅니다.

심실 내부 구조

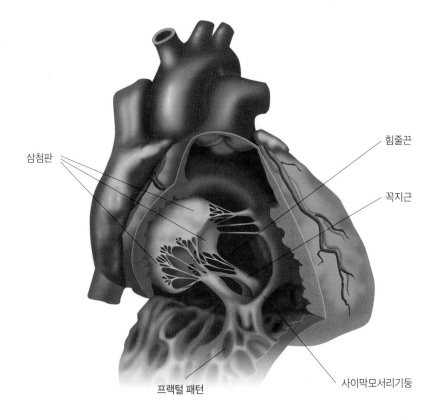

삼첨판

힘줄끈

꼭지근

사이막모서리기둥

프랙털 패턴

다 빈치가 심장을 스케치한 지 500여 년이 지난 후,
다국적 연구진은 '프랙털 구조'를 띠는 근섬유망의 역할을 밝혀냈다.
연구진은 수많은 데이터 분석을 통해, 프랙털 구조가 복잡할수록
심장의 펌프작용이 활발해진다는 사실을 알아냈다.

사이막모서리기둥은 프랙털 구조로 이루어져 있습니다. 프랙털은 부분의 모양이 반복되어 전체 모양을 만드는 기하학적 도형을 뜻합니다. 프랙털 구조는 어느 부분을 확대해도 전체 모양과 같은 모양이 나타나는 자기 유사성과 동일한 모양이 한없이 반복되는 순환성을 보입니다. 양치류 식물의 잎, 큰 줄기에서 작은 줄기로 갈라지는 번개, 울퉁불퉁한 해안선, 눈(雪) 결정 등 자연에서도 프랙털 구조를 찾을 수 있습니다.

다 빈치가 심장을 스케치한 지 500년이 지난 후에야, 미국 콜드스프링하버연구소, 독일 하이델베르크대학교 등이 공동으로 수행한 연구에서 프랙털 구조를 띠는 근섬유망의 역할을 밝혀냈습니다. 다국적 연구진은 2만 5000건의 심장 MRI 스캔 데이터와 관련 형태학·유전학 데이터를 인공지능(AI)으로 분석한 결과, 근섬유망의 프랙털 패턴이 복잡할수록 심장의 펌프작용이 더 활발해진다는 사실을 알아냈습니다. 또 프랙털 패턴에 변화가 생기면 심장의 기능 저하로 신체에 혈액을 제대로 공급하지 못하는 심부전이 발생할 위험이 크다는 사실 또한 밝혀냈습니다. 연구진은 다 빈치가 그린 심장 내부 구조가 건강과 어떤 연관이 있는지를 이제 겨우 이해하기 시작했다고 인터뷰했습니다.

심장과 사랑은 모두 영어로 'heart'라고 표기하고, 반원 두 개가 위로 올라온 모양(♥)을 아이콘으로 사용합니다. 하트 모양의 유래에 관한 여러 가지 설이 있지만, 심장의 모양에서 유래했다는 설이 가장 신빙성이 높지 않을까 하는데요. 심장은 정말 하트 모양과 닮았을까요?

다 빈치가 그린 심장은 왼심실 끝(뾰족한 부분)이 정중앙에 위치하는 데에 반해, 실제 왼심실 끝은 중심부에서 시계반대방향으로 약간 올라

심장의 구조와 형태

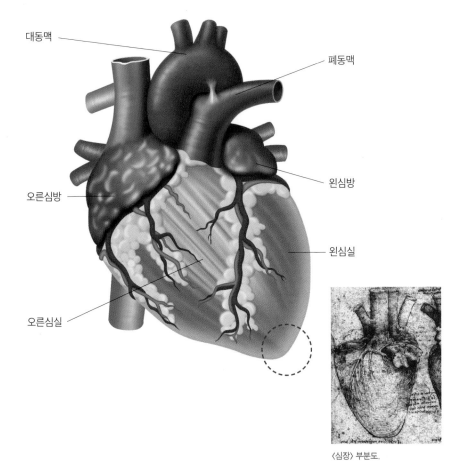

대동맥

폐동맥

오른심방

왼심방

왼심실

오른심실

〈심장〉 부분도.

다 빈치가 그린 '심장'은 똑바른 하트 모양(♥)이다.

하지만 우리 몸속 심장은 왼쪽으로 기울어진 하트 모양이다.

몸속 심장은 다 빈치의 그림과 달리 시계반대방향으로

살짝 기울어져 있기 때문이다.

가 있습니다. 실제 오른심방과 오른심실은 다 빈치의 스케치보다 조금 앞쪽에 위치합니다. 다 빈치는 몸에서 적출한 심장을 그렸기 때문에, 그의 스케치는 몸속에 있는 심장 방향과 정확히 일치하지 않습니다. 또한 다 빈치는 심방을 완전하게 그리지 않고 상대적으로 심실을 강조해서 그렸습니다.

르네상스의 천재는
열정과 노력으로 이루어졌다!

다 빈치는 예술과 해부학 두 분야에서 큰 성과를 이루었습니다. 그런데 다 빈치가 해부학에서 이룬 성과들을 '천재'이기에 가능했다고 설명하면 그가 쏟은 열정과 노력이 너무 많이 가려집니다. 다 빈치가 누구보다 뛰어난 관찰력과 섬세한 회화 실력을 지녔음은 틀림없습니다. 하지만 이런 재능만으로 근육과 골격을 이토록 정확하게 파악해낼 수는 없습니다. 시체 썩는 냄새를 참는 인내심과 한 구의 시체를 일주일 이상 들여다보는 끈기는 인체의 구조와 기능을 알아내기 위해 다 빈치가 부단히 노력했음을 알려줍니다. 그의 해박한 인체 지식은, 인체를 끊임없이 비교하고 관찰했던 경험에서 나온 산물입니다.

다 빈치의 해부학 그림은 인체의 구석구석을 세세하게 알려주며, 현대 해부학자들을 놀라게 합니다. 우리는 깊은 밤 시체에 둘러싸인 두려운 상황에서도 인체 분석에 여념이 없었던 다 빈치에게, 탐구하는 자세를 배웁니다. 지식을 향한 끝없는 탐구심이 다 빈치에게 과학과 예술을 통섭한 '르네상스적 천재'라는 수식어를 선사했습니다.

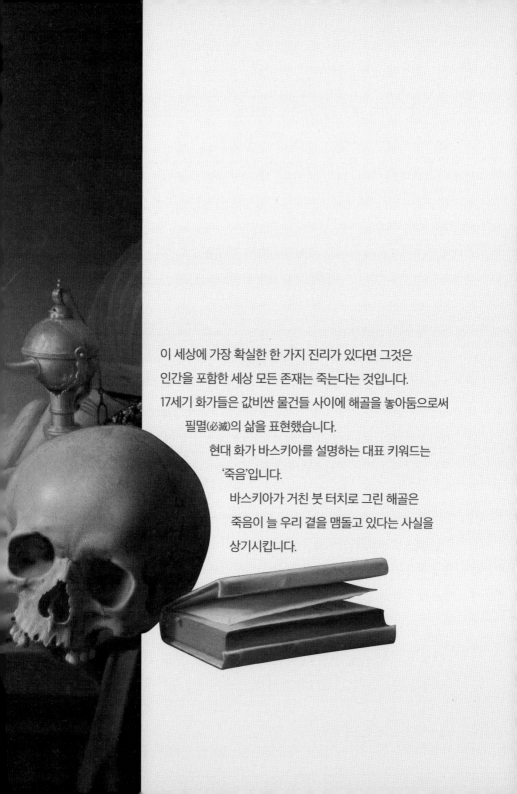

이 세상에 가장 확실한 한 가지 진리가 있다면 그것은
인간을 포함한 세상 모든 존재는 죽는다는 것입니다.
17세기 화가들은 값비싼 물건들 사이에 해골을 놓아둠으로써
필멸(必滅)의 삶을 표현했습니다.
현대 화가 바스키아를 설명하는 대표 키워드는
'죽음'입니다.
바스키아가 거친 붓 터치로 그린 해골은
죽음이 늘 우리 곁을 맴돌고 있다는 사실을
상기시킵니다.

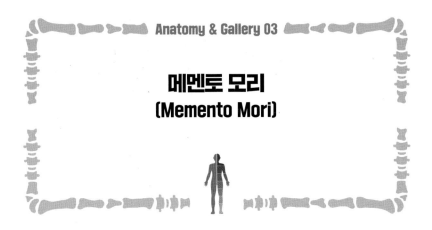

Anatomy & Gallery 03

메멘토 모리
(Memento Mori)

14~15세기 유럽을 강타했던 흑사병과 16~17세기 많은 사상자를 냈던 종교전쟁으로 17세기 유럽 사람들에게 '죽음'은 아주 가까운 존재였습니다. 17세기 화가들은 덧없는 삶을 정물화로 남기기 시작했습니다. 이 시기 네덜란드와 플랑드르 지역에서 삶의 허무를 정물화로 표현한 장르를 '바니타스(Vanitas)'라고 합니다. 라틴어 'Vanitas'는 '공허함' 또는 '허무함'을 뜻합니다. 바니타스 정물화에는 삶의 덧없음을 뜻하는 사물들이 다수 등장합니다. 전쟁에서 승리한 로마 시민들은 고향으로 돌아와 "메멘토 모리(Memento Mori)!"라고 외쳤습니다. '죽음을 기억하라'라는 뜻인데요. 그들은 언제든 죽을 수 있다고 생각했습니다. 메멘토 모리를 외칠 때마다 로마 시민들은 '유한한 인생'을 떠올렸을 것입니다. 바니타스 정물화를 그린 화가들도 같은 생각으로 정물화를 완성했습니다.

하르멘 스텐비크, 〈정물 : 바니타스의 알레고리〉,
1640년경, 패널에 유채, 39.2×50.7cm,
런던 내셔널갤러리

덧없는 인생을 담은 정물화

네덜란드 황금시대의 화가 스텐비크(Harmen Steenwyck, 1612~1656)는 바니타스 정물화를 주로 그렸습니다. 〈정물 : 바니타스의 알레고리〉를 볼까요? 화면 왼편에서는 빛이 한 줄기 들어오고, 오른편에는 많은 사물들이 쌓여 있습니다. 화면 가운데 놓인 해골은 삶의 덧없음을 뜻합니다. 사물 중 가장 왼편에 있는 소라와 중앙에 있는 일본도는 당시 희소성 있는 물건으로 기념품으로도 큰 인기를 누렸습니다. 두 가지 물건은 탐욕과 허영을 나타내며, 죽음 앞에서는 부(富)도 덧없음을 알려줍니다. 해골 위편에 불 꺼진 향에서 연기가 피어오릅니다. 이는 연기처럼 사라지는 삶을 뜻합니다. 피리는 쾌락을, 책은 지식과 학문을 뜻합니다. 쾌락과 학문 역시 죽음 앞에서는 무용지물입니다. 화면 가장 오른편에 둥근 물동이가 있는데요. 여기엔 '인생이 물동이에 물을 담아 나르는 것과 같다'는 뜻이 담겨 있습니다. 물동이는 언제든 땅에 떨어질 수 있습니다. 삶도 물동이처럼 언제 어떤 국면을 맞게 될지 전혀 알 수 없습니다.

다른 바니타스 정물화에도 이와 같은 사물이 있을까요? 대부분의 바니타스 정물화에는 해골, 책, 연기, 악기가 등장합니다. 네덜란드 황금시대의 한 페이지를 장식한 여성화가 오스트레빅(Maria van Oosterwijck, 1630~1693)의 〈바니타스 정물화〉(52쪽)를 함께 볼까요. 해골은 화면 뒤편에 있습니다. 그 앞에는 구겨진 책이 보이지요. 화면 왼편에는 피리도 있습니다. 화면 오른편의 모래시계는 유한한 시간을 상징합니다. 〈정물 : 바니타스의 알레고리〉에 없는 꽃병이 눈에 띕니다. 꽃 역시 사

마리아 반 <u>오스트레빅</u>, 〈바니타스 정물화〉, 1668년, 캔버스에 유채, 73×88.5cm, 빈미술사박물관

치품 가운데 하나로, 삶이 끝날 때 재물은 아무런 의미가 없음을 의미합니다. 그녀는 꽃을 소재로 많은 정물화를 남겼는데요. 이런 성향이 조금은 반영된 듯합니다. 또한 당시 튤립 산업이 발달한 네덜란드에 머물렀던 점도 영향을 끼친 것 같습니다.

《그레이의 해부학》을 탐독한 일곱 살 꼬마

그림에서 해골은 바니타스 정물화에서처럼 꼭 심오한 의미만 담고 있는 건 아닙니다. 경쾌한 필치의 화가 바스키아(Jean Michel Basquiat,

1960~1988)는 해골을 장난스럽게 그렸습니다. 그의 작품을 보면 피카소 (Pablo Picasso, 1881~1973)가 떠오른다고 하여, 사람들은 그에게 '검은 피카소'라는 별칭을 붙였습니다.

크레용과 페인트로 해골을 표현한 〈무제〉(54쪽)에도 낙서 같은 화풍이 잘 드러납니다. 전문가들은 그의 작품을 '낙서'를 예술로 승화시켰다고 평가합니다. 그의 작품은 인기도 많습니다. 경매에 나온 〈무제〉는 1040만 달러(한화 1200억 원)에 낙찰되었습니다. 〈무제〉는 미국 화가의 작품 중 가장 높은 가격에 낙찰된 작품으로도 유명합니다.

바스키아는 브루클린에서 태어난 흑인계 혼혈인이었습니다. 그는 어려서부터 그림 그리기를 좋아했습니다. 어머니는 어린 아들을 데리고 미술관을 자주 다녔고 바스키아는 그 덕에 수많은 명화를 접했습니다. 어머니는 그의 재능을 키워주기 위해, 여섯 살이었던 그를 브루클린미술관 어린이 회원으로 등록시켰습니다. 이후, 바스키아의 어머니는 미술 전문 사립학교인 세인트 앤 초등학교에 아들을 입학시키는 등 아들이 재능을 발휘할 수 있도록 지원해주었습니다.

일곱 살이 되던 해, 바스키아는 큰 교통사고를 당해 비장절제술을 받았습니다. 비장은 혈액 속 혈구 세포를 만들거나 제거하는 데 관여하는 기관으로, '지라'라고 부르기도 합니다. 비장이 손상될 경우 여러 감염성 질병에 취약해질 수 있습니다. 사고 등의 이유로 비장 적출술을 받는 경우 패혈증에 걸릴 확률도 더 높아집니다. 바스키아의 어머니는 병원에 장기 입원한 아들을 위해《그레이의 해부학》을 선물했습니다. 입원 기간 동안, 바스키아는 책을 탐독했습니다. 전문가들은 바스키아의 작품에 나오는 뼈, 근육, 신체 기관 등의 해부학적 요소는《그레이

장 미셸 바스키아, 〈무제〉,
1982년, 캔버스에 혼합 재료로 채색,
183.2×173cm, 개인 소장

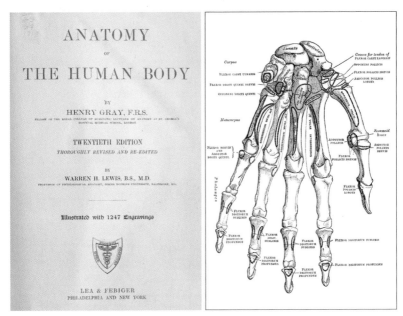

1858년에 발행된 《그레이의 해부학》 초판 표지(왼쪽)와 삽화(오른쪽).

의 해부학》을 읽었던 경험에서 비롯되었다고 봅니다.

《그레이의 해부학》은 제목 그대로 영국 해부학자이자 외과의사인 그레이(Henry Gray, 1827~1861)의 저서입니다. 1858년에 초판이 발행되었으며, 초판 제목은《해부도와 상세한 설명이 달린 해부학》이었습니다. 하지만 대부분 '그레이의 해부학'이라고 줄여 불렀기에, 후기 판본에서는《그레이의 해부학》으로 제목을 바꾸었습니다. 이 책은 해부학교육의 바이블입니다. 해부학의 발전과 함께《그레이의 해부학》은 계속 새로운 판본으로 출간되고 있고, 현재는 41판까지 나왔습니다. 미국의 유명한 의학 드라마 제목인 〈그레이 아나토미(Grey's Anatomy)〉역시이 책에서 따온 것입니다.

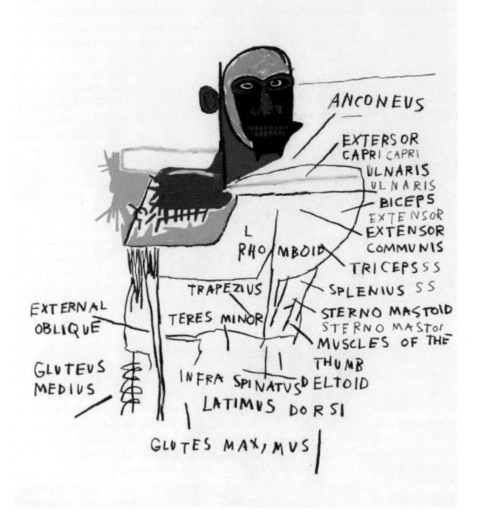

장 미셸 바스키아, 〈무제 : 해부학〉, 1982년, 종이에 혼합 재료로 채색, 76×56cm, 개인 소장

마름근과 큰가슴근

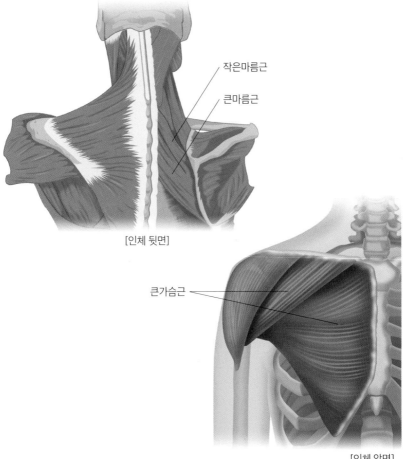

작은마름근

큰마름근

[인체 뒷면]

큰가슴근

[인체 앞면]

바스키아가 〈무제 : 해부학〉 중앙에 적은 'Rhomboid'는

어깨뼈를 모으는 마름근을 뜻한다. 하지만 'Rhomboid'라고 적힌 곳은

실제로는 가슴 앞쪽에 있는 큰가슴근이다

해부학 시험지 같은 작품

바스키아는 일곱 살 때 시작했던 인체 탐구를 멈추지 않았습니다. 바스키아는《그레이의 해부학》외에도 다 빈치의 해부학 스케치를 보며 인체를 탐구했습니다. 이 사실은 1982년에 그가 그렸던 〈무제 : 해부학〉(56쪽)을 보면 알 수 있습니다. 〈무제 : 해부학〉에는 원숭이같이 생긴 사람이 오른팔을 직각으로 들고 있습니다. 몸 옆에는 여러 글씨가 반복해 적혀 있지요. 필자는 이 작품을 보고 해부학 쪽지시험을 공부했던 때가 떠올랐습니다. 그림이 마치 해부학 시험지 같았거든요.

〈무제 : 해부학〉 속 글씨는 인체 구조의 명칭입니다. 하지만 이게 바스키아의 답안지라면, 그는 좋은 점수를 받지 못했을 것입니다. 지시 대상이나 명칭에 틀린 부분이 있어서입니다. 먼저, 화면 왼편 위에서 두 번째 항목이 틀렸습니다. 손목을 펴는 근육인 '자쪽손목폄근(extensor carpi ulnaris)'의 스펠링이 다릅니다. 손목을 뜻하는 'carpi'를 'capri'라고 적었습니다. 그는 등과 배의 근육, 엉덩이 부분의 앞뒤 근육 몇 가지를 다른 위치에 표시했습니다. 가슴 중앙에 적힌 'Rhomboid'는 '마름근'인데요. 이 근육은 등에 있습니다. 어깨뼈를 모으고 아래쪽으로 돌리는 역할을 하지요. 그림에서는 마름근이 가슴에 있는 것처럼 보이지요? 오히려 'Rhomboid'라고 적힌 위치는 가슴 앞쪽 근육인 '큰가슴근(pectoralis major)'에 가깝습니다.

그림을 감상하지 않고 작품 속 인체 구조를 뜯어보는 필자를 〈무제 : 해부학〉 속 인물이 비웃는 듯합니다. 제 과도한 상상력이 빚어낸 착각이겠지요?

왕관을 쓴 공룡과 해부학 용어

바스키아의 트레이드마크는 왕관을 쓴 공룡입니다. 그의 왕관은 사회적 편견과 불의에 저항하는 '영웅'의 표식으로 해석됩니다. 자신이 존경했던 인물들에 대한 찬미로, 권위를 의미하는 왕관을 사용했던 것이지요. 또 왕관은 바스키아가 작품에 남긴 카피라이트(copyright) 표시이기도 했습니다.

바스키아의 트레이드마크는 해부학 용어에 등장합니다. 먼저, 왕관입니다. 인체를 앞뒤, 상하, 좌우로 구분하는 기준면(60쪽) 중 하나에 왕관이 있습니다. 인체를 앞뒤로 나누는 기준면을 '관상면(coronal plane)'이라고 합니다. 관상면은 왕관(corona)을 쓰는 면을 뜻합니다. 왕관 머리띠를 관상면 라인에 맞춰 쓰고, 머리띠 앞쪽이 인체의 앞쪽이라고 생각하면 조금 더 이해하기 쉽습니다. 인체를 좌우로 나누는 면은 '시상면(sagittal plane)'이라고 부릅니다. 'sagittal'은 라틴어로 화살을 뜻합니다. 머리뼈를 위에서 내려다봤을 때 마루뼈와 뒤통수뼈가 맞물려 있는 모양이 화살처럼 보인다고 해서 붙여진 이름입니다. 수평면은 시상면, 관상면 모두와 수직을 이루는 기준면으로, 인체를 상하로 나눕니다.

바스키아가 1984년에 그린 〈페즈 디스펜서〉 속 왕관을 쓴 공룡.

이번에는 공룡의 이름을 딴 해부학 용어를 알아보겠습니다. 공룡 대부분은 뒷발보다 앞발이 짧습니다. 하지만 초식공룡인 '브라키오사우루

인체를 구분하는 기준면

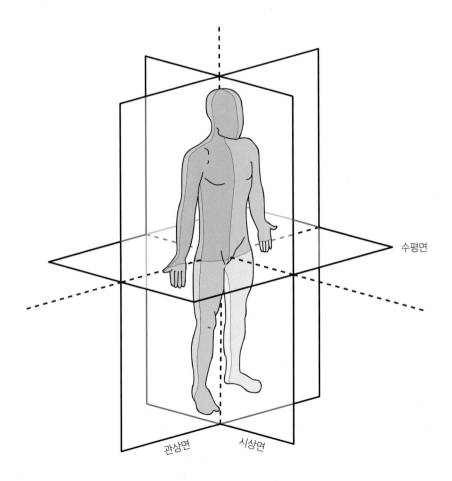

수평면

관상면   시상면

인체를 구분하는 기준면은 세 가지다.

인체를 앞뒤로 나누는 관상면, 좌우로 나누는 시상면,

위아래로 나누는 수평면이 있다.

이 중 관상면에는 '왕관'을 쓰는 면이라는 뜻이 있다.

스(Brachiosaurus)'는 팔도마뱀으로 불릴 정도로 앞발이 더 깁니다. 동물의 앞발은 'brachi'라고 부릅니다. 인간의 팔이 여기에 대응하겠지요? 그래서 팔을 굽히고 안쪽으로 돌리는 위팔두갈래근(상완이두근, biceps brachii)과 어깨에서 팔꿈치 사이에 있는 위팔동맥(brachii artery)에 'brachi'라는 명칭이 붙었습니다.

바스키아가 해부학 용어에 왕관과 공룡이 있다는 사실을 인지하고 자신의 트레이드마크로 만들었는지는 알 수 없습니다. 하지만 해부학자인 필자는, 이 마크에 해부학적 뜻이 담겼다고 믿고 싶습니다.

나는 '흑인 예술가'가 아닌 그냥 '예술가'다

바스키아의 그림은 재미있게 보이지만, 그는 가벼운 사람이 아니었습니다. 사회 문제에 관심이 많았지요. 그의 관심사에는 '인종 문제'도 있었습니다. 바스키아는 새로운 길을 개척한 흑인과 히스패닉 들을 작품에 그려넣었습니다. 불평등한 세상에 족적을 남긴 이들에 대한 존경심을 표현했던 것이지요.

바스키아가 활발히 활동하던 시기에 그의 이름 앞에는 '흑인 예술가'란 수식어가 붙었습니다. 바스키아는 '흑인 예술가', '검은 피카소'로 불리는 것을 싫어했습니다. 둘 다 그가 흑인임을 짚어주는 말이기 때문이지요.

하지만 인터넷에 '바스키아'를 검색하면 여전히 '검은 피카소'라는 수식어가 따라 붙습니다. 필자만이라도, 스물일곱에 요절한 천재 화가 바스키아를 '흑인 예술가'가 아닌 '예술가'로 기억하려 합니다.

인간은 스스로 '만물의 영장'이라고 칭하며,
지구 상 어떤 존재보다 우월하다고 믿어왔습니다.
그 오랜 믿음을 산산조각 낸 사람이 다윈입니다.
다윈이 주장한 진화론의 논리적 귀결은
'모든 생물은 공통의 조상이 있다'입니다.
송곳니는 나르시시즘에 빠진 인간에게,
그 자만심이 얼마나 허황한 것인지 알려주는
존재가 아닐까 생각해봅니다.

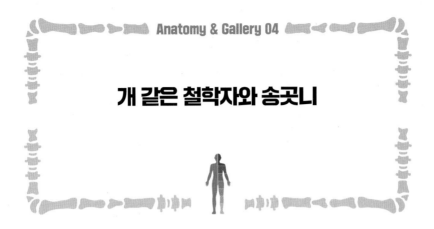

개 같은 철학자와 송곳니

지팡이를 짚고 선 백발의 노인이 무언가를 바라보고 있습니다. 노인의
시선을 따라가보니, 그 끝에 쪼그려 앉아 물을 마시는 소년이 있습니
다. 손 틈으로 물이 졸졸 새어나오지만, 소년은 아랑곳하지 않는군요.
17세기에 활동했던 이탈리아 화가 로사(Salvator Rosa, 1615~1673)의 〈그릇
을 던지는 디오게네스〉(64쪽)라는 작품입니다. 그림 속 노인이 디오게
네스(Diogenes, BC 400?~BC 323)입니다. 그림에는 표현되어 있지 않지만,
이제 곧 디오게네스는 자신의 유일한 재산인 그릇을 바닥에 내동댕이
칠 것입니다. 도대체 왜요?

　디오게네스는 고대 그리스의 철학자입니다. 알렉산드로스(Alexandros
the Great, BC 356~BC 323) 대왕이 지혜를 구하기 위해 그가 있는 곳까지
찾아올 만큼 명성이 자자했던 인물입니다. 그런 디오게네스의 별명이

살바토르 로사, 〈그릇을 던지는 디오게네스〉, 1660년, 캔버스에 유채, 216×146cm, 휴스턴미술관

'개'였다고 합니다! 아리스토텔레스(Aristoteles, BC 384~BC 322)가 디오게네스를 조롱하며 붙인 별명이었습니다. 그런데 디오게네스는 개라는 별명에 화를 내기는커녕, 무척 만족해했다고 합니다.

무욕의 철학자, 디오게네스

디오게네스는 권력, 부, 명예는 행복과 무관한 것으로, 본성에 따라 살 때 비로소 참된 행복을 느낄 수 있다고 주장했습니다. 몸에 걸친 옷 한 벌과 지팡이, 물을 떠먹기 위한 그릇 하나가 그가 가진 재산 전부였지요. 집 대신 커다란 술통을 이리저리 굴리며 옮겨 다녔습니다. 행색은 걸인과 다름없었지만, 디오게네스의 술통 주변에는 깨달음을 얻고자 하는 많은 사람이 몰려들었다고 합니다. 알렉산드로스 대왕도 그런 사람들 가운데 한 명이었지요.

어느 날 소년이 손으로 물을 떠서 마시는 모습을 본 디오게네스는 갑자기 들고 있던 그릇을 내동댕이치며 탄식했습니다. "내가 필요 없는 밥그릇을 여태 들고 다녔구나! 이 얼마나 어리석은 짓이었던가!" 〈그릇을 던지는 디오게네스〉는 바로 이 깨달음의 순간을 묘사한 작품입니다.

라파엘로가 그린 〈아테네 학당〉 속 디오게네스 부분도.

관습과 인습을 따르지 않고, 개처럼 이곳저곳 떠돌며 사는 디오게네스가 추구한 핵심 가치는 '자유'였습니다. 그는 '민주주의'라는 제도를 통해 자유를 보장할 수 있다고 보았습니다. 이 때문에 엘리트 정치를

장 레옹 제롬, 〈디오게네스〉,
1860년, 캔버스에 유채, 74.5×101cm,
볼티모어 월터아트뮤지엄

추구했던 아리스토텔레스와 반목했지요.

고대 그리스·로마·페르시아를 대표하는 지성이 결집한 라파엘로의 〈아테네 학당〉에도 디오게네스가 등장합니다. 지식인들이 삼삼오오 무리를 지어 토론하는 가운데, 단 한 사람 디오게네스만이 홀로 계단에 기대어 앉아 무언가를 읽고 있습니다.

디오게네스처럼 명예, 부, 쾌락 등을 멀리하는 금욕적인 삶을 추구했던 일군의 지성을 가리켜 '키니코스(Cynicos) 학파'라고 합니다. 키니코스는 '개'를 뜻하는 그리스어 'kynikoi'에서 유래했습니다. 키니코스 학파명은 '개 같은 삶'을 추구했던 디오게네스에서 비롯되었다는 설이 유력합니다. 우리나라에서는 키니코스 학파를 '견유학파(犬儒學派)'라고 부릅니다. 개 견(犬)과 선비 유(儒)가 합쳐졌으니, '개 같은 선비'라 해석할 수 있겠네요.

정부, 국가, 결혼 등을 배척하고 사회적 관습과 문화적 생활을 경멸한 키니코스 학파의 학문을 '시니시즘(Cynicism)'이라고 합니다. 냉소적이라는 뜻의 'cynical'이 여기서 유래했습니다. 냉소적이라는 단어의 의미를 파고들어 가다보면, 우리는 다시 개와 만납니다.

사람 입속의 네 마리 개

우리 몸에도 개를 떠올리게 하는 부위가 있습니다. 바로 '송곳니'입니다. 사람의 치아는 위턱과 아래턱이 대칭을 이루고 있습니다. 턱 하나에 4개의 앞니, 2개의 송곳니, 4개의 작은어금니, 6개의 큰어금니가 있습니다. 위아래 모두 32개의 치아가 있습니다. 앞니와 작은어금니 사

치아 구조

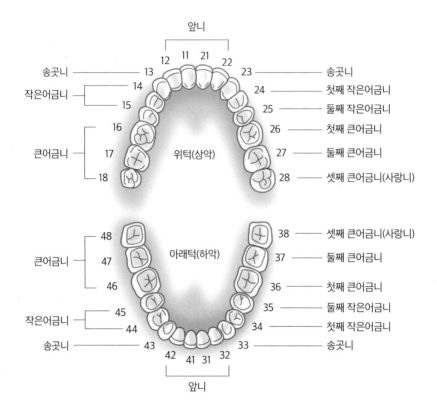

앞니
12 11 21 22

송곳니 ———— 13   23 ———— 송곳니
작은어금니 ⌐ —— 14   24 ———— 첫째 작은어금니
        └ —— 15   25 ———— 둘째 작은어금니
큰어금니 ⌐ —— 16   26 ———— 첫째 큰어금니
        ├ —— 17   위턱(상악)   27 ———— 둘째 큰어금니
        └ —— 18   28 ———— 셋째 큰어금니(사랑니)

큰어금니 ⌐ —— 48   아래턱(하악)   38 ———— 셋째 큰어금니(사랑니)
        ├ —— 47   37 ———— 둘째 큰어금니
        └ —— 46   36 ———— 첫째 큰어금니
작은어금니 ⌐ —— 45   35 ———— 둘째 작은어금니
        └ —— 44   34 ———— 첫째 작은어금니
송곳니 ———— 43   33 ———— 송곳니
42 41 31 32
앞니

우리 몸에는 '개'를 떠올리게 하는 부위가 있다.

앞니와 작은어금니 사이에 있는 원뿔 모양의 뾰족한 치아인 '송곳니'다.

송곳니는 개와 같은 육식동물에게서 날카롭게 발달하여,

다른 말로 '견치(犬齒)'라고 한다. 바로 이 송곳니가 개와 사람의 연결 고리다.

이에 있는 원뿔 모양의 뾰족한 치아를 송곳니라고 하는데, 바로 이 송곳니가 개와 사람의 연결 고리입니다. 송곳니는 개와 같은 육식동물에게서 날카롭게 발달하여, 다른 말로 견치(犬齒)라고 하고 영어로는 'canine tooth'라고 합니다.

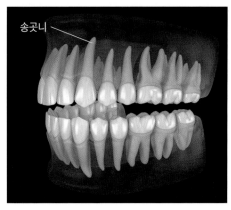

송곳니는 치배가 다른 치아보다 깊은 곳에서 생겨나기 때문에 정상적으로 자라는 데까지 다른 치아보다 시간이 두 배 이상 걸린다.

송곳니에는 음식을 잘게 찢는 것 외에 다양한 기능이 있습니다. 우리가 음식을 씹거나 이를 갈 때 송곳니는 마찰을 줄여줘, 과도한 마찰로 치아가 상하는 것을 방지합니다. 음식을 씹을 때 아래턱과 위턱이 위아래로만 움직인다고 생각하지만, 사실 상하좌우로 움직이며 곡선을 그립니다. 이때 송곳니는 아래턱이 과도하게 자기 궤도를 이탈하는 것을 방지해 저작(咀嚼) 활동의 효율성을 높입니다.

구강 내로 드러나지 않은 치아의 싹을 치배라고 합니다. 송곳니는 치배가 다른 치아보다 깊은 곳에서 생겨납니다. 그래서 잇몸을 뚫고 나와 정상적으로 자라는 데까지 걸리는 시간이 다른 치아보다 두 배 이상 깁니다. 다른 치아에 비해 유치에서 영구치로 교환하는 시기가 늦고, 구강 내 다양한 환경에 많은 영향을 받기 때문에 송곳니는 치아 가운데 덧니가 발생하는 확률이 가장 높습니다.

만 6세쯤부터 유치가 빠지고 영구치가 올라오고, 만 11세경 영구치열이 완성됩니다. 뒤늦게 우리를 찾아오는 게으름뱅이 치아가 '사랑니'

라고 부르는 세 번째로 큰어금니 '셋째 큰어금니(제3대구치)'입니다. 사랑니는 보통 사춘기를 지나 20세 전후에 나기 시작하는데, 우리나라에서는 사랑을 알 만한 시기에 나온다고 하여 사랑니라고 부릅니다. 이가 날 때 마치 첫사랑을 앓듯이 아프다고 해 사랑니라는 이름이 붙여졌다는 설도 있습니다. 치의학에서는 사랑니를 '지치(智齒)'라고 하는데, 영미권에서 사랑니를 'wisdom tooth'라고 부르는 데서 따온 것입니다. 서양에서는 사리를 분별할 수 있는 지혜가 생기는 시기에 나온다고 해서 이렇게 이름 붙여졌다고 합니다. 제3대구치를 명명하는 관점을 비교해 보니, 우리나라 해부학자들이 서양 학자들보다 조금 더 로맨틱하다고 느껴집니다.

사랑니는 치열 맨 안쪽 끝에 자리하는 데다가 똑바로 자라지 못하고 비스듬히 기울어져 나오는 경우가 많아, 충치나 잇몸 염증이 발생하기 쉽습니다. 사랑니에 문제가 생기면 바로 앞어금니인 제2대구치도 손상될 수 있어서, 병원에서는 사랑니 발치를 권합니다. 사랑니는 뽑을 때 통증이 큰 치아라 마취가 필수입니다.

발치 고문에도 신앙심을 지켜낸 아폴로니아,
치통으로 고통받는 이들의 수호성인이 되다!

마취 없이 이를 뽑는다면 통증이 얼마나 클까요? 상상하기도 싫습니다. 그런데 여기 마취도 없이 생니를 모조리 발치 당한 여성이 있습니다. 크라나흐(Lucas Cranach the Elder, 1472~1553)의 그림 속 붉은 드레스를 입은 여성이, 이 끔찍한 고통을 겪은 인물입니다.

루카스 크라나흐,
〈성 주느비에브와 성 아폴로니아〉,
1506년, 패널에 유채,
120.5×63cm, 런던 내셔널갤러리

뒤누아 마스터, 〈아폴로니아의 순교〉, 1443~1445년, 양피지에 잉크, 13.7×10.2cm, 더블린 체스터비티도서관

크라나흐는 뒤러, 홀바인(Hans Holbein the younger, 1497~1543)과 함께 16세기 독일 르네상스를 대표하는 화가입니다. 그는 신화와 성경을 주제로 많은 작품을 남겼습니다. 그림 속 두 여성의 머리 뒤로 반짝이는 금빛 후광을 보고 알아채신 분도 있겠지요. 이들은 성녀 주느비에브(초록색 드레스)와 아폴로니아(붉은색 드레스)입니다.

성 아폴로니아(Saint Apollonia)는 249년 이집트 알렉산드리아에서

〈성 주느비에브와 성 아폴로니아〉 가운데 아폴로니아 부분도.

기독교에 반대하는 폭동이 일어났을 때 순교했습니다. 그녀는 이교도에게 붙잡혀 매를 맞고 집게로 생니가 뽑히는 고문을 당했습니다. 고문관이 많은 사람이 모인 자리에서 그리스도를 모독하는 말을 하면 화형을 면하게 해주겠다며 회유했으나, 그녀는 제 발로 불 속으로 걸어들어가 순교했다고 전해집니다.

〈성 주느비에브와 성 아폴로니아〉에서 아폴로니아가 소중하게 들고 있는 것이, 이를 뽑을 때 사용하는 '겸자(forceps)'라는 의료 도구입니다. 겸자는 고대 이집트 벽화에도 등장하는 유서 깊은 의학 도구로, 근대 치의학이 성립하기 전까지 거의 유일한 치아 치료 도구이기도 했습니다. 미술 작품에서 겸자와 뽑힌 이는 아폴로니아의 상징물입니다.

중세시대에 치아에 문제가 생기면 어떻게 했을까요? 중세시대에는

'발치사'라는 직업군이 있었습니다. 이들은 이 마
을 저 마을 떠돌며 이를 뽑는 모습을 공연처럼 보
여주며 생계를 유지했습니다. 치통 환자들은 결박되
거나 사람들에게 붙잡힌 채로 이를 뽑아야 했지요. 마
취 없이 행해진 발치 시술은 극한의 고통과 출혈을 동반
했고, 이를 뽑고 피가 멈추지 않아 목숨을 잃는 경우도 적

수술이나 외과적 처치 시
작은 물체를 들어 올리는
용도로 사용하는
겸자.

지 않았습니다. 아폴로니아가 생니를 뽑히며 고문받던 모습(72쪽)과 치
통 환자들이 치료받는 모습이 별반 다르지 않았던 것이죠. 이후 아폴
로니아가 이가 뽑히는 고통 속에서 "치통으로 고통받는 사람 누구나
저의 이름으로 기도하면 즉각 고통이 덜해지게 해주옵소서"라고 기도
했다는 이야기가 덧붙여지며, 그녀는 치통으로 고통받는 이들의 수호
성인이 되었습니다.

　18세기 말에 치아와 구강 영역을 전문적으로 다루는 장인들이 길드
를 조직하면서, 자연스럽게 아폴로니아는 치아기술자 길드 나아가 치
과의사의 수호성인까지 겸하게 되었습니다. 2월 9일은 성 아폴로니아
축일인데요. 해마다 2월 9일에 프랑스 치과의사들은 아폴로니아 예배
당을 순례한다고 합니다.

차이는 우열이 아닌 다름이다!

개의 치아는 42개로 사람보다 10개나 많습니다. 육식동물답게 송곳니
가 발달해 있습니다. 개는 음식을 목에 넘기기 적당한 크기로 잘라 바
로 삼킵니다. 사람의 송곳니는 퇴화하고 크기도 작아졌습니다. 익힌 음

식을 먹기 시작하면서 날카로운 이빨이 필요 없어진 것이지요. 인류는 송곳니의 크기를 줄이는 대신, 머리뼈의 가용 면적을 늘리는 진화 전략을 선택했습니다.

인간은 스스로 '만물의 영장'이라고 칭하며, 지구 상 어떤 존재보다 우월하다고 믿어왔습니다. 그 오랜 믿음을 산산조각 낸 사람이 다윈(Charles Robert Darwin, 1809~1882)입니다. 다윈이 주장한 진화론의 논리

존 콜리어, 〈찰스 다윈〉, 1881년, 캔버스에 유채, 125.7×96.5cm, 런던 내셔널갤러리

적 귀결은 '모든 생물은 공통의 조상이 있다'입니다. 인간이든 개이든, 지구 상에 존재하는 모든 생물은 같은 조상에게서 나왔다는 것입니다. '개'라는 별명을 좋아했던 디오게네스는 일찍이 여기까지 생각이 미쳤던 것일까요? 송곳니는 나르시시즘(narcissism)에 빠진 인간에게, 그 자만심이 얼마나 허황한 것인지 알려주는 존재가 아닐까 생각해봅니다.

"이 세상 온갖 생명체들을 논할 때 나는 결코 어느 것이 하등하거나 고등하다고 쓰지 않겠다."

다윈이 일기에 기록한 다짐입니다.

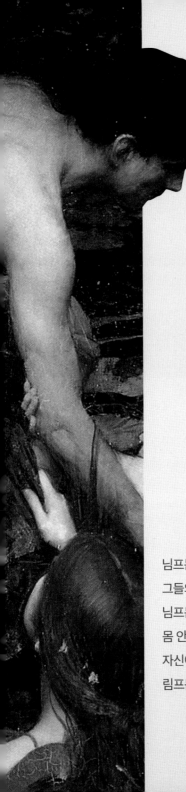

님프는 자연에 깃들어 살며, 강·바다·산 등 자연을 수호합니다.
그들의 살뜰한 보살핌으로 자연은 아름답게 빛납니다.
님프는 보이지 않는 곳에서
몸 안으로 들어온 이물질, 질병과 싸우는 '림프계'와 닮았습니다.
자신이 머무는 곳을 지키는 님프처럼,
림프는 우리 몸을 지키는 '정령'입니다.

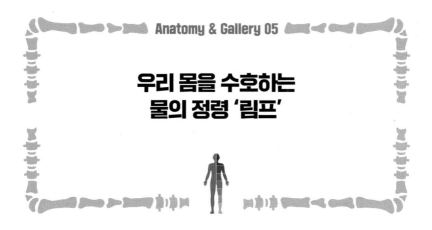

Anatomy & Gallery 05

우리 몸을 수호하는
물의 정령 '림프'

그리스신화의 주신 제우스(Zeus)는 비범한 능력뿐 아니라 여성편력으로도 유명합니다. 그는 신, 님프(Nymph), 인간 중 마음에 드는 여성이 나타나면, 누구에게든 사랑을 표현했습니다. 그의 아내 헤라(Hera)는 이런 남편을 늘 감시했으며, 제우스와 사랑을 나눈 여인들에게는 저주를 내리기도 했습니다.

제우스의 사랑은 빠르게 끓어올랐다가 빠르게 식었습니다. '바다의 님프' 테티스(Thetis)를 뜨겁게 사랑하다가, 일순간 그녀를 향한 애정을 거두어버렸습니다. 바로 프로메테우스(Prometheus)가 "테티스가 낳은 아들이 아버지를 능가할 것이다"라고 예언했기 때문입니다. 제우스는 테티스를 인간과 결혼시키곤 마음을 정리했습니다.

버림받은 것도 모자라, 원치 않는 남자와 결혼까지 해야 했던 테티

장 오귀스트 도미니크 앵그르, 〈제우스와 테티스〉, 1811년, 캔버스에 유채, 347×257cm, 엑상프로방스 그라네미술관

스의 마음은 어땠을까요? 그러나 어머니가 된 테티스는 아들 아킬레우스(Achilleus)를 위해 옛 연인을 다시 찾아갔습니다. 트로이전쟁에 참전하면 죽는다는 신탁을 받은 아킬레우스가 전쟁에 참가할 수밖에 없게 되었기 때문입니다. 테티스는 제우스 앞에서 무릎을 꿇고 아들을 살려달라고 간청했습니다.

제우스가 사랑한 여인들의 공통점

1811년 프랑스 화가 앵그르(Jean Auguste Dominique Ingres, 1780~1867)는 학생으로서 마지막 과제로 〈제우스와 테티스〉를 그렸습니다. 테티스의 '모성애'와 올림포스 최고의 신 제우스의 '위용'이 잘 표현된 작품입니다.

프랑수아 부세, 〈제우스와 칼리스토〉, 1744년, 캔버스에 유채, 98×72cm, 모스크바 푸시킨미술관

제우스와 님프의 밀회는 한 번으로 끝나지 않았습니다. 제우스는 '달과 순결의 여신' 아르테미스(Artemis)에게 속해 있던 님프 칼리스토(Callisto)에게도 손을 뻗었습니다. 심지어 그는 아르테미스로 변신을 하여 칼리스토에게 접근했고, 칼리스토는 순결을 잃었다는 이유로 무리에서 쫓겨났습니다. 심지어 이

사실을 알게 된 헤라는 그녀를 곰으로 만들어버렸습니다.

테티스와 칼리스토는 '님프'라는 공통점이 있습니다. 정확히 님프는 어떤 존재일까요?

물의 정령 '림프'가 몸속으로 들어오다

님프는 그리스신화에 등장하는 정령 또는 요정을 말합니다. 그림에서는 아름답고 젊은 여인으로 묘사됩니다. 이들은 자연에 깃들어 살며 자연을 수호합니다. 자신이 머무는 곳에 따라, 산의 님프, 강의 님프, 바다의 님프 등으로 불립니다. 그중에서 '물의 님프'는 '림프(lymph)'라고 부릅니다.

우리 몸에서 면역 작용을 하는 림프의 이름을 바로 여기서 따왔습니다. 그래서 림프와 관련된 신체기관 림프절(lymph node)과 림프구(lymphocyte)의 이름에는 물의 정령이 깃들어 있습니다.

'림프계(lymphatic system)'는 '제2의 순환계'로 모든 곳이 열려 있는 개방형 순환계입니다. 온몸에 걸쳐 분포하는 림프관(lymphatic duct)과 림프절이 림프계에 속합니다. 림프관 안을 흐르는 조직액을 '림프액'이라고 부릅니다. 림프관 안에는 세균도 있습니다. 그래서 림프액이 바로 혈액과 섞이면 위험합니다. 림프액은 면역세포가 풍부한 림프절을 거치며 깨끗하게 걸러진 후 혈관으로 합류합니다.

림프절은 림프액 속에 있는 미생물, 이물질, 암세포 등을 포식하여 신체를 방어하며, 림프구를 생산하여 면역작용을 합니다. 감기에 걸리면 몸에 염증이 생깁니다. 그럼 림프절이 더욱 활발히 활동하여 질병

림프계

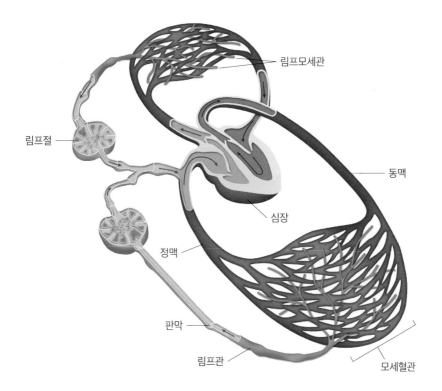

림프모세관

림프절

동맥

심장

정맥

판막

림프관

모세혈관

림프절은 림프액 속에 있는 미생물, 이물질, 암세포 등을 포식하여
신체를 방어하며, 림프구를 생산하여 면역작용을 한다.
몸에 염증이 생기면, 림프절이 더욱 활발히 활동하여 질병과 싸운다.
그 결과 림프절이 많이 모여 있는 부위가 부어오르기도 한다.

과 맞서 싸웁니다. 감기에 걸렸을 때, 편도와 같은 림프절이 붓는 이유는 이 때문입니다. 전신에 분포하는 림프절은 목, 겨드랑이, 사타구니 근처에 많이 모여 있습니다.

헤라가 에코에게 내린 형벌, 침묵

의학에서 물의 정령인 림프만큼 친숙한 님프가 한 명 더 있습니다. 바로 '에코(Echo)'입니다. 에코는 헬리콘 산에 살며 말하는 것을 좋아하여 한 번 이야기를 시작하면 멈추지 않는 수다쟁이 님프였습니다.

어느 날, 그녀가 머무는 헬리콘 산에 제우스가 찾아왔습니다. 이곳에 사는 님프들과 사랑을 나누기 위해서였지요. 이 소문을 입수한 헤라는 헬리콘 산을 샅샅이 수색했습니다. 이때 에코는 헤라에게 말을 걸어, 제우스와 님프들이 도망갈 시간을 벌어주었습니다. 에코 때문에 제우스와 님프들을 놓친 헤라는 화가 머리끝까지 났습니다. 그녀는 에코를 남이 말하기 전에는 말할 수 없고, 상대의 마지막 말만 따라할 수 있도록 만들었습니다.

어느 날, 에코는 숲을 찾아온 청년 '나르키소스(Narcissus)'에게 반해 그의 뒤를 따라다녔습니다. 저주에 걸린 에코는 나르키소스에게 먼저 말을 걸 수 없었기 때문입니다. 마침 나르키소스가 에코에게 길을 물었지만, 그녀는 그의 마지막 말만 따라 할 뿐 제대로 대답할 수 없었습니다. 나르키소스는 에코가 자신을 놀리는 줄 알고 화가 나서 "너와 함께하느니 죽어버리는 게 낫겠어!"라고 말합니다. 비참한 에코의 마음과 달리, 그녀의 입에서는 나르키소스가 마지막으로 뱉은 "죽어버리는

로마시대 고급 빌라 유적에서 발견된 우물 덮개. 우물 덮개에는 '물'과 관련된 인물들이 새겨져 있다. 한쪽 면에는 연못에 사는 님프들과 미소년 힐라스가 조각되어 있다.

작자 미상,
〈나르키소스, 에코, 힐라스, 님프가 있는 우물 덮개〉의 앞면,
2세기경, 대리석, 122×67cm, 뉴욕 메트로폴리탄미술관

반대쪽 면에는 물에 비친 자신을 사랑한 남자 나르키소스와 그를 짝사랑한 님프 에코가 조각되어 있다.

작자 미상, 〈나르키소스, 에코, 힐라스, 님프가 있는 우물 덮개〉의 뒷면,
2세기경, 대리석, 122×67cm, 뉴욕 메트로폴리탄미술관

게 낫겠어"라는 말이 반복해 나왔습니다.

에코는 실연의 상처에 동굴로 숨었고 점점 말라가다가 목소리만 남고 소멸했습니다. 산에서 소리를 지르면 메아리가 되돌아옵니다. 이는 목소리만 남은 에코의 흔적입니다.

프랑스 조각가 르무안(Paul Lemoyne, 1784~1883)의 손에서 에코는 실의에 빠진 여인으로 탄생했습니다. 〈요정 에코〉를 보면 슬픈 눈, 꼭 다문 입술에서 스스로 말문을 걸어 잠글 수밖에 없었던 에코의 비통한 심정이 전해지는 듯합니다.

에코와 나르키소스 이야기는 대중에게 많은 사랑을 받았던가 봅니다. 가정집을 고급스럽게 장식했던 물건(83쪽)에도 두 사람의 모습이 조각되어 있습니다. 로마시대 고급 빌라 유적에서 발견된 이 조각은 우물 덮개입니다. 우물 덮개에는 손을 든 나르키소스가 보입니다. 에코에게 더는 다가오지 말라고 경고하는 것 같습니다. 반대편에도 물과 관련된 님프들이 조각되어 있습니다. 그들은 한 남자를 붙잡고 있습니다. 붙잡힌 남자는 힐라스(Hylas)입니다. 이들의 사연은 나르키소스 이야기를 끝낸 다음, 들려드리겠습니다.

폴 르무안, 〈요정 에코〉,
1822년경, 대리석, 50×140×70cm,
파리 루브르박물관

의학에 남은 에코와 나르키소스의 흔적

장기 상태를 파악하는 '초음파검사(ultrasonography, sonography)'에 에코가 남긴 흔적이 있습니다. 초음파검사는 인체에 무해한 초음파를 몸 안에 투과시킨 후 반사초음파를 이용하여 우리 몸 내부를 모니터에 영상으로 보여주는 방법입니다. 반사영상은 실시간으로 나타나기 때문에, 초음파검사로 장기의 구조와 운동을 함께 파악할 수 있으며 혈액이 흘러가는 모습도 관찰할 수 있습니다.

'심장초음파검사(echocardiography)'는 짧게 '에코'라고 부르기도 합니다. 초음파가 반사되는 정도에 따라 '무에코(anechoic)', '저에코(hypoechoic)', '고에코(hyperechoic)'로 나뉩니다. 무에코의 경우 초음파 사진이 검게, 저에코의 경우 희미하게, 고에코의 경우 하얗게 보입니다. 장기의 성질과 질병에 따라 반사 정도가 미묘하게 달라지기 때문에, 초음파사진은 전문가가 정밀하게 판독해야 합니다.

에코를 매몰차게 거절한 나르키소스는 어떻게 되었을까요? 나르키소스는 에코 말고도 여러 님프의 구애를 거절했습니다. 그중 한 님프가 '복수의 여신' 네메시스(Nemesis)에게 나르키소스가 처절하게 죽게 해달라고 기도했습니다. 네메시스는 님프의 기도를 들어주었습니다. 그는 물에 비친 자신과 사랑에 빠져서 곡기마저 끊었고, 결국 죽음을 맞이했습니다. 그가 죽은 자리에서 피어난 꽃이 수선화(narcissus)입니다.

'자기도취증'을 뜻하는 '나르시시즘'과 수선화의 이름은 모두 자신을 너무도 사랑한 한 청년에게서 유래했습니다. 또한 오랜 기간 복용하면 심각한 중독을 초래하는 '마약(narcotic)'에도 나르키소스의 흔적이

존 윌리엄 워터하우스,
〈힐라스와 님프〉,
1896년, 캔버스에 유채,
132.1×197.5cm,
맨체스터미술관

남아 있습니다. 부정적인 면이 더욱 부각되지만 마약에는 급성·만성 통증을 조절하는 순기능도 있습니다. 의료용 마약류도 남용하면 중독을 불러일으킬 수 있기에, 마약류는 반드시 의료진의 지도에 따라 복용해야 합니다.

적당한 자신감과 자존감은 우리를 이롭게 합니다. 하지만 과도한 자신감은 우리를 나르키소스처럼 자기만족의 허상 속에 가둘 수 있다는 사실을 주지해야 합니다.

님프를 '미인'으로만 해석하지 마라!

영국 화가 워터하우스(John William Waterhouse, 1849~1917)는 고대신화 속 이야기를 자주 그렸습니다. 그중에서도 신비로운 여성을 즐겨 그렸는데요. 이런 그가 그리스신화 속 님프를 자주 그려 '님프의 화가'라는 별명을 얻은 것은 당연한 귀결입니다.

워터하우스가 그린 〈힐라스와 님프들〉(86~87쪽)에는 님프들이 물속으로 미소년 힐라스를 납치하는 장면이 담겨 있습니다. 로마시대 우물 덮개에 새겨진 힐라스와 님프들의 모습(83쪽)과도 일치합니다. 헤라클레스(Heracles)는 힐라스의 미모에 반해 그를 납치했고, 아르고 원정대에 포함시켰습니다. 원정대는 잠시 섬에 들렀고, 힐라스는 물을 뜨러 연못을 찾았습니다. 바로 그때 연못의 님프들이 힐라스에게 반해 그를 물속으로 유인했습니다.

120여 년간 맨체스터미술관 전시장 한 면을 차지했던 워터하우스의 〈힐라스와 님프들〉이 2018년에 잠시 전시가 중단된 일이 있었습니다.

이 작품이 오랫동안 여성이 갖는 성적 욕망의 위험성과 남성을 파멸의 길로 이끄는 '팜파탈'의 위험성을 경고하는 의미로 해석되어왔다는 이유에서였습니다. 그래서 맨체스터미술관은 이 작품을 계속 전시하는 게 맞는지

멘체스터미술관에서 〈힐라스와 님프들〉의 전시가 중단된 동안 관람객들이 빈 벽에 남긴 포스트잇.

관람객들과 의견을 나누기 위해 '철거'라는 결정을 내렸던 것입니다.

〈힐라스와 님프들〉 전시가 중단된 동안, 미술관 측은 비워둔 벽면을 관람객들의 의견을 적은 포스트잇으로 채웠습니다. 하지만 불과 일주일 만에 〈힐라스와 님프들〉은 다시 전시장으로 돌아왔습니다. 빗발치는 재전시 요청 때문이었습니다.

님프의 아리따운 외모는 예술가들에게 붓과 망치, 정을 들게 했습니다. 님프를 뛰어난 외모로만 기억하는 것은 너무 아쉽습니다. 사실 그들은 다재다능한 팔방미인이었습니다. 그들은 춤·노래·연주에 능한 예술가였으며, 바다·강·숲 등 자연의 수호자였습니다. 님프의 재능이 잘 알려지지 않은 것은, 림프가 온몸을 순환하며 몸속 침입자와 맞서 싸우고 있지만 우리는 그 역할을 모르는 것과 같습니다. 필자는 님프가 미모보다 재능으로 알려지길 바랍니다.

단 한 번의 실수로 아름다운 메두사는
흉측한 괴물로 변했습니다.
메두사가 죽어서도 풀 수 없었던 아테나의 저주는,
인간의 몸에서 발현되기도 합니다.
간에 영양을 공급하는 간문맥에 이상이 생기면,
배꼽 주위 정맥이 부풀어 오르며
'메두사의 머리'가 나타납니다.

이탈리아 패션 브랜드 베르사체의 로고에는 그리스신화 속 미인이 등
장합니다. '미의 여신' 아프로디테(Aphrodite)일까요? 아닙니다. 베르사
체 로고 속 미인은 '메두사(Medusa)'입니다. 원래 메두사는 빼어난 미모
를 자랑하는 여인이었습니다.

영국 화가 로세티(Dante Gabriel Rossetti, 1828~1882)는 괴물로 변하기 전
메두사를 화폭에 옮겼습니다. 로세티는 신화와 성서 속 인물을 서정적
인 분위기로 그렸던 화가입니다.

로세티가 그린 〈메두사의 옆모습〉(92쪽)에서 메두사는 고운 머릿결
의 청초한 여인으로 묘사됩니다. 많은 남성들이 구애할 정도로 메두사
는 아름다웠다고 합니다. '바다의 신' 포세이돈(Poseidon)도 그녀에게 반
할 정도였습니다. 그런데 메두사는 왜 괴물로 변한 걸까요?

너무 아름다워서 뒤틀린 인생

메두사가 괴물로 변한 이유를 알기 위해서, 먼저 아테나(Athena)와 포세이돈의 다툼을 알아야 합니다. 두 신은 도시 아테네의 수호신 자리를 두고 경쟁했고, 아테네의 수호신은 아테나로 결정되었습니다. 포세이돈은 아테나에게 도시를 빼앗겼다는 생각에 그녀를 미워했습니다. 그는 아테나를 골리기 위해 메두사를 아테나 신전으로 불러 사랑을 나눴습니다. 아테나는 자신의 신전에서 벌어진 애정행각에 분노했지요. 신(神)인 포세이돈에게 복수할 수 없었던 아테나는 인간 메두사에게 모든 죗값을 치르게 했습니다.

아테나의 저주로 메두사의 찰랑거리던 머리카락은 한 올 한 올 독사로 변했습니다. 입속에는 멧돼지의 어금니가 돋아났고, 이는 톱니처럼 날카로워졌습니다. 손은 청동으로 변했고, 혀는 뱀처럼 길어졌습니다. 마지막으로 아테나는 메두사와 눈이 마주친 모든 것을 돌로 변하게 하는 저주를 내렸습니다.

이탈리아 화가 카라바조(Michelangelo da Caravaggio, 1573~1610)가 그린 〈메두사의 머리〉에는 메두사의 마지막 모습이 담겨 있습니다. 깜짝

단테 가브리엘 로세티, 〈메두사의 옆모습〉, 1877년, 초크로 채색, 55.8×52cm, 개인 소장

카라바조, 〈메두사의 머리〉,
1595~1598년, 가죽을 씌운 나무에 유채, 60×55cm,
피렌체 우피치미술관

놀라 벌어진 입과 한껏 찡그린 미간은 삶의 마지막 순간 메두사가 느낀 공포를 우리에게 전해줍니다.

카라바조는 메두사의 얼굴에 자신의 얼굴을 그려넣었습니다. 그는 메두사의 마지막 표정을 재현하기 위해, 한껏 얼굴을 일그러뜨린 채 거울 앞에 섰습니다. 카라바조는 독특한 화풍만큼 자유분방한 행태로 주목을 받았습니다. 걸핏하면 기물을 파손했고 사람을 폭행하는 등 기행을 일삼았습니다. 나중에는 성폭행과 살인이라는 중죄까지 저질렀습니다. 살인죄로 도망자 신세가 되어 4년간 은거하던 카라바조는 38세라는 젊은 나이에 열병으로 사망합니다. 카라바조는 도망자로 살면서 교회 제단화나 신화를 주제로 한 그림을 그리는 일로 스스로를 벌했던 듯합니다. 메두사에 자신의 모습을 덧입힌 카라바조의 행동은 어쩌면 속죄의 행위였을지도 모르겠습니다.

우리 몸속의 메두사

우리 몸에도 언제든지 괴물로 변할 수 있는 메두사가 있습니다. 배꼽 근처 피부의 얇은 층에 있는 작은 정맥이 바로 몸속 메두사입니다.

심장에서 나온 혈액은 동맥을 타고 모세혈관으로 퍼집니다. 모세혈관을 통해 온몸을 순환한 혈액은 정맥을 통해 다시 심장으로 돌아옵니다. 혈액은 심장→동맥→모세혈관→정맥→심장 순으로 순환합니다. 그런데 특이하게도 모세혈관에서 정맥으로 이동하기 전 '간(肝, liver)'을 들르는 혈액이 있습니다. 위, 대장 등의 소화기관과 지라(비장) 등의 림프기관을 순환한 혈액은 장과 간 사이의 혈관인 '간문맥(portal vein)'

간문맥과 주변 기관

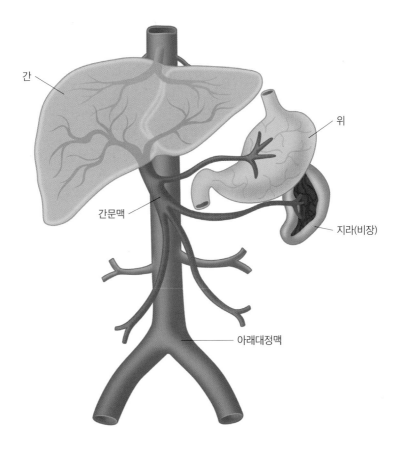

간

위

간문맥

지라(비장)

아래대정맥

간문맥은 소화기관에서 흡수한 영양분을 간으로 운반하는 통로다.

간경변증이 발생해 혈액이 간문맥을 통과하지 못하면

혈액은 배꼽 근처 정맥을 대체 통로로 사용한다.

좁은 혈관에 다량의 혈액이 몰려 혈관이 전에 없이 부풀어 오르면,

복부에 '메두사의 머리'가 나타난다.

을 통해 간으로 들어갑니다. 간문맥은 위, 이자, 지라 등에서 나오는 정맥들이 모여 구성되며, 소화기관에서 흡수한 영양분을 간으로 운반하는 역할을 합니다. 간문맥이 막히면 혈액은 간에 어떤 것도 전해줄 수 없습니다.

몸속에 메두사가 출현하는 것은 간문맥과 관련이 있습니다. 말랑말랑했던 간이 딱딱해져서 본래의 기능을 수행하지 못하게 되는 간경변증이 발생하면, 혈액이 간으로 들어가는 데에 문제가 생깁니다. 간문맥을 통과하지 못한 혈액은 심장으로 돌아갈 대체 혈관을 모색하고 배꼽 근처의 정맥들로 몰립니다. 좁은 혈관에 다량의 혈액이 모이기 때문에, 혈관은 전에 없이 부풀어 오릅니다. 육안으로 부푼 정맥을 목격할 수 있을 정도입니다. 이 모습이 메두사의 헝클어진 머리카락을 연상시켜서 '메두사의 머리(caput medusa)'라는 이름이 붙었습니다.

간문맥에 이상이 생기면 메두사의 머리와 함께, 지라가 커지거나 복수가 차거나 황달이 나타나기도 합니다. 아테나의 저주로 한순간에 인생이 바뀐 메두사처럼, 우리 몸속의 메두사도 삽시간에 괴물로 변할 수 있다는 사실을 항상 잊지 말아야 합니다.

판이하게 다른 메두사 최후의 표정

흉측한 괴물로 변한 메두사는 '페르세우스(Perseus)'라는 청년의 손에 최후를 맞이했습니다. 페르세우스는 왜 메두사의 목을 베었을까요? 페르세우스는 어머니 다나에(Danae)와 세리포스 섬에 살고 있었습니다. 세리포스 섬의 왕 폴리덱테스(Polydectes)는 아름다운 다나에를 탐냈고, 사랑의 걸림돌인 페르세우스를 없애기 위해 메두사의 머리를 베어오라는 명령을 내렸습니다. 불가능에 가까운 왕명을 수행하기 위해, 페르세우스는 아테나에게 도움을 청했습니다. 아테나는 페르세우스에게 자신의 방패, 메두사의 머리를 담을 헤라의 주머니 등을 빌려주었습니다. 또한 메두사를 벨 방법도 일러주었습니다. 페르세우스는 아테나의 조언에 따라 방패를 거울삼아 메두사의 위치를 파악하고 무사히 임무를 완수했습니다. 페르세우스는 천신만고 끝에 얻은 메두사의 머리를 폴리덱테스 앞에서 치켜들었습니다. 메두사에 깃든 아테나의 저주는 탐욕스러운 폴리덱테스를 돌로 만들었지요.

이탈리아 조각가 첼리니(Benvenuto Cellini, 1500~1571)는 메두사의 머리를 높이 들어 올린 페르세우스의 모습을 조각하였습니다. 페르세우스가 짓밟고 선 것이 머리가 잘린 메두사의 몸입니다. 첼리니는 메두사를 무찌른 용맹한 영웅을 표현하였습니다.

벤베누토 첼리니, 〈메두사의 머리를 든 페르세우스〉, 1545~1554년, 청동, 높이 519cm, 피렌체 시뇨리아광장

페테르 파울 루벤스, 〈메두사의 머리〉, 1617년, 캔버스에 유채, 69×118cm, 빈미술사박물관

페르세우스가 들고 있는 메두사의 머리를 보면, 그동안의 고통을 내려 놓은 듯 편안한 표정입니다. 메두사는 흉측한 괴물 얼굴이 아닌, 아름 다웠던 본래의 얼굴로 영원히 잠들었습니다.

　반면 루벤스(Peter Paul Rubens, 1577~1640)가 그린 메두사에게서는 편안 함을 조금도 찾아볼 수 없습니다. 실핏줄이 터진 눈, 하얗게 질린 낯빛, 검은빛을 띠는 입술은 메두사가 페르세우스의 칼에 베일 때 느꼈던 공 포감을 여실히 보여줍니다. 또한 메두사 곁에서 꿈틀거리는 뱀 무리는 공포감을 배가시킵니다. 신의 저주에 하루아침에 뒤바뀐 삶을 살다 갑작스러운 죽음을 맞은 메두사는 억울함에 눈도 감지 못한 채 세상을 떠났습니다.

　이탈리아 조각가 카노바(Antonio Canova, 1757~1822)가 첼리니와 비슷한 구도로 조각한 작품 속, 메두사의 표정 역시 고통과 비통함에 눈을 부릅 뜨고 있습니다. 예술가들이 기록한 메두사의 마지막 표정은 매우 다릅니다. 과연, 세상을 떠나던 순간 메두사는 어떤 표정을 지었을까요?

죽음으로도 풀지 못한 아테나의 저주

페르세우스는 자신을 도와준 아테나에게 메두사의 머리를 바칩니다. 아테나는 방패 '아이기스(Aeghis)'에 메두사의 머리를 장식합니다. 아이기스는 '승리의 여신' 니케(Nike), 올빼미와 함께 아테나를 상징하는 표식입니다.

　아이기스는 모든 것을 막아내는 방패면서 천둥 번개와 폭풍을 불러오는 무기입니다. 방어와 공격 기능을 함께 갖춘 최신예 해상 전투함인 이지스함의 이름은 아테나의 방패 아이기스에서 따왔습니다.

　아테나는 제우스의 딸로, 제우스의 머리에서

안토니오 카노바, 〈메두사의 머리를 든 페르세우스〉, 1804~1806년, 대리석, 242.6×191.8×102.9cm, 뉴욕 메트로폴리탄미술관

프랑스 화가 우아스가 그린 '지혜와 전쟁의 신' 아테나(미네르바)의 탄생 장면. 아테나는 아버지 제우스의 머리를 깨고 나왔다.

르네 앙투안 우아스, 〈제우스의 머릿속에서 무장한 채 태어난 아테나〉,
1688년, 캔버스에 유채, 135.5×190.5cm,
파리 베르사유궁전

태어났습니다. 제우스는 자식에게 왕위를 빼앗길까 두려워서 임신한 아내 메티스(Metis)를 통째로 삼켰습니다. 몇 달 후 심한 두통에 시달린 제우스는 '대장장이 신' 헤파이스토스(Hephaestos)에게 자신의 머리를 쪼개달라고 부탁했습니다.

헤파이스토스가 제우스의 머리를 도끼로 가르자 그 속에서 황금 갑옷으로 무장한 아테나가 나타났습니다. 프랑스 화가 우아스(René Antoine Houasse, 1645~1710)가 그린 〈제우스의 머릿속에서 무장한 채 태어난 아테나〉에서 황금 투구를 쓴 여성이 아테나입니다. '지혜와 전쟁의 신'인 아테나는 뛰어난 전술가였습니다. 제우스는 제 갑옷의 일부인 아이기스를 아테나에게 넘겨줄 만큼 아테나를 아끼고 사랑했습니다.

아테나는 페르세우스 외에도 헤라클레스, 이아손(Iason), 오디세우스(Odysseus) 등 영웅의 조력자로 활약하며 많은 인간에게 사랑받았습니다. 그러나 딱 한 사람에게만은 사랑받지 못한 것 같습니다. 바로 자신의 방패에 붙들어둔 메두사에게 말이지요. 단 한 번의 실수로 끔찍한 저주를 받고, 그도 모자라 자신에게 저주를 내린 아테나의 표식이 된 메두사. 그녀에게만은 아테나가 '희대의 악녀'로 기억되지 않을까 싶습니다.

아이기스를 묘사한 3세기경 고대 로마시대 모자이크 장식으로, 현재는 바티칸미술관 '그리스 십자가의 방' 바닥을 장식하고 있다.

많은 예술가가 캔버스 또는 대리석에
'미의 여신' 아프로디테를 재현했습니다.
대개 예술 작품 속 아프로디테는
한쪽 무릎을 약간 굽히고 무게 중심을 반대편 다리에 두는
콘트라포스토 자세를 취하고 있습니다.
보티첼리의 아프로디테는 왼쪽 어깨가 지나치게 내려가 있습니다.
그녀의 축 처진 왼쪽 어깨에는
보티첼리가 평생 품어온 순애보가 담겨 있습니다.

폐에 사무친 보티첼리의 사랑

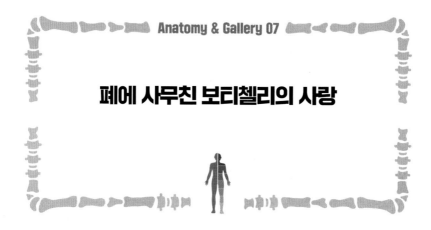

'미의 여신' 아프로디테의 이름은 거품을 뜻하는 그리스어 'aphros'에서 유래했습니다. 그녀가 거품 속에서 태어났기 때문입니다. 아들과의 다툼에서 우라노스(Uranus)는 생식기를 잃었습니다. 그의 생식기는 바다로 떨어져 거품이 되었고, 수백 년 동안 에게 해를 떠돌다가 '서풍의 신' 제피로스(Zephyros)에 의해 시프로스 섬으로 옮겨졌습니다. 그리고 거품 속에서 아프로디테가 탄생했습니다. '계절의 신' 호라이(Horai)는 나신으로 태어난 아프로디테를 단장시켜주었습니다.

헤시오도스(Hesiodos, BC 740~BC 670)가 《신통기》에 적은 아프로디테 탄생 신화입니다. 그리스의 대표 이야기꾼 호메로스(Homeros, BC 800~BC 750)는 그녀가 제우스와 거인족 디오네(Dione) 사이에서 탄생했다고 주장했는데요. 화가들의 선택은 '거품에서 태어난 아프로디테'였습니다.

윌리앙 아돌프 부그로, 〈비너스의 탄생〉, 1879년, 캔버스에 유채, 300×218cm, 파리 오르세미술관

헤시오도스의 이야기가 호메로스의 이야기보다 신비롭기 때문인 듯합니다.

로마가 그리스를 정복한 후, 아프로디테는 '비너스(베누스, venus)'라는 이름으로 로마 신화에도 모습을 드러냅니다. 아프로디테와 비너스 두 신의 이야기가 거의 흡사하기 때문에, 현대에는 둘을 동일한 신으로 생각합니다.

짝다리 덕분에 완만한 S자를 그리는
아프로디테의 몸

'사랑의 여신'이자 '미의 여신'인 아프로디테는 수많은 화가들의 손에서 아름답고 우아하게 표현되었습니다. 프랑스 화가 부그로(William Adolphe Bouguereau, 1825~1905)도 아프로디테가 탄생하는 순간을 그렸습니다. 부그로는 신화를 주제로 많은 작품을 그렸고, 인체를 사실적으로 묘사하기로 정평이 난 화가입니다.

바닷가 조개껍데기 위에 이제 막 태어난 아프로디테가 서 있습니다. 고래, 님프, 켄타우로스(Kentauros), 신이 그녀를 둘러싸고 축복해줍니다. 부그로가 그린 아프로디테의 얼굴·가슴·넙다리는 정면에서 살짝 틀어져 있습니다. 그녀는 한쪽 무릎을 살짝 굽히고 있지요. 완만한 S자를 그리는 아프로디테의 굴곡진 몸에서 입체감이 느껴집니다.

아프로디테의 이런 포즈를 '콘트라포스토(Contraposto)'라고 부릅니다. 콘트라포스토는 이탈리아어로 '정반대의 것'을 뜻하며, 미술에서는 '대칭적 조화'를 의미합니다. 수많은 예술가들이 이 포즈를 사랑했습니다.

기원전 4세기부터 조각가들은 인체에 콘트라포스토 구도를 적용했습니다. 화가들도 콘트라포스토 구도를 활용하여 인체를 그렸습니다. 미켈란젤로가 조각한 〈다비드상〉(265쪽), 보티첼리(Sandro Botticelli, 1445~1510)가 그린 〈비너스의 탄생〉(110쪽)에서 이 포즈를 볼 수 있습니다.

비너스와 먼로의 '볼기근'

'미(美)의 전형'으로 불리는 〈밀로의 비너스〉에도 콘트라포스토가 적용되었습니다. 에게 해의 작은 섬 밀로스에서 발견된 이 작품은 몸의 뼈대와 근육을 완벽히 표현한 조각상입니다. 비너스(아프로디테)의 골반은 평행하지 않고 비뚤어진 상태입니다. 한쪽 무릎을 굽힌 채 반대쪽 다리로 무게 중심을 옮기면, 골반은 평행을 유지할 수 없지요.

비너스처럼 골반이 비뚤어진 여인이 한 명 더 있습니다. 영화배우 '먼로(Marilyn Monroe, 1926~1962)'입니다. 그녀는 서로 다른 높이로 제작한 하이힐을 신고, 엉덩이를 씰룩이며 걸었습니다. 먼로가 매력을 발산하는 방법이었지요. 이 특별한 걸음걸이를 '먼로 워크(Monroe Walk)'라고 부릅니다.

작자 미상, 〈밀로의 비너스〉, BC 2세기~BC 1세기 초, 대리석, 높이 204cm, 파리 루브르박물관

둔부의 볼기근

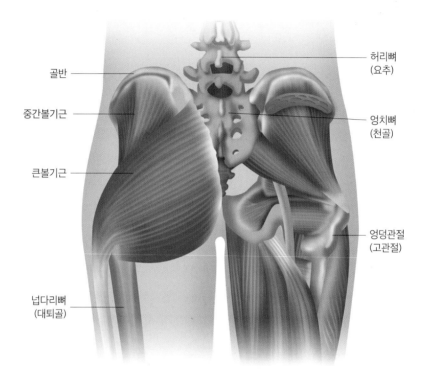

골반

중간볼기근

큰볼기근

넙다리뼈
(대퇴골)

허리뼈
(요추)

엉치뼈
(천골)

엉덩관절
(고관절)

땅에서 한 발을 떼면,

골반 평행을 유지하기 위해 반대쪽 엉덩관절(고관절) 근육이 운동한다.

이때, 몸의 균형을 잡아주는 근육이 '중간볼기근'이다.

중간볼기근에 문제가 생기면, 떠 있는 발쪽의 골반이 아래로 내려간다.

이 증상을 '트렌델렌버그 징후'라고 부른다.

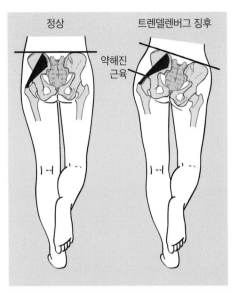

정상 　　　 트렌델렌버그 징후

약해진
근육

한 발을 땅에서 뗐을 때 정상인의 중간볼기근과 트렌델렌버그 징후
환자의 중간볼기근의 움직임 차이.

콘트라포스토 자세를 유지하거나 먼로 워크 방식으로 계속 걸으면, 골반이 살짝 비뚤어질 수밖에 없습니다. 필자는 그녀들의 둔부(볼기)를 보며, '볼기근'에 문제가 생겼나 하는 의문을 품었습니다. 콘트라포스토 포즈가 '트렌델렌버그 징후(Trendelenburg Sign)'가 나타날 때의 자세와 닮았기 때문입니다.

우리가 땅에서 한 발을 떼면, 골반 평행을 유지하기 위해 반대쪽 '엉덩관절(고관절)' 근육이 운동합니다. 이때, 우리 몸의 균형을 잡아주는 근육이 '중간볼기근(gluteus medius)'입니다. 중간볼기근에 문제가 생기면, 떠 있는 발쪽의 골반이 아래로 내려갑니다. 이 증상을 트렌델렌버그 징후라고 부릅니다. 트렌델렌버그 징후가 나타나면 걸을 때 골반이 과도하게 좌우로 치우칩니다. 이 징후는 엉덩관절의 안정성이 붕괴되었다는 것을 알려주는 지표입니다.

중간볼기근과 함께 '큰볼기근(gluteus maximus)'도 균형 잡기에 관여합니다. 두 근육은 넙다리를 펴고 벌림으로써 우리가 걷거나 뛸 때 균형을 잡을 수 있게 도와줍니다.

콘트라포스토가 가장 균형적이고 아름다운 인체 구도를 표현한 자세라지만, 해부학자 입장에서는 권장할 수 없는 자세입니다.

왼쪽어깨가 축 처진 아프로디테

아프로디테의 탄생 장면을 그린 그림 가운데 가장 유명한 작품은 보티첼리의 〈비너스의 탄생〉(110쪽)입니다. 〈비너스의 탄생〉은 르네상스시대 최초의 누드화로도 유명합니다. 보티첼리가 이 작품을 그릴 때까지 여신을 나체로 그린 화가는 없었기에, 〈비너스의 탄생〉은 완성 직후부터 대중에게 화제를 불러일으켰습니다.

보티첼리는 양식화된 표현과 곡선의 묘미를 잘 살린 것으로 유명합니다. 메디치가의 후원을 받아 수많은 걸작을 남겼습니다.

이제, 그림 속 인물들을 살펴볼까요? 그림 중앙의 여인은 아프로디테입니다. 손과 머리카락으로 몸의 주요 부위를 살짝 가리고 있지요. 유난히 처진 왼쪽 어깨가 인상적입니다. 오른편에 붉은 천을 들고 있는 신은 호라이, 왼편 두 명은 제피로스와 '꽃의 요정' 클로리스(Chloris)입니다. 세 명은 아프로디테의 탄생을 축하하고 있습니다.

그림 속 아프로디테는 대부분 당당한 모습입니다. 마치 자신이 세상에서 가장 아름다운 존재라는 걸 잘 알고 있다는 듯, 자신감이 넘칩니다. 그래서 〈비너스의 탄생〉 속 그녀의 모습은 살짝 생소하게 느껴집니다. 그 이유는 보티첼리의 아프로디테는 '결핵(tuberculosis)'을 앓고 있는 여인의 모습이기 때문입니다.

보티첼리가 아프로디테의 모델로 삼은 여인은, 그가 사랑한 '시모네타(Vespucci Simonetta,1454~1476)'였습니다. 그녀는 보티첼리를 후원해주던 공작의 아내였기에, 보티첼리는 마음을 고백할 수 없었지요. 게다가 스물셋이라는 나이에 시모네타가 '폐결핵'으로 사망하였기에, 보티

산드로 보티첼리, 〈비너스의 탄생〉,
1486년, 패널에 템페라, 172.5×278.5cm,
피렌체 우피치미술관

첼리는 그녀 곁에 오래 머물 수도 없었습니다. 보티첼리는 마음으로밖에 품을 수 없었던 시모네타를 여러 작품에 그려넣었습니다. 〈비너스의 탄생〉에서 아프로디테의 얼굴은 시모네타의 얼굴입니다. 그리고 처진 왼쪽 어깨는 그녀를 죽음으로 이끈 결핵의 징후입니다. 결핵은 인류 역사상 가장 많은 생명의 목숨을 앗아간 감염질환입니다. 결핵균에 의해 감염되며, 결핵균이 주로 허파를 침범해 폐결핵으로 발전합니다.

보티첼리는 사랑하는 여인을 떠나보낸 후 평생 독신으로 살았습니다. 그리고 자신이 죽으면 그녀 곁에 묻어달라는 유언을 남겼습니다. 현재 보티첼리와 시모네타의 묘는 나란히 있습니다.

〈봄〉 속에 있는 시모네타의 흔적

보티첼리가 또 한 번 아프로디테를 그린 〈봄〉(112쪽)은 이탈리아어로 봄을 뜻하는 '프리마베라'라고도 부릅니다. 그는 이번에도 시모네타를 그렸습니다. 오른쪽에서 세 번째 인물 '꽃의 여신' 플로라(Flora)에 시모네타의 얼굴을 그려넣었습니다. 그녀는 원래 꽃의 요정 클로리스였는데요. 그녀를 붙잡은 제피로스에 의해 플로라로 변합니다. 그림 속 플로라의 오른쪽 두 명이 클로리스와 제피로스입니다.

그림 중앙에 있는 여인은 아프로디테입니다. 부푼 배는 아프로디테가 임신했음을 알려줍니다. 그녀는 다산과 풍요를 상징하는 신이기도 합니다. 그 위에는 활시위를 당기는 에로스가 보이네요. 왼쪽에서 춤을 추는 세 여인은 '삼미신'으로, 순결·사랑·아름다움을 상징합니다. 오렌지로 손을 뻗은 남자는 '신의 전령' 헤르메스(Hermes)입니다. 그는 상

<봄>이 보티첼리가 폐결핵으로 안타깝게 사망한 시모네타에게 바치는 그림이라고 하면, 지나친 비약일까? 보티첼리는 플로라(오른쪽에서 세 번째)에 시모네타의 얼굴을 그려넣었고, 그림 중앙에 있는 아프로디테 뒤쪽에 나뭇가지로 폐를 형상화했다.

산드로 보티첼리, <봄>,
1482년, 패널에 템페라, 202×314cm,
피렌체 우피치미술관

인들의 수호성인으로, 상업도시인 피렌체 사람들은 헤르메스를 섬겼습니다. 오렌지는 메디치가를 상징하는 과일입니다.

〈봄〉을 주문한 로렌초 공은 스무 살에 피렌체의 통치자가 되었으며 보티첼리를 후원한 메디치가의 일원이었습니다. 전문가들은 보티첼리가 메디치가의 번영을 기원하며 헤르메스와 오렌지를 그렸고, 메디치가의 결혼을 축복하는 의미로 임신한 아프로디테를 그렸다고 추측합니다.

이 작품에는 메디치가와 시모네타를 함께 떠올릴 수 있는 게 하나 있습니다. 아프로디테 뒤에 있는 숲의 모양입니다. 인체 구조에 관심이 있다면, 이 부분이 '허파(폐, lung)'라는 사실을 알아차리셨을 겁니다. 젊은 통치자 로렌초는 피렌체에 새 바람을 일으키고 싶어 했습니다. 메디치가와 오랜 인연을 맺은 보티첼리는 로렌초의 마음을 이해하고 허파와 서풍의 신 제피로스를 그려넣었습니다. 필자는 허파에서 시모네타를 떠올렸습니다. 그녀의 사인이 폐결핵이기 때문입니다.

연인과 헤어진 후에는, 이별 노래의 가사만 귀에 꽂히지요. 보티첼리의 슬픈 이야기에 푹 빠진 필자는, 〈봄〉에서도 시모네타를 떠올리는 허파가 눈에 들어오나봅니다.

공기를 허파로 들여보내는 '기관'과 '기관지'

보티첼리가 그린 허파는 실제와 얼마나 닮았을까요? 필자는 개인적으로, 여러 곳으로 퍼진 이파리가 허파 속 '기관지(bronchus)'와 아주 많이 닮았다고 생각합니다.

허파는 호흡을 담당하는 신체 기관입니다. 허파는 가슴막에 둘러싸여 있으며, 가슴 좌우에 하나씩 존재합니다. 오른허파(right lung)는 위엽, 중간엽, 아래엽으로 나뉘고, 왼허파(left lung)는 위엽, 아래엽으로 나뉩니다. 허파 안쪽에는 기관지, 동맥, 정맥, 신경, 림프관이 있으며, 이를 합쳐 '허파뿌리(root of lung)'라고 부릅니다.

허파는 '기관지동맥(bronchial artery)'을 통해 영양분을 공급받습니다. 그리고 혈액 속 산소를 허파에 공급합니다. 심장에서 허파동맥(pulmonary artery)을 통해 허파에 들어온 혈액은 허파로부터 산소를 전달받아 허파정맥(pulmonary vein)을 통해 심장으로 되돌아갑니다.

'기관(trachea)'은 몸 밖에서 몸 안으로 공기를 들여오는 통로입니다. 기관은 두 개의 기관지로 나뉘며 양쪽 허파에 연결됩니다. 기관지는 나뭇가지처럼 끝으로 갈수록 가늘어집니다. 기관지는 허파 속으로 들어가 '소엽세기관지', '세기관지'로 나누어진 다음 포도송이 모양의 '허파꽈리(폐포, alveolus)'로 세분화됩니다. 허파꽈리는 무수한 모세혈관으로 둘러싸여 있으며 모세혈관 속 혈액의 '적혈구'와 '가스교환'을 합니다. 표면적이 넓은 허파꽈리는 적혈구와 만날 수 있는 공간이 많아 이 일에 적합합니다. 허파꽈리는 혈액 속 이산화탄소를 받고, 혈액은 허파꽈리의 산소를 받습니다.

기관의 말단에서 오른기관지는 3개로, 왼기관지는 2개로 나뉩니다. 오른기관지는 길이가 2.5cm로 짧고 굵으며 정중앙에서 20~40도 정도 기울어져 있습니다. 왼기관지는 길이가 5cm로 오른기관지보다 길고 가늘며 기울기도 40~60도 정도입니다.

두 기관지의 굵기, 길이, 기울기 차이 때문에 목에 이물질이 들어왔

허파와 기관지

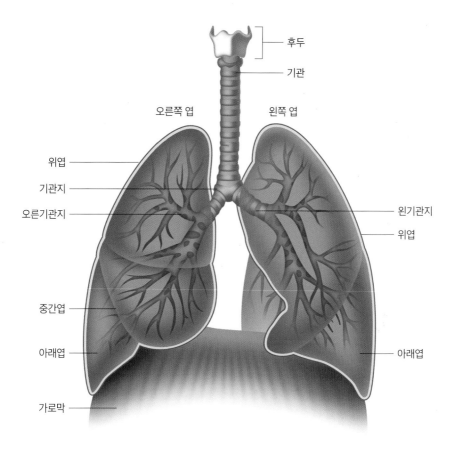

허파를 이야기할 때 빼놓을 수 없는 질병이 '결핵'이다.

결핵은 결핵균에 의해 감염되는 질환으로, 결핵균이 허파를 침범하면

폐결핵으로 발전한다. 허파가 망가지면 어깨가 축 처지기도 하며,

기침을 많이 하여 갈비뼈가 골절되기도 한다.

산드로 보티첼리, 〈비너스와 마르스〉,
1485년경, 패널에 템페라, 69×173.5cm,
런던 내셔널갤러리

이 작품은 아프로디테(비너스)와 아레스(마르스)가 밀회를 즐기고 난 후를 묘사하고 있다. 보티첼리의 아프로디테는 이번에도 시모네타의 얼굴을 하고, 축 처진 어깨로 폐결핵의 징후를 드러내고 있다.

을 때 오른기관지에 걸릴 가능성이 더 크고, 왼기관지는 객담과 가래 등 이물질을 잘 배출하지 못합니다. 이물질이 많이 쌓이면 결핵균이 몸에 침투하기가 더 쉽습니다. '기관지결핵'의 발병률은 남성보다 여성이 월등히 높습니다. 또 10대에서 30대 초반의 젊은 층에서 높은 빈도로 나타납니다. 여성에게 발병률이 높은 이유는 아직 뚜렷하게 밝혀지지 않았습니다. 다만, 학계에서는 여성들은 가래를 덜 뱉기 때문에 가래에 섞인 결핵균이 기관지를 손상시키는 것 같다고 추정합니다.

수많은 예술가의 생명을 앗아간 저승사자, 결핵

허파를 이야기하면 빼놓을 수 없는 질병이 있습니다. 바로 결핵이지요. 결핵은 시인 이상(李箱, 1910~1937), 실존주의 작가 카프카(Franz Kafka, 1883~1927), 작곡가 쇼팽(Fryderyk Franciszek Chopin, 1810~1849) 등 많은 예술가의 목숨을 앗아갔습니다.

결핵은 결핵균에 의해 생기는 감염성 질환으로, 약 85%가 허파에서 발병하여 흔히 폐결핵과 동의어로 쓰입니다. 증상으로는 기침, 발열, 식욕 부진, 체중 감소가 있습니다.

〈비너스의 탄생〉(110쪽)에 가파르게 표현된 왼쪽 어깨도 결핵 증상 중 하나입니다. 결핵은 기관지의 특성 때문에 왼허파에 더 잘 생깁니다. 결핵으로 망가진 허파 때문에 왼쪽 어깨가 처지는 것이지요. 또 〈비너스의 탄생〉 속 아프로디테는 왼쪽 가슴을 살짝 부여잡고 있는데요. 필자의 눈에는, 그녀가 결핵으로 생긴 염증 때문에 고통스러워하는 것으로 보입니다.

결핵으로 기침을 심하게 할 경우, 갈비뼈에 금이 가거나 갈비뼈가 골절되기도 합니다. 갈비뼈 중 약한 갈비연골에는 염증이 생기기도 하고요. 또, 허파의 압력을 변화시켜 공기를 허파로 들이거나 빼내는 역할을 하는 '가로막(횡격막, diaphragm)'에도 근육 손상이나 염증이 생길 수 있습니다. 과격한 기침은 가로막을 지나치게 수축시키기 때문입니다.

두 남녀의 동상이몽

보티첼리는 그림 속에서나마 너무 짧게 세상에 머문 시모네타를 살려 냈습니다. 〈비너스와 마르스〉(116~117쪽) 속 아프로디테도 시모네타의 얼굴을 하고 있습니다. 긴 목과 축 처진 어깨가 〈비너스의 탄생〉에 나타난 시모네타의 모습과도 일치합니다.

〈비너스와 마르스〉는 잘못된 만남을 담은 그림입니다. 마르스(Mars)는 그리스신화 속 '전쟁의 신' 아레스(Ares)입니다. 아프로디테에게는 배우자가 따로 있습니다. 두 신의 사랑은 용인될 수 없는 일이었지요. 그림 속에서 장난을 치는 세 인물은 '사티로스(Satyros)'로 아프로디테를 따르는 시종입니다. 아프로디테는 이 밀회에 만족하지 못한 듯합니다. 그녀는 육체적 교감과 함께 정서적 교감도 원했지만, 아레스는 그녀의 마음도 모른 채 깊은 잠에 빠져 있습니다. 동상이몽이지요.

보티첼리는 메디치가의 신혼부부에게 이 작품을 선물했습니다. 서로에게 충실하라는 의미였지요. 만약 보티첼리가 시모네타와 이어졌다면, 그는 그녀를 외롭게 만들지 않았을 것입니다. 그녀를 누구보다 사랑했으니까요.

'죽음의 빛'을 그린 화가 뭉크는
괴로운 내면을 절규하는 한 남자로 표현했습니다.
깊은 슬픔에도 인상을 좌우하는 광대뼈는 잠식되지 않았습니다.
하지만 일상화된 슬픔은 뭉크의 뇌에서
기분을 조절하는 호르몬인 세로토닌을 억제하여
서서히 그의 기억을 지워갔을 것입니다.

Anatomy & Gallery 08

인상을 좌우하는
얼굴의 마름모

다양한 매체에서 명화를 패러디합니다. 얼마 전, 종합쇼핑몰 TV CF 는 20세기 미국 도시의 일면을 독특하게 묘사했던 호퍼(Edward Hopper, 1882~1967)의 작품 〈뉴욕의 방〉을 패러디했습니다. 크리스마스가 다가 오면 생각나는 영화 〈나 홀로 집에〉의 포스터는 노르웨이 화가 뭉크 (Edvard Munch, 1863~1944)의 〈절규〉를 패러디한 작품입니다.

'패러디'는 특정 작품의 소재나 작가의 문체를 흉내 내어 익살스럽게 표현하는 방법 또는 그런 작품을 말합니다. 주로 우리가 잘 아는 명화나 기성품을 모방하지요. 출처도 명시되어 있습니다. 유명한 작품은 패러 디를 통해 새로운 작품으로 태어나기도 합니다. 패러디가 예술 발전에 일조했다고 해도 과언이 아닙니다. 현대에 패러디는 사회적 이슈에 대 한 흥미를 유발하여 다양한 시각을 제공하는 수단이 되기도 합니다.

에드바르 뭉크, 〈절규〉, 1893년, 마분지에 유채 · 템페라 · 파스텔, 91.3×73.7cm, 오슬로국립미술관

미친 사람만이 그릴 수 있는 작품

일그러진 붉은 색 배경이 인상적인 작품 〈절규〉는 〈모나리자〉와 함께 많이 패러디되는 명화 중 하나입니다. 1893년 작품 〈절규〉에는 이름 그대로 괴로움에 '절규하는' 인물이 등장합니다. 그림 속 인물은 내면의 고통에 시달리는 뭉크 자신입니다. 뭉크는 눈을 크게 뜨고 입을 길게 벌린 채 경악합니다. 그림 속 배경은 그의 불안한 내면세계입니다. 그림 속 뭉크는 내면세계를 활보하고 있는 것이지요. 뭉크는 종종 내면세계, 잠재의식, 자아에 대한 고뇌를 작품으로 남겼습니다. 〈절규〉가 끊임없이 패러디되는 이유는 현대인의 불안한 심리상태를 가장 잘 보여주는 작품이기 때문이라고 생각합니다.

1893년부터 1910년 사이, 뭉크는 네 가지 버전의 〈절규〉를 그렸습니다. 그중 첫 번째 작품 왼쪽 상단 모서리에는 '미친 사람만이 그릴 수 있다(Can only have been painted by a madman)'라는 미스터리한 문장이 연필

뭉크의 〈절규〉 속 연필로 쓴 문장.

로 작게 적혀 있었습니다. 이 문장을 뭉크가 썼는지, 다른 사람이 썼는지 추측만 난무했었는데요. 2021년 2월, 오슬로국립미술관 측은 뭉크의 일기장 등의 서체와 비교하여 이 문장의 작성자가 뭉크임을 밝혀냈습니다.

얼굴의 분위기를 좌우하는 광대뼈

필자는 〈절규〉 속 뭉크의 얼굴에서 '핼쑥해진 볼'이 가장 먼저 눈에 들어옵니다. 길어진 입 위로 불룩한 부분이 있습니다. 뺨에서 마름모꼴 모양으로 튀어나온 부분은 '광대뼈(zygomatic bone)'입니다. 광대뼈는 뺨 양쪽에 하나씩 있습니다. 광대뼈는 얼굴형과 인상을 좌우합니다. 동양인은 서양인에 비해 광대뼈가 튀어나와서 얼굴의 입체감이 강합니다. 광대뼈는 얼굴 앞쪽의 볼록한 돌출부에서 귀 앞까지 이어져 있어서, 앞으로 나오기도 하고 옆으로 나오기도 합니다.

남사당패에서 연극, 줄타기, 판소리를 하던 사람을 '광대'라고 불렀습니다. 그들이 무대에 오를 때 쓰는 탈, 몸에 걸치는 옷, 얼굴에 물감을 칠하는 일도 광대라고 불렀습니다. 그리고 넓은 의미로 광대는 얼굴을 의미했습니다. 광대뼈는 얼굴을 특정 짓던 '광대'와 뜻을 함께합니다.

광대뼈 위에는 이마를 이루는 이마뼈가, 아래에는 구강과 턱을 형성하는 위턱뼈와 아래턱뼈가 있습니다. 머리뼈의 형태는 〈절규〉 속 얼굴과 유사합니다. 하지만 우리의 얼굴은 이 형태와 다릅니다. '심부볼지방(협부지방, buccal fat pad)'이 볼을 채우고 있기 때문입니다. 심부볼지방은 '심부볼'이라는 명칭 때문에 볼에만 있는 지방으로 느껴지지

머리뼈의 구조

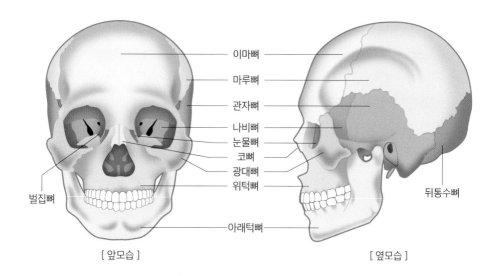

이마뼈
마루뼈
관자뼈
나비뼈
눈물뼈
코뼈
광대뼈
위턱뼈
벌집뼈
아래턱뼈
뒤통수뼈

[앞모습]　　　　　　　　　　　　[옆모습]

광대뼈는 뺨에 튀어나온 부분에 있는 마름모꼴의 뼈다.

얼굴 앞쪽의 볼록한 돌출부에서 귀 앞까지 이어져 있으며,

앞이나 옆으로 발달한다.

광대뼈 모양은 얼굴형과 인상을 좌우한다.

만, 머리의 옆면에서 시작해 광대를 거쳐 입가에까지 분포하고 있습니다. 1732년 해부학자 헤이스터(Lorenz Heister, 1683~1758)는 심부볼지방을 호르몬 등의 물질을 생성하는 샘으로 기술했지만, 1802년 빅햇(Marie François Xavier Bichat, 1771~1802)은 심부볼지방이 샘의 기능을 하지 않는 단순한 지방 덩어리라고 정정했습니다.

우리는 심부볼지방 덕분에 음식을 먹을 때나 말할 때 입의 근육을 자연스럽게 움직일 수 있습니다. 또한 심부볼지방은 이 사이로 침샘(귀밑샘)의 관인 귀밑샘관(침샘관, parotid duct)이 지나갈 수 있는 공간을 마련해주어서, 침이 분비될 수 있게 합니다.

심부볼지방의 크기는 체중, 비만도, 연령 등에 따라 달라지며, 지방 유무에 따라 얼굴형이 크게 달라집니다. 나이가 들면 심부볼지방 크기가 줄어들고 피부 탄력도 떨어집니다. 피부가 처지면 얼굴이 전보다 길어 보입니다. 그래서 미용적인 목적으로 심부볼지방 일부를 제거하거나 심부볼에 지방을 이식하는 경우도 있습니다. 하지만 심부볼지방 시술로 인해 침 분비에 문제가 생길 수 있으며 얼굴의 주요 혈관과 얼굴신경(안면신경, facial nerve)이 손상될 수도 있습니다. 얼굴형을 바꾸어 보려다가, 고통에 '절규'하게 될 수 있다는 사실을 주지해야 합니다.

연이은 상처로 짓이겨진 마음

뭉크는 군의관인 아버지와 자상한 어머니 사이에서 태어났습니다. 다섯 살 때, 어머니가 결핵으로 사망했고, 9년 후에는 누나인 소피에 역시 같은 병으로 사망했습니다. 여동생은 정신분열증 진단을 받아 어릴

에드바르 뭉크, 〈병든 아이〉, 1885~1886년, 캔버스에 유채, 120×118.5cm, 오슬로국립미술관

때부터 병원 생활을 했습니다. 남동생은 결혼한 지 몇 달 지나지 않아 죽음을 맞이했습니다.

어릴 때부터 잔병치레가 잦았던 뭉크는 어머니를 떠나보낸 후 난폭해진 아버지 때문에 정신적으로도 힘든 유년 시절을 보냈습니다. 가족들과 마찬가지로 뭉크도 정신질환을 앓았습니다. 뭉크는 "나는 인류의 가장 두려운 두 가지를 물려받았는데, 그것은 병약함과 정신병이다"라고 말할 정도로, 고통으로 점철된 삶을 살았습니다.

창백한 소녀는 숨을 내쉬기도 힘든지 머리 뒤에 커다란 베개를 받쳐 놓고 앉아 있습니다. 소녀의 얼굴에는 희망이 보이지 않습니다. 오른편에는 소녀의 손을 잡고 흐느끼는 여인이 있습니다.

뭉크는 죽은 누나를 그리워하며 〈병든 아이〉(127쪽)라는 동명의 작품을 6점 그렸습니다. 어릴 때 세상을 떠난 엄마의 빈자리를 채운 사람은 누나 소피에였지만, 누나도 뭉크 곁에 오래 머물지 못했습니다. 뭉크는 두 사람이 죽은 이유를 자신에게서 찾으려 했고, 늘 죄책감에 시달렸습니다. 〈병든 아이〉 속 소녀는 폐결핵으로 죽어갔던 누나이며, 우는 여인은 엄마 대신 뭉크의 가족을 돌봐준 이모 카렌입니다. 작품은 전체적으로 어둡지만, 두 사람의 얼굴과 꼭 잡은 손만은 밝게 표현되었습니다. 여기서 두 사람에 대한 뭉크의 사랑과 그리움이 엿보입니다. 뭉크는 일기에 〈병든 아이〉를 자신의 작품 중 가장 훌륭하고 중요한 작품이라고 썼습니다.

사랑은 뭉크에게 또 다른 상처를 줬습니다. 후원자 탈로의 형수이자 뭉크의 첫사랑이었던 밀리(Milly Thaulow, 1860~1937)는 자유분방했고, 뭉크는 그녀와의 사랑으로 여성 혐오증이 생겼습니다. 그 이후, 뭉크는

에드바르 뭉크, 〈봄〉,
1889년, 캔버스에 유채, 169.5×264.5cm,
오슬로국립미술관

인상을 좌우하는 얼굴의 마름모  129

라르센(Tulla Larsen, 1869~1942)이란 여인과 사랑에 빠지지만 결혼관의 차이로 갈등을 겪었습니다. 두 사람이 결혼 문제로 다투던 중 발생한 충격으로, 뭉크는 왼손 중지 일부를 잃었습니다. 손가락을 잃은 뭉크는 죽을 때까지 장갑을 벗지 않았습니다.

공포와 희망을 모두 쏟아낸 캔버스

평생 죽음의 불안과 우울이 뭉크의 곁을 맴돌았지만, 그는 어두운 감정을 쫓으려고 노력했습니다. 1886년 화가들의 축제에서 만난 노르웨이 작가 예거(Hans Jaeger, 1854~1910)의 영향을 받아, 뭉크는 작품의 모티프가 되는 '영혼의 일기'를 쓰기 시작했습니다.

뭉크는 1893년 〈절규〉를 통해 '절망과 공포의 화가'로 이름을 알리기 시작하며, 경제적으로 여유가 생겼습니다. 1895년 파리에서 그는 불안을 캔버스에 투영한 화가 고흐(Vincent van Gogh, 1853~1890)의 작품을 보고 감명을 받아서 자신의 감정을 캔버스에 담기로 마음먹었습니다. 마음에 여유가 생긴 뭉크는 죽음이 세상을 떠나는 것뿐이라고 생각하며 안정을 찾아갔습니다. 〈병든 아이〉를 그린 지 4년이 지난 다음, 같은 상황을 그린 〈봄〉(129쪽)은 따뜻한 정취를 풍깁니다. 심지어 그 역시 병상에 있으며 그린 작품인데도 말이지요.

병든 소녀와 어머니가 창가에 앉아 따스한 햇볕을 받고 있습니다. 바람으로 부풀어 오른 커튼과 꽃이 핀 화분에서 봄의 정취가 느껴집니다. 하지만 왼쪽에 있는 회색과 갈색의 가구와 옷은 죽음의 그림자가 가까이 있음을 암시합니다.

에드바르 뭉크, 〈침대와 시계 사이에 서 있는 자화상〉,
1940~1943년, 캔버스에 유채, 149.5×120.5cm,
오슬로 뭉크미술관

평생 뭉크를 갉아먹었던 병 '우울증'

슬픔을 떨쳐버리려던 뭉크의 노력은 성공했을까요? 결론부터 말하자면 아닙니다. 평생 천식과 기관지염에 시달렸던 뭉크는 건강 염려증으로 늘 불안해했고, 알코올 중독과 공황장애도 앓았습니다. 죽음의 그림자는 늘 그를 한 걸음 뒤에서 쫓았습니다. 이런 모습은 200여 점의 자화상을 통해 알 수 있습니다.

뭉크가 죽기 전에 그린 작품인 〈침대와 시계 사이에 서 있는 자화상〉에서, 뭉크는 '현재'를 상징하는 시계와 '죽음'을 상징하는 침대 사이에 서 있습니다. 깔끔히 정돈된 침대와 잘 차려입은 모습은 어딘가로 떠날 준비를 마친 상태로 보입니다. 시계의 초점도 보이지 않습니다. 뭉크는 이미 삶을 정리할 준비를 끝마쳤습니다.

평생 뭉크를 괴롭혔던 '우울증'은 생각의 내용, 사고 과정, 의욕, 행동, 수면, 신체 활동 등 전반적인 정신 기능을 저하시켜 일생생활에도 악영향을 끼칩니다. 우울증의 원인은 아직 명확하게 밝혀지지 않았지만 유전적, 환경적, 생화학적 요인이 다양하게 작용한다고 알려져 있습니다.

부모의 우울증 발병 여부가 자식의 발병에도 영향을 끼칠 때, 유전적 요인이 작용했다고 봅니다. 환경적 요인의 예로는 사랑하는 사람과의 이별, 경제적 문제, 급격한 스트레스 등을 들 수 있습니다. 생화학적 요인으로는 도파민, 세로토닌, 노르에피네프린 등의 호르몬 불균형을 꼽습니다. 도파민은 뇌신경 세포의 흥분을 전달하는 역할을 합니다. 세로토닌은 기분, 식욕, 수면 등을 조절합니다. 교감신경계를 자극하는 노르에피네프린은 행복감을 포함한 광범위한 감정을 조절합니다. 그런데 스트레스나 불안에 의해 세로토닌의 분비가 저하되면 우울증이 발현됩니다.

세로토닌의 분비가 적어지면 기억·학습·새로운 것의 인식을 담당하는 '해마(hippocampus)'의 크기가 작아집니다. 해마가 작아지면 기억력 감퇴를 겪습니다. 해마는 양 대뇌 반구에 하나씩 있습니다. 좌측 해마는 단기 기억을, 우측 해마는 장기 기억을 담당합니다.

뇌 속에 있는 해마는 어류 해마와 유사하게 생겼습니다. 뇌 속 해마의 가장 앞쪽은 손가락 모양으로 나누어져 있어 해마발이라 불리고, 몸통은 원통형이며 꼬리는 뒤로 갈수록 얇아집니다. 해마 하나는 지름 1cm, 길이 5cm 정도입니다.

술을 마시면, 기억을 잃을 때가 있습니다. 이것을 '필름이 끊기다'고 말하는데요. 의학적으로 설명하면 알코올에서 분해된 독소가 해마의 작용을 방해해서 기억력이 감퇴하는 것입니다. 이 현상이 자주 반복되면, 해마는 물론 뇌 전체가 위축되며 '알코올성 치매'가 나타나기도 합니다.

비상한 기억력은 아픔과 슬픔도 잊지 못하게 한다는 점에서 어찌 보면 안타까운 능력입니다. 살아가면서 작은 일을 잊어버리는 것은 슬픔에 적응하는 뇌의 방식일지도 모릅니다. 하지만 망각의 방법으로 음주를 택해 행복까지 지우지 않길 바랍니다.

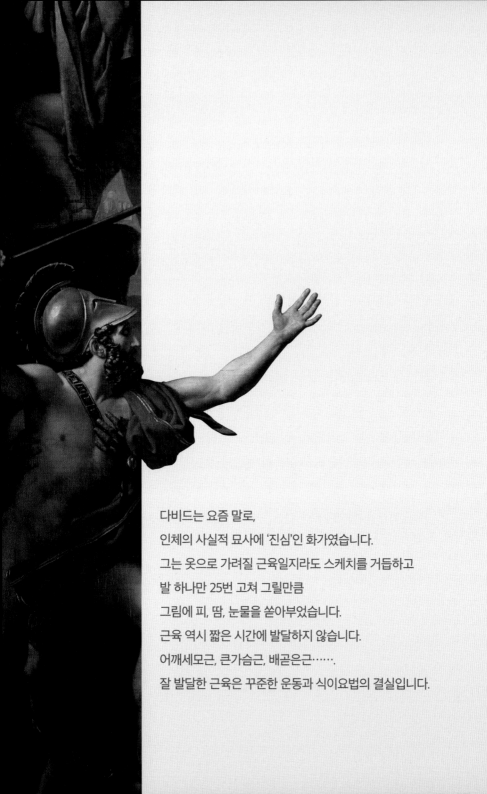

다비드는 요즘 말로,

인체의 사실적 묘사에 '진심'인 화가였습니다.

그는 옷으로 가려질 근육일지라도 스케치를 거듭하고

발 하나만 25번 고쳐 그릴만큼

그림에 피, 땀, 눈물을 쏟아부었습니다.

근육 역시 짧은 시간에 발달하지 않습니다.

어깨세모근, 큰가슴근, 배곧은근……

잘 발달한 근육은 꾸준한 운동과 식이요법의 결실입니다.

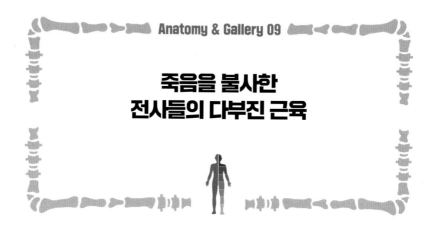

Anatomy & Gallery 09

죽음을 불사한
전사들의 다부진 근육

2007년에 개봉한 영화 〈300〉에는 근육질 배우들이 대거 등장하여 화제를 모았습니다. 〈300〉이 개봉된 직후, 수많은 남자들이 헬스장으로 향했지요.

영화 〈300〉은 테르모필레 협곡에서 일어난 페르시아군과 스파르타 군의 '테르모필레 전투'를 배경으로 합니다. 이 전투에 참가한 페르시 아군은 100만 명이었고 스파르타군은 겨우 300명이었다는 이야기가 전해집니다. 영화 제목이 '300'인 것도 이 때문이지요. 하지만 역사가 들은 당시 기록에는 어느 정도 과장이 섞여 있고, 스파르타군이 이보 다 많은 군사를 동원했다고 추정합니다.

기원전 492년, 페르시아 제국은 그리스 원정을 시작했습니다. 테르 모필레 전투는 기원전 480년 페르시아의 왕 크세르크세스 1세(Xerxes I,

자크 루이 다비드, 〈테르모필레 전투의 레오니다스〉,
1813년, 캔버스에 유채, 395×531cm,
파리 루브르박물관

BC 519~BC 465)가 그리스를 침략했던 때에 벌어졌습니다. 스파르타 왕 레오니다스(Leonidas, ?~BC 480)는 그리스 해군에게 시간을 벌어주기 위해, 페르시아군을 상대로 테르모필레 협곡에서 전투를 벌였습니다. 죽을 각오로 덤벼드는 스파르타군 앞에서 페르시아군은 주춤하였습니다. 그러나 페르시아군과 결탁한 스파르타 병사가 적군에게 우회로를 알려줌으로 스파르타군은 위기에 처했습니다. 결국 스파르타군은 전멸하였습니다. 하지만 그리스군은 스파르타군의 희생으로 페르시아군을 격퇴할 수 있었습니다.

100만 대군에 맞선 스파르타의 정예군

〈테르모필레 전투의 레오니다스〉는 스파르타군의 용맹함이 느껴지는 작품입니다. 화면 한가운데에 있는 인물은 레오니다스입니다. 전투에서 유리한 고지에 있었음에도, 레오니다스는 최후를 예감한 듯 결연한 표정을 짓고 있습니다. 전쟁이 벌어지기 전에 "왕이 죽지 않으면 스타르타는 멸망할 것이다"라는 신탁을 들었기에, 저토록 무거운 얼굴을 하고 있는지도 모릅니다. 화면 가장 왼쪽에 한 병사가 협곡 절벽에 칼자루 끝으로 무언가를 새기고 있습니다. 병사가 새기는 문구는 시모니데스(Simōnidēs of Ceos, BC 556~BC 468)의

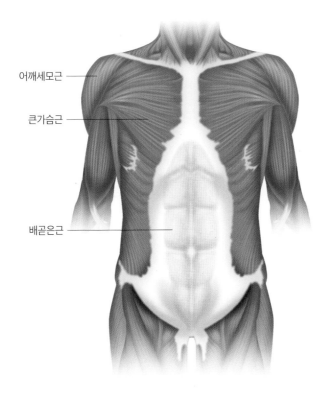

어깨세모근

큰가슴근

배곧은근

다비드의 그림 속 테르모필레 협곡에서 혈투를 벌이는 병사들에게서
쩍 벌어진 어깨근육과 울룩불룩한 가슴근육과 선명한 복근을 찾아볼 수 있다.
근육질 남성을 상징하는 세 근육의 해부학적 명칭은
어깨세모근, 큰가슴근, 배곧은근이다.

시 구절 "지나가는 나그네여, 라케이다몬(스파르타)에 전해주오, 우리들은 조국의 명을 받들어 여기에 잠들었다고……"입니다. 테르모필레 전투에서 전사한 병사들을 기리는 내용이지요. 일촉즉발의 전쟁터 너머로 스파르타군이 지키고자 하는 도시 그리스가 보입니다.

스파르파군의 결기만큼 눈을 사로잡는 세 가지 근육

〈테르모필레 전투의 레오니다스〉에서 치열한 상황만큼 우리의 눈을 사로잡는 게 있습니다. 병사의 다부진 '근육'입니다.

쩍 벌어진 병사의 어깨에는 '삼각근(三角筋, deltoid muscle)'이 있습니다. 어깨 양쪽 끝에서 어깨 관절을 둥글게 덮고 있는 삼각근의 해부학 명칭은 '어깨세모근'입니다. 근육 모양은 델타(Δ)와 닮았습니다. 어깨세모근은 위팔을 모든 방향으로 움직이게 하며, 무거운 물건을 머리 위로 들 때 주로 사용합니다. 예방접종 등 근육주사를 놓는 부위가 어깨세모근입니다.

흔히 '가슴근육'이라고 부르는 근육의 정확한 명칭은 '큰가슴근(대흉근, pectoralis major muscle)'입니다. 가슴 앞부분을 덮고 있으며, 큰 부채꼴 모양입니다. 위팔뼈를 안쪽으로 회전시키는 역할을 합니다. 가슴 중앙의 복장뼈와 윗가슴에서 양어깨로 수평으로 뻗은 빗장뼈에서 시작해 위팔뼈의 바깥쪽에 붙습니다. 팔을 앞쪽으로 모았을 때, 큰가슴근이 강조되는 것은 근육의 위치와 관련이 있습니다.

식스팩으로 알려진 근육은 배의 앞쪽에 있는 '배곧은근(복직근, rectus abdominis muscle)'입니다. 가죽끈 모양으로, 배의 정중앙을 세로로 가로

지르기 때문에 매우 깁니다. 배곧은근은 근육을 수직으로 가로지르는
나눔힘줄에 의해 6개 혹은 8개로 나누어지며, 작게 나눠진 배곧은근은
보다 효율적으로 운동합니다.

권력을 좇은 화가

다비드(Jacques Louis David, 1748~1825)는 〈테르모필레 전투의 레오니다
스〉를 비롯한 다른 작품에서도 근육질 남성을 자주 그렸습니다. 다비
드가 근육질 남성을 화폭에 담은 이유는 무엇일까요?

그것은 다비드가 인체를 사실적으로 그리는 것을 중시한 '신고전주
의' 화가였기 때문입니다. 신고전주의는 18세기 말부터 19세기 초에
걸쳐 프랑스를 중심으로 유럽 전역에 나타난 화파입니다. 그들은 고전
적인 모티프를 많이 활용했고, 고대 그리스·로마 문
화를 뜻하는 '고전'을 따라가자는 주장을 펼쳤
습니다. 이 노력에는 인간의 몸을 정확하게 표
현하는 것도 포함되었습니다. 고전주의에 '신

다비드가 <테니스 코트 선서>를 준비하는 과정에
서 그린 스케치의 부분도. <테니스 코트 선서> 속
인물들은 모두 옷을 입고 있지만, 스케치에 등장
하는 인물들은 나체다. 옷으로 가려질 근육
까지 세세하게 묘사한 스케치에서, 그가
인체를 사실적으로 묘사하기 위해 얼
마나 노력했는지 느낄 수 있다.

자크 루이 다비드, 〈테니스 코트 선서 습작〉, 1791년, 종이에 잉크와 연필,
66×101.2cm, 파리 베르사유궁전

자크 루이 다비드, 〈호라티우스 형제의 맹세〉,
1784년, 캔버스에 유채, 330×425cm,
파리 루브르박물관

(新)'이 붙는 이유는 르네상스의 고전주의와 구별하기 위해서입니다.

신고전주의 화가들은 그림에서 균형 잡힌 구도, 명확한 윤곽, 입체적인 형태의 완성을 중요하게 생각했습니다. 신고전주의를 대표하는 화가 다비드도 마찬가지였습니다.

1774년 다비드는 당시 화가 지망생들이 동경하는 로마대상을 수상한 후 로마로 유학을 떠났습니다. 1775년부터 1780년까지 로마에 머무르며 카라바조, 라파엘로 등의 작품에서 예술적 영감을 얻었으며, 고대 그리스 문화를 토대로 한 신고전주의를 연구했습니다. 1789년, 다비드는 시민혁명의 전형인 '프랑스 혁명'에 주체세력으로 활동하였습니다. 프랑스 혁명 당시 다비드에 의해 현재의 프랑스 삼색기가 고안되었습니다. 삼색기는 파리의 상징인 파란색, 프랑스 왕가의 상징인 흰색, 자유를 갈구하는 혁명의 피를 상징하는 빨간색으로 이루어졌습니다. 다비드는 열혈적인 시민이었습니다.

프랑스 혁명이 일어나기 전 루이 16세(Louis XVI, 1754~1793)는 다비드에게 프랑스 국민들에게 애국심을 고취시킬 수 있는 작품을 그려달라고 요청했습니다. 다비드는 〈호라티우스 형제의 맹세〉(141쪽)를 그렸고, 이 작품은 루이 16세에게 큰 사랑을 받았습니다.

〈호라티우스 형제의 맹세〉는 《로마 건국사》 1권에 있는 '로마와 알바의 전쟁' 속 일화를 소재로 합니다. 기원전 7세기, 계속된 분쟁에 지친 로마와 알바는 각각 삼형제를 내보내 결투를 한 후, 이 결투의 승패에 승복하기로 합니다. 로마의 대표로 호라티우스가의 삼형제가, 알바의 대표로 쿠리아티우스가의 삼형제가 뽑혔습니다. 그런데 두 가문은 사돈지간이었습니다. 호라티우스가의 딸이 쿠리아티우스가의 며느리였고, 쿠리아티우스가의 딸이 호라티우스가의 며느리였지요. 이 결투는 두 가문에게 큰 비극이었습니다.

화면 왼쪽에 있는 세 남자가 호라티우스가의 삼형제입니다. 투지에 불타는 눈빛으로 아버지에게 무기를 받으려 하지요. 중앙에 있는 사람은 삼형제의 아버지로 결투의 승리를 빌어줍니다. 오른쪽에는 눈물 짓는 세 여인이 보입니다. 왼쪽부터 삼형제의 어머니, 호라티우스가의 딸, 호라티우스가의 며느리입니다. 세 여인은 어느 편이 이겨도 기뻐할 수 없습니다. 승패가 어떻든 가족을 잃을 수밖에 없기 때문입니다.

〈호라티우스 형제의 맹세〉는 국가를 위해 희생하는 개인을 보여줍니다. 그런데 아이러니하게도 급진파 혁명세력도 이 작품을 좋아했습니다. 이 작품의 주제가 보수적인 이들의 눈에는 군주에 대한 충성으로 보였고, 진보적인 이들의 눈에는 시민혁명을 이끈 젊은 애국자들에 대한 찬사로 보였기 때문입니다.

결코 숨지 않았던 '두렁정맥'

다비드는 〈호라티우스 형제의 맹세〉 속 아버지의 발을 완벽하게 묘사하기 위해 무려 25번이나 수정을 거듭했다고 합니다. 하지만 아버지의 발보다 눈에 띄는 것은 네 남자의 '다리'입니다. 〈호라티우스 형제의 맹세〉에는 아버지와 삼형제의 다리 근육과 '피부정맥(얕은정맥, superficial vein)'이 두드러지게 표현되었습니다. 울룩불룩한 다리는 네 인물의 강인함과 승리를 향한 의지를 보여줍니다.

얕은정맥은 다리의 피부 표면과 가까운 층에 있는 정맥으로, '큰두

두렁정맥의 종류

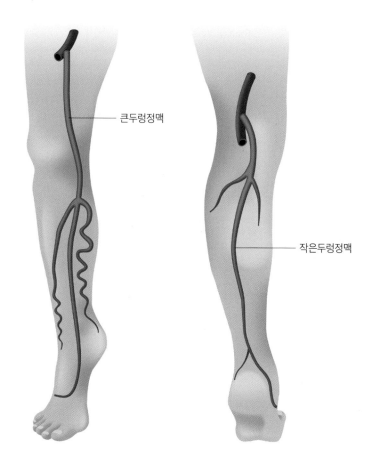

큰두렁정맥

작은두렁정맥

투지를 불태우는 호라티우스 삼형제의 다리에 울퉁불퉁한 핏줄이 두드러진다.
이 정맥은 한동안 '겉으로 드러나지 않는 정맥'이란 뜻의 '복재정맥'으로 불렸다.
하지만, 지금은 논두렁처럼 울퉁불퉁하고 선명한 특징을 반영하여
'두렁정맥'이라고 부른다.

렁정맥(대복재정맥, great saphenous vein)'과 '작은두렁정맥(소
복재정맥, small saphenous vein)'으로 나뉩니다. 큰두렁정맥은
발의 안쪽에서 시작하여 안쪽 복사의 앞쪽, 무릎 뒤쪽,
넓적다리의 안쪽으로 올라갑니다. 작은두렁정맥은 발의
바깥쪽 면에서 시작하여 발꿈치의 힘줄 바깥쪽을 거쳐
오금 정맥으로 들어갑니다. 다른 얕은정맥은 이
들의 지류입니다.

  페르시아의 의사 시나(Ibn Sina, 980~1037)
는 어떤 이유인지 모르겠지만 자신의 책
에 두렁정맥을 'al-safin(숨어 있다)'라고 표
기했으며, 여기서 'saphenous'가 유래했습
니다. 두렁정맥은 오랫동안 '숨어 있는
정맥'으로 불렸습니다. 우리나라에서
도 이 정맥을 한동안 '겉으로 드러
나지 않고 숨겨져 있다'는 뜻의 '복
재정맥(伏在靜脈)'으로 불렸습니다. 하
지만 이 정맥은 논두렁처럼 울퉁불퉁하며 눈
에 잘 띄는 정맥이라 복재정맥이란 용어와는
어울리지 않기 때문에 '두렁정맥'으로 용어
가 바뀌었습니다.

<호라티우스 형제의 맹세> 가운데 아버지 부분
도. 다리의 얕은정맥이 사실적으로 묘사되어
있다.

자크 루이 다비드, 〈알프스를 넘는 나폴레옹〉,
1801년, 캔버스에 유채, 275×231cm,
빈 벨베데레궁전

나폴레옹의 손을 잡은 화가

루이 16세의 총애를 받았던 다비드는 프랑스 혁명 이후 급진파로 돌아섰습니다. 1793년에는 급진적인 혁명가였던 '마라(Jean Paul Marat, 1743~1793)'가 살해당한 사건을 〈마라의 죽음〉으로 그려 그를 '혁명의 아이콘'으로 만들기도 했습니다. 다비드는 친구이자 급진파 혁명가였던 로베스피에르(Maximilien François Marie Isidore de Robespierre, 1758~1794)와 함께 혁명의 중심에 서 있었습니다. 하지만 폭군적 정치를 펼친 로베스피에르가 처형당하자 다비드는 감옥행을 피할 수 없었습니다.

일순간 나락으로 떨어진 다비드에게 손을 내민 이는 나폴레옹(Napoléon I, 1769~1821)이었습니다. 나폴레옹은 다비드의 손길로 우상화되었고 결국 황제의 자리까지 올랐습니다. 다비드가 창조한 나폴레옹에게는 인간적인 오점이 없습니다. 〈나폴레옹 1세의 대관식〉(300쪽)에서도, 다비드가 그린 완벽한 나폴레옹의 모습을 볼 수 있습니다.

〈알프스를 넘는 나폴레옹〉은 군주 기마상을 그린 작품 중 최고라는 찬사를 받습니다. 그 중심에는 나폴레옹이 있습니다. 잘생긴 명마가 흥분하여 앞발을 들고 있지만, 나폴레옹의 얼굴에는 놀란 기색이 전혀 없습니다. 혼란에 빠진 프랑스인들에게 나아갈 방향을 제시해주는 것 같기도 합니다. 여기에도 다비드의 과장이 들어가 있습니다. 이날의 날씨는 맑았으며, 나폴레옹은 거대한 말이 아닌 노새를 타고 있었다고 합니다. 현실을 살짝 바꿈으로써, 나폴레옹의 영웅성은 더욱 두드러지게 되었습니다. 영웅의 비호로 다비드는 예술계의 막강한 권력가가 되었습니다. 하지만 나폴레옹이 사망한 후, 다비드는 프랑스를 떠나야 했

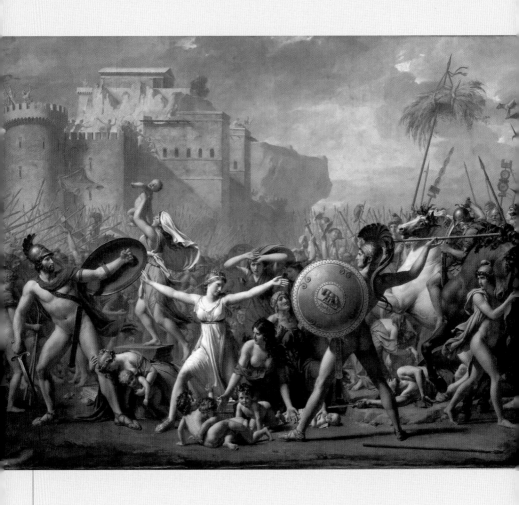

자크 루이 다비드, 〈사비니 여인들의 중재〉,
1799년, 캔버스에 유채, 385×522cm,
파리 루브르박물관

고 1816년 브뤼셀로 망명하였습니다. 여러 정치가들과 함께 걸었던 화가는 타국에서 쓸쓸히 죽음을 맞이했습니다.

다비드가 꿈꿨던 유토피아

다비드의 작품에는 프랑스 정치사의 일면이 담겨 있습니다. 여러 정치가들과 함께했던 다비드는 어떤 유토피아를 꿈꿨을까요? 감옥에 갇혀 있던 1799년, 다비드는 〈사비니 여인들의 중재〉를 그렸습니다. 이 작품은 《로마 건국사》에 나오는 '사비니 여인 납치 사건'을 다루고 있습니다.

로마를 건국한 로물루스는 로마가 남자에 비해 여자가 현저히 적자, 옆 나라 사비니를 침략해 여자들을 납치해왔습니다. 화가 난 사비니인들은 몇 년간 전쟁을 준비해 로마로 향했습니다. 그런데 사비니 여인들이 로마로 들어선 사비니 군인들을 막아섰습니다. 그녀들은 사비니인이자 동시에 로마인의 아내였기 때문입니다. 사비니 여인들의 필사적인 중재로 전쟁은 중단되었고, 로마와 사비니는 평화 협정을 맺게 되었습니다.

프랑스 혁명으로 한 나라가 두 진영으로 나뉘어 싸우던 때 다비드가 이 작품을 그린 이유는 무엇일까요? 조국이 하나로 화합하고 더 이상의 유혈 사태가 벌어지지 않길 바라서였을 테지요. 다비드가 마지막에 섬겼던 나폴레옹이 유럽의 여러 나라를 침략한 것까지 그가 원했는지는 알 수 없습니다. 다만 이 작품을 통해 다비드가 전쟁이 없는 평화로운 프랑스에서 살고 싶어하지 않았을까 추측할 뿐입니다.

척추는 머리뼈에서 골반까지 이어지는 33개의 뼈입니다.
척추에 심한 압력이 가해지면 척추뼈 사이에서
쿠션 역할을 하는 원반 모양의 조직이 척추 밖으로 튀어나옵니다.
이것이 척수신경을 건드리면 통증이 발생합니다.
예술가들은 뼈에도 감정을 담아냅니다.
현실에는 존재할 수 없는 기이한 모양의 척추에
샤갈은 '행복'을, 칼로는 '슬픔'이라는
상반된 감정을 담아냈습니다.

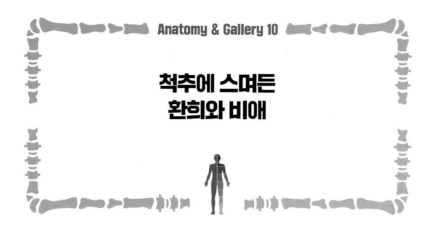

척추에 스며든
환희와 비애

영화 속 소품이 복선일 때가 있습니다. 헌책방 주인과 여배우의 사랑을 그린 영화 〈노팅힐〉 속 그림 한 점이 바로 그렇습니다. 아직 서먹한 남녀가 남자 주인공 집에 함께 앉아 있습니다. 두 사람 사이로 샤갈(Marc Chagall, 1887~1985)의 〈신부〉가 보입니다. 샤갈을 좋아한다는 공통점을 발견한 두 사람은 자연스레 대화를 이어갑니다.

"당신도 이 그림을 가지고 있다니 믿기지 않아요."

"당신도 샤갈을 좋아해요?"

"사랑은 저런 거죠. 짙푸른 하늘을 나는 듯한……."

남녀의 행복한 결합을 그린 〈신부〉는 결국 두 사람이 그림처럼 행복한 결말을 맞이할 것을 암시합니다. 〈신부〉에는 푸른 하늘을 나는 부부가 있습니다. 하얀 면사포를 쓴 신부를 신랑이 감싸 안고 있습니다. 그

마르크 샤갈, 〈신부〉, 1950년, 과슈와 파스텔, 68×53cm, 개인 소장

림 오른쪽에는 바이올린을 연주하는 염소가 있습니다. 위쪽에는 하늘을 나는 물고기가 있습니다. 한 공간에 존재할 수 없는 염소와 물고기라는 두 동물은 〈신부〉를 비현실적인 꿈처럼 보이게 합니다.

초현실주의 화가 샤갈은 일상적인 사물을 이질적 환경에 두는 '데페이즈망(dépaysement)' 기법을 즐겨 사용하였습니다. 낯선 환경에 여러 사물을 배치하여 기이한 장면을 만드는 것이지요. 데페이즈망 기법은 보는 이에게 강한 인상을 줍니다. 〈신부〉 속 하늘, 부부, 물고기, 염소, 바이올린 간에 어떤 연관성도 없지요. 기발한 상상, 관습적 사고의 전복, 신비하고 환상적인 분위기 등을 추구했던 초현실주의 화가들에게 데페이즈망은 꼭 맞는 기법입니다. 초현실주의 화가들은 꿈속의 화면을 화폭에 담곤 했는데요. 무의식 세계에 데페이즈망 기법이 더해지면, 〈신부〉와 같은 신비로운 분위기의 작품이 탄생합니다.

미래의 아내를 한눈에 알아본 화가

샤갈은 러시아 내 유대인 마을 비테프스크에서 태어났습니다. 그는 생선가게에서 일하는 아버지와 야채를 파는 어머니 사이에서 어렵게 성장했지요. 샤갈은 미술에 재능을 보였지만, 유대인이었던 탓에 예술학교 입학은 물론 도시로 터전을 옮기는 것도 쉽지 않았습니다. 그는 가짜 통행증을 구해서 예술학교에 입학할 만큼 열정적이었고, 부모님도 최선을 다해 그를 지원했습니다.

1909년, 샤갈은 인생의 반려자가 될 여인 벨라를 만났습니다. 샤갈은 자서전에 "나는 그녀가 나의 아내가 될 사람임을 바로 알았다"고 밝힐 정도로 벨라에게 강하게 끌렸습니다. 벨라는 부유한 보석상의 막내딸이었으며, 러시아 여성 중 3%만 입학이 가능한 게리에르여자대학에 입학한 수재였습니다. 두 사람은 연인으로 발전했지만, 두 집안의 경제 상황이 천양지차였던 탓에 벨라의 집안에서는 샤갈을 탐탁하지 않아 했습니다.

1910년, 샤갈은 후원자의 도움을 받아 파리로 유학을 떠났고, 벨라는 러시아에 남아 샤갈을 기다렸습니다. 한동안 두 사람은 편지로 활발히 교류했지만, 오랜 이별에 벨라가 지쳐갔습니다. 그녀를 놓칠까 불안했던 샤갈은 1914년 고향으로 돌아왔고, 이듬해인 1915년 벨라와 결혼식을 올렸습니다.

샤갈에게 벨라는 사랑 그 자체이자 붓을 들게 하는 뮤즈였습니다. 그는 결혼생활과 아내를 처음 만난 비테프스크를 자주 그렸습니다. 샤갈은 "진실된 예술은 사랑 안에서만 존재한다"고 말했던 사랑꾼이었습니다.

허리 통증도 개의치 않는 사랑

벨라와의 결혼식을 몇 주 앞둔 샤갈의 생일날, 벨라는 연인을 위해 꽃다발을 가져왔습니다. 샤갈은 사랑스러운 연인에게 입을 맞춥니다. 이날의 행복은 〈생일〉에 고스란히 담겨 있습니다. 그는 하늘을 나는 듯 공중에 떠 있고, 벨라를 마주 보기 위해 목을 U자로 꺾었습니다. 두 사람의 열정적인 사랑은 붉은 바닥으로 표현되었습니다. 벨라의 검은 드레스와 구두는 그녀의 순결하고 깨끗한 영혼을 나타냅니다.

해부학자인 필자는 연인의 포개진 입술보다 비현실적으로 꺾인 '목'과 휘어진 '척추(vertebral column, spine)'가 먼저 보입니다. 척추는 몸의 중심이자 기둥 역할을 하는 뼈 구조물을 말합니다. 위쪽은 머리를 받치고 아래쪽은 골반뼈와 연결됩니다. 척추는 목뼈(경추, cervical) 7개, 등뼈(흉추, thoracic) 12개, 허리뼈(요추, lumbar) 5개, 엉치뼈(천추, sacrum) 5개, 꼬리뼈(미추, coccyx) 4개로 구성됩니다. 총 33개의 뼈가 머리와 골반 사이

마르크 샤갈, 〈생일〉, 1915년, 카드보드지에 유채, 73×92cm, 뉴욕 현대미술관

에 있는 것이지요.

척추 뼈와 뼈 사이에 흔히 '디스크'라고 부르는 '척추사이원반(추간판, intervertebral disc)'이 있습니다. 척추사이원반은 젤리처럼 말랑말랑하고 탄력적인 조직이라 척추에 가해지는 충격을 흡수하고, 척추를 굽히고 펴고 돌리는 등 운동할 수 있게 합니다.

척추 중 목뼈와 허리뼈는 다른 부위보다 자유롭게 움직입니다. 그래서 목뼈와 허리뼈의 척추사이원반은 물리적 충격이나 노화에 의해 터지거나 튀어나오는 일이 많습니다. 튀어나온 척추사이원반은 '척수신경(spinal nerve)'을 눌러 통증을 유발합니다. 흔히 '목 디스크', '허리 디스

척추 구조와 척추사이원반의 탈출

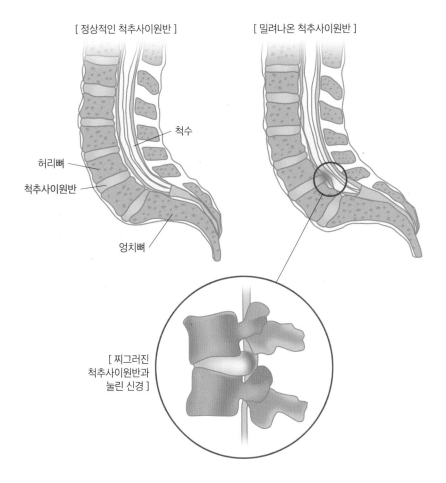

[정상적인 척추사이원반]   [밀려나온 척추사이원반]

척수

허리뼈

척추사이원반

엉치뼈

[찌그러진
척추사이원반과
눌린 신경]

척추 중 목뼈와 허리뼈는 상대적으로 움직임이 자유롭다.

그래서 물리적 충격이나 노화로 척추사이원반이 탈출해

통증을 유발하는 경우가 잦다. 척추사이원반의 탈출을 막으려면

척추에 무리한 압력이 가해지지 않도록 늘 자세를 바르게 해야 한다.

크'라고 부르는 질병은 목과 허리뼈의 척추사이원반이 튀어나와서 생깁니다. 목이나 허리를 장시간 구부리면, 척추사이원반에 가해지는 압력이 증가하여 손상이 가속화됩니다. 〈생일〉 속 남자처럼 목을 심하게 꺾는 일이 비일비재해도, 목의 척추사이원반이 탈출할 수 있습니다. 척추사이원반이 도망가지 않게 하려면, 척추에 무리한 압력이 가해지지 않도록 바른 자세를 유지해야 합니다.

한 여인의 육체와 정신을 산산조각 내버린 교통사고

사랑의 힘으로 척추에 전해지는 고통을 잊은 남자가 〈생일〉 속에 있다면, 〈부러진 척추〉(158쪽)에는 척추가 산산이 부서지는 고통을 느낀 여인이 있습니다. 바로 칼로(Frida Kahlo de Rivera, 1907~1954)입니다.

칼로는 여섯 살 때 소아마비를 앓아 오른쪽 다리가 불편했지만, 총명하고 아름다운 소녀였습니다. 1921년 그녀는 의사가 되기 위해 멕시코 최대의 교육기관 에스쿠엘라 국립예비학교에 입학했고, 생물학과 해부학을 공부했습니다. 비극은 갑작스레 찾아왔습니다. 1925년 칼로가 하굣길에 탄 버스가 전차와 부딪혔고, 강철봉이 칼로의 옆구리와 척추와 골반을 관통했습니다. 오른쪽 허벅지도 크게 다쳤지요. 이 사고로 칼로는 30여 차례의 수술을 받아야 했습니다. 모든 의사가 칼로에게 다시 걸을 수 없을 거라고 말했습니다. 그녀는 9개월 동안 전신에 깁스를 한 채 누워 지내야만 했습니다. 칼로는 이 사고로 자신이 다친 게 아니라 "부서졌다"고 표현했습니다.

1944년에 완성된 〈부러진 척추〉에는 칼로가 느꼈던 육체적 고통이

프리다 칼로, 〈부러진 척추〉, 1944년, 캔버스에 유채, 40×30.7cm, 멕시코시티 돌로레스올메도미술관

절절히 기록되어 있습니다. 칼로는 척추에 철근이 박히고 온몸에 못이 박힌 채 울고 있는 자신의 모습을 그렸습니다. '철근'과 '못'은 인간이 경험할 수 있는 최악의 고통을 상징하는 사물입니다. 그녀 뒤로 보이는 대지는 갈라지고 황폐합니다. 풀 한 포기 자라지 않는 메마른 대지는 그녀의 마음 상태를 상징합니다.

사랑은 끔찍한 사고였다!

교통사고로 누워 있던 9개월간, 두 손만 자유로웠던 칼로는 그림 그리는 것 밖에는 할 수 있는 일이 없었습니다. 그녀의 부모는 딸이 누워서 그림을 그릴 수 있게 이젤을 설치해주었습니다. 침대의 캐노피에는 칼로가 자신의 모습을 볼 수 있도록 전신거울도 달아주었습니다. 9개월 동안 칼로는 자신을 관찰하고 또 관찰했고, 스스로의 모습을 자화상으로 남기기 시작했습니다.

칼로는 의사 대신 화가로 인생의 행로를 변경했습니다. 그러자 자신의 작품을 객관적으로 평가받고 싶어졌습니다. 이때 그녀가 찾아간 사람이 디에고(Diego Rivera, 1886~1957)입니다. 훗날 칼로가 '두 번째 사고'라고 표현했던 남자이지요. 첫 번째 사고는 앞에서 말했던 교통사고입니다. 그녀는 육신을 망가뜨린 첫 번째 사고보다 두 번째 사고가 더 끔찍했다고 회상했습니다. 그런데 디에고는 왜 '사고'가 되었을까요?

에스쿠엘라 국립예비학교에 다니던 시절, 칼로는 프레스코 기법으로 벽화를 그리는 디에고를 처음 보았습니다. 디에고는 멕시코 문화운동을 주도했으며, 정치적으로 깨어 있는 예술가였습니다. 정치와 예술

프리다 칼로, 〈헨리포드 병원〉, 1932년, 유채, 30.5×38cm, 멕시코시티 돌로레스올메도미술관

에 관심이 많았던 칼로와 그는 공통점이 있었지요. 작품 평가를 위한
만남 이후, 칼로와 디에고는 연인으로 발전하였고 1929년에 스물한 살
의 나이 차이에도 불구하고 결혼하였습니다. 운명적 남자로 보였던 디
에고가 그녀에게 일어나지 말았어야 할 사고인 것은, 그가 그녀의 마
음을 난도질하였기 때문입니다. 화가로서 디에고는 훌륭했지만 남편
으로서는 엉망이었지요.

칼로와 결혼 생활 중에 다수의 여성과 바람을 피웠습니다. 외도 상대에는 칼로의 여동생도 있었습니다. 그가 처제와 불륜을 저질렀을 때, 칼로는 유산으로 아이를 잃은 슬픔에 잠겨 있었습니다. 교통사고 후유증으로 몸이 약해진 칼로는 세 번의 유산을 겪었습니다. 그녀의 몸과 마음은 차츰 무너져 내리고 있었습니다.

누구보다 아이를 원했던 칼로가 유산으로 얼마나 절망했는지 〈헨리 포드 병원〉에 잘 나타나 있습니다. 1932년 칼로는 디트로이트 헨리포드 병원에서 한 아이를 떠나보냈습니다. 그림 속 황무지 뒤로 보이는 공업도시는 그녀가 아이와 이별한 디트로이트입니다. 유산 후, 우울증에 시달렸던 그녀는 의사에게 자신의 죽은 태아를 달라고 요청했습니다. 그림에 그려넣기 위해서였지요. 의사는 죽은 태아 대신 의학 서적 속 태아 삽화를 건네주었고, 칼로는 삽화를 보며 〈헨리포드 병원〉 속 태아를 완성했습니다. 그림 가운데에는 아직 탯줄로 칼로와 연결되어 있는 태아가 보입니다.

칼로는 태아 말고도 두 개의 '골반(pelvis)', 의료도구, 달팽이, 보라색 꽃을 붙잡고 있습니다. 보라색 꽃은 디에고에게서 선물 받은 것입니다. 아직 남편에 대한 사랑이 남아 있음을 보여줍니다. 머리 윗부분에 있는 달팽이는 낙태의 느린 과정을 상징한다고 합니다. 침대에 누워 있는 칼로의 모습은 유산으로 약해진 육체를 의미합니다.

〈헨리포드 병원〉 속 칼로는 눈물을 흘리고 있습니다. 침대 시트는 피로 물들었고, 그녀의 배는 아직 임신부처럼 불러 있습니다. 이 작품은 아이를 떠나보낼 마음의 준비가 되지 않은 칼로의 심정을 대변합니다.

복부와 골반

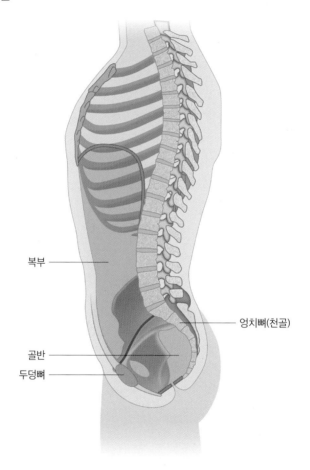

복부

엉치뼈(천골)

골반

두덩뼈

직립보행을 하는 인간이 넘어지지 않고 두 발로 걸으려면

무게 중심이 허리뼈 가장 끝에 와야 한다.

몸의 균형을 잡아주는 뼈가 허리 아래쪽의 쐐기모양 엉치뼈다.

엉치뼈는 '신성한 뼈'라는 뜻에서 '천골'이라고 부르기도 한다.

엉치뼈 안쪽에서 태아가 자라기 때문이다.

새 생명이 탄생하는 신체기관 '골반'

〈헨리포드 병원〉에는 골반의 두 가지 모습이 나타납니다. 위에는 골반 속 장기가 표현되어 있으며, 아래에는 '골반뼈'가 그려져 있습니다. 골반은 허리 부분을 형성하고 있는 깔때기 모양의 골격을 가리킵니다. 신체 앞쪽에 있는 '두덩뼈(pubis)'와 뒤쪽에 있는 '엉치뼈(sacrum)'를 수평으로 이은 선을 중심으로, 위쪽은 '복부(abdonem)', 아래쪽은 '골반'이 됩니다. 골반은 소화기관 일부분과 방광, 내부 생식기관을 보호합니다. 생식기는 두덩뼈 안쪽에 있습니다. 아랫배 통증은 단순한 소화불량에 의해 발생하기도 하지만, 생식기 질병에 의한 것일 수도 있습니다. 이 부근에 통증이 있다면, 위장은 물론 생식기 질병을 의심해봐야 합니다.

엉치뼈는 '천골'이라고도 부릅니다. 천골은 라틴어 'os sacrum' 즉, '신성한 뼈'라는 말에서 유래했습니다. 천골 안에서 태아가 자라기 때문에, 신성한 신체기관으로 여긴 것이지요.

고대 이집트인들은 천골이 자신들이 섬기는 신 '오시리스(Osris)' 그리고 '부활'과 관련이 있다고 믿었습니다(164~165쪽). 오시리스는 '죽음과 부활'을 관장하는 신이었습니다. 지하세계에 온 사람들을 심판하는 역할을 했지요. 그가 '부활의 신'인 이유는 죽었다 다시 태어난 인물이기 때문입니다. 오시리스는 남동생 세트에게 살해당해 이집트 각지에 버려졌으나, 여동생 이시스가 그의 몸 조각을 모아 미라로 만들어 부활시켰다고 합니다. 다시 태어난 오시리스의 머리에 긴 모자가 있습니다. 마치 생명을 탄생시키는 골반의 모양과 닮았지요. 이집트인들이 천골과 오시리스를 연결시키는 건 무리가 아니었습니다. 출산도 부활도

《사자의 서》 중 〈후네페르의 파피루스〉, BC 2세기경, 파피루스에 채색, 40×90.5cm, 런던 대영박물관

한 생명을 살리는 일이기 때문입니다.

미소짓는 샤갈과 눈물짓는 칼로

오랜 연애 끝에 벨라와 결혼한 샤갈은 캔버스를 행복의 색으로 채웠습니다. 〈신부〉와 〈생일〉 속에 부부는 하늘을 날아 다닙니다. 특히 〈생일〉에 등장하는 남자는 척추가 꺾여 있지만, 그의 얼굴에서는 행복만 느껴집니다. 이 작품을 그린 샤갈이 아주 행복했기 때문이지요.

(오른쪽에 하얀 모자를 쓰고 의자에 앉아 있는 인물이 오시리스)

　〈생일〉과 〈부러진 척추〉는 모두 기이한 척추를 표현했다는 공통점이 있습니다. 그런데 〈생일〉 속 행복한 남자와 달리 〈부러진 척추〉 속여인에게는 슬픔이 느껴집니다. 비운의 사고로 척추와 골반을 다친 칼로의 심정이었지요. 칼로는 "나는 꿈을 그리는 것이 아니다. 나의 현실을 그린다"고 말했는데요. 〈부러진 척추〉와 〈헨리포드 병원〉 속 육체적·정신적 고통은 칼로가 직접 겪은 것입니다. 그래서인지 두 작품 속칼로는 모두 울고 있습니다. 상상 속에서나마 그 눈물을 닦아줘봅니다.

CHAPTER 2

명화에서 찾은
인체 지도

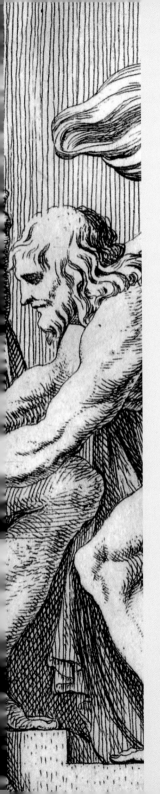

농경시대에 낫은
살아가는 데 꼭 필요한 농작물을 선사해줬지만,
우라노스와 같은 폭압적인 권력이나
외세의 침략에 대항하는 무기이기도 했습니다.
이처럼 낫은 생존과 죽음의 양면성을 지닌 도구입니다.
우리 몸속에 있는 3개의 낫도 생과 사를 가릅니다.

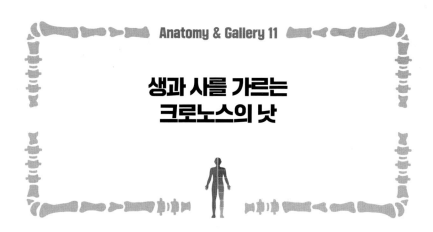

생과 사를 가르는 크로노스의 낫

Anatomy & Gallery 11

그리스·로마신화의 장대한 서사는 크로노스(Cronus)의 낫질에서 시작됩니다. 깊은 밤, 크로노스는 자신의 아버지이자 '하늘의 신' 우라노스를 향해 낫을 휘두릅니다. 아들에게 일격을 당한 우라노스는 피를 흘리며 아들을 향해 저주를 퍼붓습니다. "언젠가 너도 나처럼 네 자식에게 쫓겨날 것이다!"

이 충격적인 이야기의 전모를 파악하려면, 태초로 시간을 거슬러 올라가야 합니다. 태초의 혼돈(카오스)에서 '대지의 신' 가이아(Gaia)와 '하늘의 신' 우라노스가 태어났습니다. 가이아와 우라노스는 12명의 티탄(Titan) 남매를 낳았습니다. 이들이 거대한 외눈박이 키클롭스(Kyklopes) 삼형제와 팔이 100개나 달린 헤카톤케이르(Hekatoncheir) 삼형제입니다. 키클롭스와 헤카톤케이르들은 흉측하게 생긴 데다가 걸핏하면 행패를

조르조 바사리, 〈크로노스에게 거세된 우라노스〉, 16세기경, 패널에 유채, 피렌체 베키오궁전

부려 우라노스의 눈 밖에 났습니다. 우라노스는 이들을 대지의 가장 깊숙한 곳, '타르타로스'에 있는 감옥 안에 가두었습니다.

'서양 미술사의 아버지'가 포착한, 신들의 하극상

자식들을 홀대하는 남편에게 분개한 가이아는 막내아들 크로노스와 모의해 남편에게 복수하기로 합니다. 그녀는 자신의 몸에서 거대한 무쇠를 꺼내 날카로운 낫을 만들어 크로노스에게 주었습니다. 크로노스는 이 낫으로 아버지의 음경(생식기)을 잘랐습니다. 고통에 몸부림치던 우라노스는 세상의 가장 높은 곳으로 올라가서 다시는 땅으로 내려오지 않았습니다.

아들이 아버지를 해하는 반역의 현장을 바사리(Giorgio Vasari, 1511~1574)가 〈크로노스에게 거세된 우라노스〉에 담았습니다. 미켈란젤로의 제자인 바사리는 회화뿐 아니라 건축 실력도 뛰어났습니다. 메디치가의 지원을 받아 피렌체 우피치미술관 설계에도 참여했습니다. 하지만 후대 사람들에게 바사리를 기억하게 하는 것은 그의 그림도, 건축물도 아닌 바로 한 권의 '책'입니다. 르네상스시대 여러 예술가와 교류한 바사리는 이들의 삶과 작품에 대한 기록물,《미술가 열전(Le Vite)》을 출간했습니다. 바사리는《미술가 열전》을 통해 미술에서 시대 구분, 개념 정의, 양식 구분을 처음으로 시도했습니다. 바사리가《미술가 열전》에서 고대의 재생, 부활을 뜻하는 의미로 처음 사용한 '레나시타(renascita)'는 '르네상스'라는 말의 기원이 되었습니다.《미술가 열전》은 후대 사람들에게 르네상스 예술인들의 기술과 삶을 파악하는데 결정적인 역할을 했습니다.

크로노스의 낫은 원래 짧았다!

그리스·로마신화를 다룬 많은 작품에서 크로노스는 낫을 들고 있는 모습으로 묘사됩니다. 이는 크로노스를 로마신화 속 '농경의 신' 사투르누스(Saturnus)와 같은 인물로 생각했기 때문입니다. 농경사회였던 로마에서는 크로노스를 경작, 재배, 결실을 주관하는 신으로 섬겼습니다. 그리고 포도를 수확할 때 쓰는 짧은 낫을 크로노스의 상징물로 여겼습니다. 16세기 활동한 카라바조(Polidoro da Caravaggio, 1492~1543)의 판화(172쪽)를 보면 크로노스가 짧은 낫을 들고 있습니다. 오랜 세월 두 신을 동일시해왔던 결과라고 짐작해봅니다.

신화의 세계에는 크로노스라는 이름의 신이 한 명 더 있습니다. 바

폴리도로 다 카라바조, 〈우라노스를 거세하는 크로노스〉, 1640~1660년, 에칭, 11.7×12.7cm, 런던 대영박물관

로 '시간의 신' 크로노스(Chronos)입니다. 과거 미술 작품에는 이름이
비슷한 두 명의 크로노스를 혼동해 표현한 작품이 많았습니다. 곡식이
익으면 낫으로 베어 수확하듯이, 시간이 흐름에 따라 살아 있는 존재
는 반드시 죽습니다. 낫은 '존재의 유한성'을 상징하는 도구로 그 의미
가 확장되며, '농업의 신'도 '시간의 신'도 낫을 들게 되었습니다. 점차

크로노스가 들고 있는 낫자루를 길게 표현하고, 시간이나 죽음의 의미가 덧붙여졌지요. 앞서 본 바사리의 작품(170쪽) 속 크로노스의 큰 낫과 천구도(天球圖)는 우라노스도 때가 되면 소멸한다는 시간의 의미를 내포하고 있습니다.

우리 몸속 첫 번째 낫, 간낫인대

크로노스가 낫으로 우라노스의 신체 일부를 갈라놓은 것처럼, 우리의 몸에도 신체를 나누는 두 개의 낫이 있습니다. 먼저 간에 있는 '간낫인대(겸상인대, falciform ligament)'입니다. 간낫인대는 간을 가로막(횡격막)과 배벽(복벽)에 고정해, 간이 배 아래로 떨어지지 않도록 하는 역할을 합니다. 간은 우리 몸에서 가장 큰 장기로, 무게가 1.5kg 정도입니다. "아이고! 간 떨어지겠네!" 몹시 놀랐다는 표현이지요. 그러나 간낫인대가 있는 한 간이 떨어져 몸속을 돌아다닐 일은 없으니, 안심하셔도 되겠습니다.

간은 혈액이 풍부하게 분포해 적갈색을 띱니다. '인체의 생화학 공장'이라는 별명처럼, 간은 소화기관을 통해 들어온 탄수화물, 지방, 단백질 등의 영양소들을 분해하고 합성해 저장합니다. 또 알코올 같은 독성을 해독하고, 쓸개즙(담즙)을 만들어 지방의 소화를 돕습니다.

간낫인대는 간의 오른엽(right lobe)과 왼엽(left lobe)을 구분해줍니다. 여기에 네모엽(quadrate lobe)과 꼬리엽(caudate lobe)을 더해서, 간은 총 4개의 엽으로 구분됩니다. 간낫인대가 간의 윗면으로 올라가면서 '관상인대(coronary ligament)'가 되는데, 이것이 간을 가로막에 붙잡아 매는 역할

간의 구조

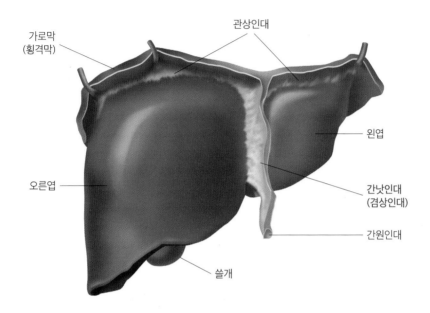

가로막
(횡격막)

관상인대

왼엽

오른엽

간낫인대
(겸상인대)

간원인대

쓸개

간낫인대를 기준으로 간을 오른엽과 왼엽으로 나눈다.

간낫인대가 간의 위쪽으로 올라가면 관상인대가 된다.

관상인대는 간을 가로막(횡격막)에 붙잡아 매는 역할을 한다.

을 합니다.

간낫인대 아래쪽에 동그랗게 원형으로 된 부위를 '간원인대(round ligament)'라고 합니다. 간원인대는 태아기 때 태반과 연결된 배꼽정맥(umbilical vein)이 폐쇄된 후 남은 흔적입니다. 모체의 혈액과 태아의 혈액이 교환되는 장소를 태반이라고 하고, 태반을 통한 모체와 태아의 혈액 순환을 태반 순환이라고 합니다. 출생 후 일정 시간이 지나면 배꼽정맥은 폐쇄되어 간원인대가 됩니다.

우리 몸속 두 번째 낫, 뇌의 대뇌낫·소뇌낫

우리 몸에 낫처럼 생긴 또 다른 조직은 뇌 속에 있습니다. 바로 양쪽 대뇌를 나누는 '대뇌낫(falx cerebri)'입니다. 머리뼈 안에 있는 대뇌는 표면에 많은 주름이 있는데, 돌출된 부분을 이랑(gyrus), 주름져 안으로 들어간 부분을 고랑(sulcus)이라 합니다. 사람과 같은 포유류는 대뇌가 발달하면서 표면적을 넓히기 위해 고랑과 이랑이 발달해 대뇌겉질(cerebral cortex)을 형성합니다. 대뇌겉질은 대뇌의 가장 바깥에 위치한 표면입니다. 기억·집중·사고·언어·각성 및 의식 등의 중요 기능을 수행합니다.

대뇌는 이랑과 고랑의 위치에 따라 이마엽, 관자엽, 마루엽, 뒤통수엽 등으로 나누어집니다. 이마엽(전두엽, frontal lobe)은 운동·언어 기능 등을 담당합니다. 관자엽(측두엽, temporal lobe)은 대뇌의 양쪽 옆면에 위치하며, 청각 기능을 담당합니다. 마루엽(두정엽, parietal lobe)은 감각신호를 이해하고 해석하고, 뒤통수엽(후두엽, occipital lobe)에는 시각 기능에 관여하는 시각겉질(visusal cortex)이 자리하고 있습니다. 소뇌는 대뇌의

대뇌낫과 소뇌낫

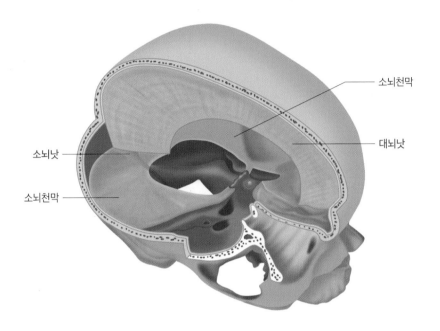

소뇌천막

대뇌낫

소뇌낫

소뇌천막

우리 몸에 낫처럼 생긴 두 번째 조직은 뇌에 있는 대뇌낫과 소뇌낫이다.

대뇌낫은 대뇌를 좌뇌와 우뇌로 구분하고,

소뇌낫은 좌우 소뇌반구의 칸막이 역할을 한다.

뒤통수엽 아래에 있으며, 감각 인지의 통합과 운동 근육의 조정과 제어에서 중요한 역할을 담당합니다.

이렇게 대뇌는 기능과 역할에 따라 여러 부분으로 나누어져 있으며, 뇌를 보호하고 엽을 나누어주는 뇌척수막에 둘러싸여 있습니다. 뇌척수막의 일부가 대뇌낫을 형성합니다. 대뇌낫은 두 개의 대뇌반구 사이 세로 틈새에 수직으로 내리뻗어 있는 활 모양의 막입니다. 대뇌낫의 앞쪽은 좁고 벌집뼈(사골)에 붙어 있으며, 뒤쪽은 넓고 소뇌천막(tentorium cerebelli)과 연결되어 있습니다. 소뇌천막은 가로로 퍼져 있는 반달 모양의 경질막으로 소뇌의 윗면을 덮어서 대뇌와 소뇌를 구분합니다. '소뇌낫(falx cerebelli)'은 작은 낫 모양으로 소뇌반구 사이에 위치하는 삼각형의 막입니다. 좌우소뇌 반구의 칸막이 역할을 합니다.

대뇌낫이 양쪽 대뇌를 나눔으로써 좌뇌와 우뇌가 구분됩니다. 드라마나 영화에서 왼쪽 뇌를 다친 주인공이 오른팔을 움직이지 못하는 모습을 본 적 있으신가요? 그 이유는 좌우 뇌의 신경은 반대 방향으로 교차해 내려가서, 좌뇌는 오른팔을 우뇌는 왼팔을 지배하기 때문입니다. 일반적으로 좌뇌는 추상적인 언어나 사고, 수학적 계산, 추리 능력을 담당하고, 우뇌는 전체를 보는 통찰과 협업, 예술적 직관을 담당한다고 알려졌습니다.

인류는 대부분 오른손잡이로 좌뇌가 발달하였습니다. 왼손잡이는 인류의 약 10% 내외로, 왼손잡이가 오른손잡이에 맞춰진 세상에서 살아가려면 불편한 점이 참 많습니다. 그래서 왼손잡이를 오른손잡이로 바꾸려는 시도를 많이 했지요. 하지만 최근 연구에 따르면 사람은 양쪽 뇌를 선택적으로 사용하는 것이 아니며, 좌뇌와 우뇌를 유기적으로 사용한다고 합니다. 또한 피카소, 베토벤(Ludwig van Beethoven, 1770~1827), 뉴턴(Isaac Newton, 1642~1727), 니체(Friedrich Wilhelm Nietzsche, 1844~1900) 등 왼손잡이가 과학·예술·사상계 등 전방위에서 두각을 나타냈던 것이 알려지면서, 최근에는 왼손잡이를 오른손잡이로 굳이 바꾸려 애쓰지 않습니다.

적혈구의 위험한 변신, 낫적혈구

정상적인 적혈구(red blood cell, RBC)는 가운데가 파인 원반 형태를 띠지만, 간혹 낫 모양의 병적인 상태로 변하기도 합니다. 빈혈(anaemia)은 혈액 중 헤모글로빈 농도가 감소한 상태(남성: 13g/dL, 여성: 12g/dL 이하)입니다. 혈액의 산소 운반 기능이 떨어져서 얼굴이 창백해지고 온몸이 쉽게 피로해지지요. 빈혈은 철분 부족(철 결핍성 빈혈), 골수에서 혈구가 잘 생성되지 않는(재생불량성 빈혈) 등 여러 가지가 원인으로 발생합니다. 빈혈 가운데 겸상적혈구빈혈증(sickle cell anemia)은 적혈구가 낫 모양으로 변형되는 유전자 변이로 발생합니다. 적혈구를 형성하는 헤모글로빈 단백질의 아미노산 서열이 변하면 적혈구가 낫 모양으로 변합니다. 낫 모양 적혈구는 쉽게 파괴되고, 유동성이 떨어지므로 산소를 제대로 운반하지 못합니다. 낫 모양 적혈구가 모세혈관을 막아 혈액의 흐름을 방해하면 뇌, 심장, 신

정상적인 적혈구.   낫 모양 적혈구.

장 등의 조직을 손상시킬 수 있습니다.

한편, 말라리아가 자주 발생하는 지역에서는 이 유전자형을 가진 사람이 높은 빈도로 나타납니다. 말라리아 원충은 변형된 낫 모양 적혈구에서는 살 수 없어서, 낫 모양 적혈구 유전자를 가진 사람들이 오히려 이 지역에서 생존하는 데 유리합니다.

아비의 과오를 반복한 아들, 운명의 수레바퀴에 갇히다!

아들에게 거세당한 우라노스와 아버지를 거세한 크로노스는 어떻게 되었을까요? 우라노스의 생식기에서 쏟아진 피는 가이아의 몸 위로 떨어졌고, 생식기는 바다로 던져졌습니다. 우라노스 피 속의 정기와 가이아가 결합해, 또다시 아이들이 태어났습니다. 이들이 바로 복수의 여신인 에리니에스(Erinyes)와 거인인 기간테스(Gigantes)였습니다. 이후 우라노스는 가이아와 사이가 멀어지며, 지금의 하늘과 땅처럼 갈라지게 되었습니다.

"언젠가 너도 나처럼 네 자식에게 쫓겨날 것이다!"

아들 크로노스를 향한 우라노스의 저주는 실현되었습니다. 크로노스는 아버지의 말을 두려워한 나머지, 누이이자 아내인 레아(Rhea)가 아이를 낳을 때마다 통째로 삼켜버렸습니다. 크로노스가 삼킨 자식들이 헤스티아(Hestia), 헤라, 데메테르(Demeter), 포세이돈, 하데스(Hades)입니다. 레아는 크로노스가 자식들을 모두 삼켜버리자 막내를 크레타 섬에 숨겨 몰래 키웠습니다. 그 아이가 제우스입니다. 장성한 제우스는

페테르 파울 루벤스,
〈아들을 잡아먹는 크로노스〉,
1636~1638년, 캔버스에 유채,
182.5×87cm,
마드리드 프라도미술관

아버지 크로노스로 하여금 삼킨 형제들을 토해내게 하고, 아버지를 타르타로스에 가두고 왕좌를 차지했습니다.

루벤스는 〈아들을 잡아먹는 크로노스〉라는 작품에서 낫을 든 크로노스가 갓난아이를 먹고 있는 모습을 묘사했습니다. 신화에서는 크로노스가 아이들을 삼켰다고 했지만, 그림 속 크로노스는 아이의 가슴을 잔인하게 뜯어먹고 있습니다. 아이가 울부짖으며 발버둥을 치는데도 덥수룩한 수염에 피를 묻혀가며 살점을 뜯고 있는 크로노스의 모습에서, 잔혹함이 생생히 느껴집니다.

스페인의 낭만주의 화가인 고야(Francisco José de Goya, 1746~1828)도 크로노스의 잔혹함을 캔버스에 담았습니다. 바로 〈자식을 삼키는 크로노스(사투르누스)〉(182쪽)입니다. 광기 어린 표정의 크로노스가 아들의 머리와 팔을 먹어치우고 있습니다.

고야는 말년에 마드리드 교외의 농가를 사서 작업실로 꾸미고, 세상과 단절한 채 인생 마지막 역작을 그렸습니다. 집안 벽면을 검게 칠하고 그 위에 14점의 그림을 그렸는데요. 이 작품들은 검은색 바탕에 기괴할 정도로 일그러진 사람들의 형상과 우울한 주제 의식 때문에 '검은 그림'이라고 불립니다. 당시 고야는 병마와 싸우며 죽음을 목전에 두고 있었으며 부패한 교회와 왕실의 모습에 환멸을 느끼고 있었습니다. 이 시기 작품들은 그의 가장 솔직한 내면을 보여준다는 평가를 받습니다.

고야는 〈자식을 삼키는 크로노스〉를 통해 권력을 위해 자식마저도 삼켜버리는 비정한 아버지를 표현함으로써 삶과 권력에 대한 환멸, 인간의 광기와 폭력성, 그리고 악의 본능을 고발하고자 했는지도 모릅니다.

프란시스코 고야,
〈자식을 삼키는 크로노스
(사투르누스)〉,
1820~1823년,
캔버스에 유채,
143.5×81.4cm,
마드리드 프라도미술관

생사를 가르는 낫

신화 속에서 낫은 우라노스에서 크로노스로 권력이 전환하는 데 중요한 역할을 한 도구였습니다. 우리 몸에서 낫은 대뇌와 간을 좌우로 나누고 자리를 잡도록 지탱하는 역할을 합니다. 반면 낫 모양으로 변한 적혈구는 빈혈을 유발하고 장기를 손상시킬 수 있습니다. 과거 농경시대에 낫은 살아가는 데 꼭 필요한 농작물을 선사해줬지만, 우라노스와 같은 폭압적인 권력이나 외세의 침략에 대항하는 무기이기도 했습니다. 이처럼 낫은 생존과 죽음의 양면성을 지닌 도구입니다.

신화에 비추어본다면 남성 생식기에 낫과 연관된 구조물이 있었으면 낫 또는 크로노스와 관련된 해부학 용어가 탄생하였을 것입니다. 그러나 우라노스의 저주인지는 모르겠지만, 남성 생식 계통에 낫과 비슷한 모양을 한 구조물은 없습니다.

독일 조각가 귄터가 나무로 만든 크로노스 조각상. 왼손에는 농경을 상징하는 긴 낫을, 오른손에는 시간을 상징하는 모래시계를 들고 있다.

프란츠 이그나츠 귄터, 〈크로노스〉, 1770년경, 나무,
높이 27cm, 뮌헨 바이에른민속박물관

1543년, 코페르니쿠스는 지동설로
천 년 넘게 세계인의 의식을 지배한 '천동설'에 반기를 들었습니다.
같은 해, 베살리우스는 《인체의 구조에 관하여》를 출간하며
1500여 년간 공고했던 갈레노스의 해부학 이론을 뒤집었습니다.
과학계의 두 이단아는 자신의 분야에서
'근대'라는 새로운 시대의 문을 열었습니다.

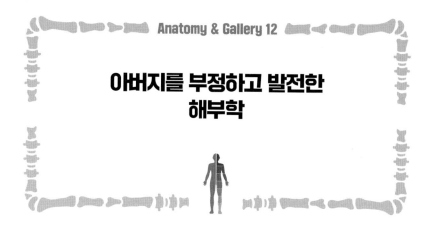

Anatomy & Gallery 12

아버지를 부정하고 발전한 해부학

해부학은 생명체 내부의 형태와 구조를 연구하는 학문으로, 흔히 인체 해부학을 지칭합니다. 철학적·종교적 성격을 띠었던 중세 이전의 해부학은 르네상스를 거치며 점차 전문적인 영역으로 발달하며 미술과 의학이 발전하는데 지대한 영향을 끼쳤습니다.

  기원전 그리스는 의학과 해부학의 중심지였습니다. 기원전 4~5세기에 의학과 해부학의 기틀을 마련한 인물로 히포크라테스(Hippocrates, BC 460~BC 377)와 아리스토텔레스를 꼽습니다. 두 사람은 그리스 철학자 엠페도클레스(Empedocles, BC 490?~BC 430)의 '4원소설'을 계승했다는 공통점이 있습니다. 4원소설은 세상이 흙, 공기, 불, 물의 네 가지 요소로 구성된다는 이론입니다. '의학의 아버지' 히포크라테스는 엠페도클레스의 이론을 도입해 인간이 혈액, 점액, 흑담즙, 황담즙으로 구성된다는 '4체액설'을 정립하였습니다.

해부학을 빛낸 인물들

히포크라테스는 기원전 4세기 초 해부학 지식을 담은 《히포크라테스 전집》을 발간하여 해부학에 큰 족적을 남깁니다. 그는 심장을 비롯한 다양한 장기를 해부하여 《히포크라테스 전집》의 《해부학에 관하여》, 《심장에 관하여》 등을 기술하였습니다. 히포크라테스가 실제로 인체를 해부하고 이 책을 저술했는지는 확실하지 않지만, 현대 해부학자들은 《히포크라테스 전집》을 통해 히포크라테스가 사람과 동물을 해부

작자 미상, 1237년, 〈갈레노스와 히포크라테스〉, 프레스코, 아나니 산타마리아성당

학적으로 유사하게 생각했다고 추측합니다. 또 히포크라테스는 탈구된 팔을 치료하는 방법을 개발하기도 했습니다.

철학자이기도 한 아리스토텔레스는 동물비교해부학을 창시했습니다. 그의 동물비교해부학은 인체 해부에도 간접적으로 영향을 미쳤습니다. 아리스토텔레스가 인체 해부학에도 발을 들여놓은 철학자라는 이야기입니다. 그는 분리하다를 뜻하는 그리스어 'ana'와 자르다를 뜻하는 그리스어 'temnein'를 합쳐서, 'anatome'라는 용어를 처음 사용했습니다. 'anatome'는 현재 해부학을 뜻하는 영어 'anatomy'의 어원입니다.

알렉산드리아시대(BC 3세기~BC 1세기)의 해부학자 헤로필로스(Herophilus of Chalcedon, BC 335~BC 280)는 '최초로 인체를 공개적으로 해부했다'고 기록된 인물입니다. 그는 '해부학의 아버지'로도 불립니다. 헤로필로스는 600여 구의 시체를 해부하여 전립샘(전립선), 샘창자(십이지장) 등의 기관을 최초로 밝혀냈고, 동맥과 정맥을 처음으로 구분해냈습니다. 또한 헤로필로스의 저서 《조산사를 위한 안내서》에는 자궁의 해부학적 구조가 기술되어 있습니다. 헤로필로스는 해부학과 질병을 연관시키려고 노력하였습니다. 하지만 알렉산드리아 제국이 기독교를 국교로 받아들인 로마 제국에 정복된 후, 인체 해부가 제한되며 해부학의 발전은 멈추었습니다.

그다음으로 고대 생리학, 해부학, 진단법 등 의학의 모든 분야에서 오랜 기간 영향을 끼친 갈레노스(Claudios Galenos, 129~199)가 등장했습니다. 인체 해부가 금지된 로마 제국에서 갈레노스는 콜로세움 검투사들을 치료하거나 그들의 사체를 살피고 가축을 해부하는 방식으로 인체의 내부를 유추했습니다. 갈레노스는 《해부방법에 관하여》 등의 많은 저서를 남겼고, 뼈와 관절을 분류하는 체계를 세우는 등 해부학 분야에서 많은 업적을 세웠습니다. 갈레노스가 이룩한 학문적 성과는 오랜 기간 동안 '성서'처럼 여겨졌습니다.

'기괴함의 거장'이 그린 사이비의사

갈레노스의 등장 이후 1000여 년 동안 의학은 발전하지 못했습니다. 중세시대로 넘어와 의학의 깃발을 잡은 곳은 '수도원'이었습니다. 이 무렵 유럽 전역에 생긴 수도원은 의학 교육을 전담했습니다. 질병이 죄에 대한 벌이라는 '수도원 의학'은 기도와 참회로 마귀를 쫓아내는 치료법을 주장했습니다. 이때부터 꽤 오랜 기간 의학의 시계는 멈췄습니다.

수도원 의학을 우스꽝스럽게 표현한 작품을 한 점 볼까요? 북유럽 르네상스를 대표하는 네덜란드 화가 보스(Hieronymus Bosch, 1450~1516)의 〈우석 제거〉입니다. 보스는 네덜란드 스헤르토헨보스에서 태어나고 자랐다는 것 외에는 알려진 정보가 거의 없습니다. 그는 주로 종교와 도덕적 교훈을 담은 작품을 그렸습니다. 기괴한 표현과 기묘한 상징이 담긴 보스의 작품은 후대 사람들의 시선을 사로잡았습니다. 정신분석학자 융(Carl Gustav Jung, 1875~1961)은 보스의 작품을 정신분석학으로 해석하려고 했으며, 그를 '기괴함의 거장', '무의식의 발견자'라고 불렀습니다.

고깔모자를 쓴 사람이 칼을 들고 한 남자의 머리를 가르고 있습니다. 그의 정수리에서 피가 흐르고 머릿속에서는 꽃 한 송이가 나옵니다. 그 옆에는 성직자로 보이는 남자가 주전자를 든 채 서 있고, 가장

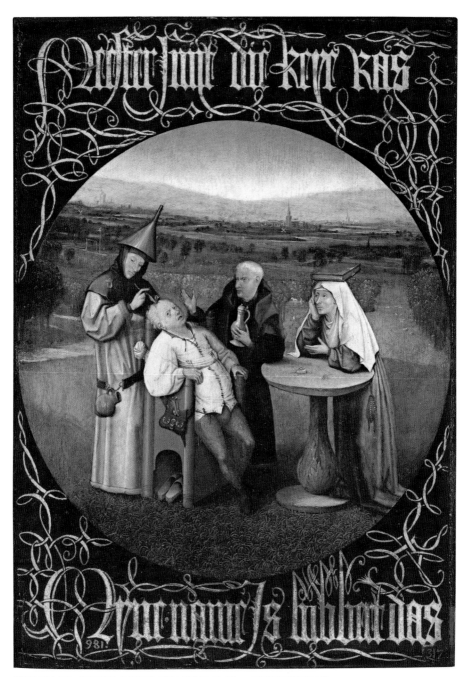

히에로니무스 보스, 〈우석 제거〉, 1494년경, 캔버스에 유채, 48×35cm, 마드리드 프라도미술관

뇌머리뼈의 구조

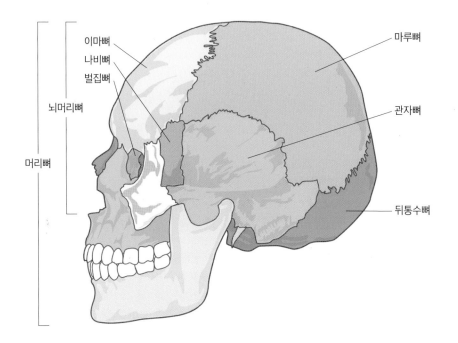

이마뼈

나비뼈

벌집뼈

뇌머리뼈

머리뼈

마루뼈

관자뼈

뒤통수뼈

머리뼈는 뇌를 보호하는 뇌머리뼈, 얼굴을 구성하는 얼굴뼈,
혀 밑에 있는 목뿔뼈(설골), 귓속에 있는 귓속뼈로 나뉘진다.
고대에 행해진 천두술은 뇌머리뼈 중에서도
얇은 마루뼈와 이마뼈에서 이루어졌다.

오른쪽에는 머리에 책을 올린 채 이 광경을 멀뚱멀뚱 바라보는 수녀가 있습니다. 탁자에는 튤립 한 송이가 놓여 있습니다. 매우 기이한 이 광경은 환자의 머리에서 돌을 빼내는 뇌수술 현장입니다.

머리에 웬 돌이냐고요? 중세시대에는 머릿속에 어리석은 돌, 즉 우석이 있으면 정신질환이 생긴다고 보았습니다. 고깔모자를 쓴 의사는 환자의 머리뼈를 뚫고 돌을 빼내고 있는 것입니다. 머릿속에서 피어난 튤립은 15세기에 네덜란드에서 어리석음을 상징했던 꽃입니다. 환자 외의 모든 인물들은 사제로 보이며, 의학에 정통한 사람들로는 보이지 않습니다. 보스는 〈우석 제거〉를 통해 엉터리 치료법으로 사람들을 현혹했던 사이비의사를 비판하고 있습니다.

〈우석 제거〉에 나타나는 머리를 절개하는 수술법은 신석기시대부터 시행했다고 추정합니다. 머리뼈에 수술 흔적이 남아 있는 해골들이 발견되었기 때문입니다. 머리뼈에 구멍을 뚫는 수술은 '천두술(trephination)'이라고 합니다. 고대에는 머리 부상, 두통, 정신질환 등의 치료 목적으로 시행했다고 추정합니다. 고대에 행해진 대부분의 천두술은 다른 뇌머리뼈들 중에서 상대적으로 얇은 '마루뼈(parietal bone)'와 '이마뼈(frontal bone)'에서 이루어졌습니다. 천두술을 한 것으로 의심되는 해골의 구멍 주위로 새로운 뼈조직이 자라난 흔적이 있다는 점은 천두술이 끝난 후 바로 환자가 사망하지 않았다는 사실을 알려줍니다. 중세시대에는 종교적·주술적 치료로, 근대에서는 정신질환의 치료법으로 천두술이 시행되었습니다.

머리뼈는 뇌를 보호하는 뇌머리뼈, 얼굴을 구성하는 얼굴뼈, 혀 밑에 있는 목뿔뼈(설골), 귓속에 있는 귓속뼈로 분류됩니다. 그중에서도 천두술과 관련 있는 머리뼈는 '뇌머리뼈'입니다. 뇌머리뼈는 머리뼈 중에서도 위쪽에 있으며, 뇌가 위치할 공간을 형성하며 뇌를 보호합니다. 또한 머리와 목에 있는 근육들이 부착되는 장소입니다. 뇌머리뼈는 6가지로 분류되며, 총 8개입니다. 이마뼈와 뒤통수뼈(occipital bone)는 각각 앞·뒤쪽 벽이 되어줍니다. 양옆을 보호해주는 한 쌍의 뼈는 관자뼈(temporal bone), 지붕 역할을 해주는 한 쌍의 뼈는 마루뼈입니다. 뇌머리뼈 바닥 중앙에는 나비 모양의 나비뼈(sphenoid bone)가 있습니다. 마지막 뼈는 벌집처럼 작은 구멍이 송송 나 있는 벌집뼈(ethmoid bone)로, 눈을 감싸는 뼈인 양 눈확 사이에 있으며 코안의 공간을 뇌로부터 분리하는 역할을 합니다.

멈춰버린 해부학 시계

유럽의 의학 시계가 멈추었을 때, 아랍 의학자들은 고대 그리스와 인도 등의 의학을 받아들이고 발전시켰습니다. 중세시대 중반에는 아랍 의학이 유럽으로 역수출될 정도였으나, 두 세기에 걸친 십자군전쟁 이후에는 아랍 의학도 발전을 멈추었습니다.

의학계의 각성은 대학에서 일어났습니다. 11세기에 의과대학이 신설된 볼로냐대학을 시작으로, 유럽 대부분 대학에 의과대학이 생겼습니다. 1348년 교황 클레멘스 6세(Clemens VI, 1291~1352)는 시체 부검을 허가했고, 시에나에서 발생한 역병으로 사망한 시체를 부검하라고 직접 명령하기도 했습니다. 의과대학에서는 법의학적 관점으로 시체를 해부하여 검사하는 부검을 실시했습니다. 14~15세기 유럽에 최악의 전염병 흑사병이 유행하면서 많은 사람들이 사망했고, 의학에 대한 사회적 요구가 높아졌습니다. 그래서 1482년 교황 식스토 4세(Sixtus IV, 1414~1484)는 처형당한 범죄자와 신원 미상의 시체 해부를 허용하였습니다.

인체 해부가 가능해지며, 해부학의 발전 가능성도 커졌습니다. 하지만 이때 해부학의 시계는 갈레노스가 살던 때에 맞추어져 있었습니다. 갈레노스의 해부학을 무비판적으로 받아들였지요. 인체를 해부할 때, 갈레노스의 의견과 다른 결과가 도출되면 시체가 이상하다고 말할 정도였습니다. 이토록 공고했던 갈레노스의 해부학은 르네상스시대가 도래하며 흔들렸습니다.

해부학에 개혁의 돌풍을 몰고 온 선구자

유럽에서는 14세기부터 16세기까지 르네상스(Renaissance)라는 문화 혁명이 전개되었습니다. 르네상스는 옛 그리스와 로마의 문학·사상·예술을 본받아 인간 중심의 정신을 되살리자는 운동이었으며, 사상·문학·미술·건축 등에 큰 영향을 끼쳤습니다. 르네상스는 해부학에도 변화를 가져다주었습니다.

15세기 중반 구텐베르크(Johannes Gutenberg, 1397~1468)가 개발한 금속 활자는 저렴한 가격으로 책을 대량 생산할 수 있는 환경을 만들었습니다. 이에 다른 학자들처럼 해부학자들도 앞다투어 해부학 책을 발간했습니다. '르네상스의 천재'로 불리는 다 빈치가 1800여 점의 해부학 그림을 남긴 것도 르네상스시대입니다. 르네상스시대의 미술가들은 해부학자들과 함께 해부학 발전을 이끌며 현대 의학의 초석을 마련했습니다. 16세기 중반, 베살리우스(Andreas Vesalius, 1514~1564)의 등장으로 해부학은 일대 변혁을 맞이했습니다.

브뤼셀의 의사 집안에서 태어난 베살리우스는 열일곱 살일 때부터 파리대학에서 수학했습니다. 동물해부법은 물론 다 빈치, 미켈란젤로 등의 예술과 인본주의적 인문학에도 관심이 많았습니다.

당시 해부학 강의는 갈레노스의 책을 기반으로 이발사인 외과의사가 해부를 보여주는 방식으로 진행되었습니다. 베살리우스는 이런 해부학 강의에 회의감을 느꼈습니다. 사람 뼈 표본이 존재하지 않았던 탓에, 베살리우스는 묘지에 잠입해 뼈를 찾아내어 인체 구조를 탐구했습니다. 1537년 베살리우스는 스물세 살의 나이에 파도바대학의 교수가 되었습니다. 그는 이발사에게 해부를 맡겼던 교수들과 달리 직접 해부를 집도하며 해부학 강의를 진행했습니다.

베살리우스는 많은 시체를 해부하며 오랜 기간 진리로 여겼던 갈레노스의 해부학에 존재하는 문제점들을 발견했습니다. 베살리우스는 2년 동안 밤낮없이 해부에 몰두하여, 갈레노스 해부학에 존재하는 200여 가지의 오류를 수정했습니다. 베살리우스는 1543년 총 7권으로 구성된 해부학 백과사전《인체의 구조에 관하여》를 출간했습니다.

《파브리카》라고도 부르는《인체의 구조에 관하여》는 골격, 근육, 혈관, 신경계, 생식계와 내부장기, 심장과 폐, 뇌에 대한 설명을 담고 있습니다. 뇌 속의 나비뼈, 귓속의 망치뼈와 모루뼈가 최초로 기술된 책이기도 합니다.《인체의 구조에 관하여》는 인체 구조를 정확히 묘사하여 근대 해부학 발전에 크게 이바지했지만, 출간 당시 갈레노스의 이

안드레아스 베살리우스 · 얀 스테판 반 칼카르의 《인체의 구조에 관하여》 속표지(1543년)

론을 반박하였다는 이유로 베살리우스는 많은 비판을 받았습니다. 그는 인체 해부 시연으로 책의 내용을 증명하며 비판을 잠재웠습니다.

뼈와 근육이 살아 움직이는 해부학 백과사전

195쪽 그림은《인체의 구조에 관하여》의 속표지입니다. 이 그림 곳곳에 해부학적 요소가 숨어 있습니다. 그림 중앙부에 긴 막대기를 든 해골은 막대기로 해부를 지시하고 해부학 책을 줄줄 읽기만 했던 해부학 교수를 의미합니다. 막대기를 따라 내려가면 해부대와 시체 한 구가 보입니다. 시체 왼쪽에 정면을 응시하는 해부학자가 보입니다. 그가 바로 베살리우스입니다. 해부대 아래에 두 사람은 베살리우스의 등장으로 쫓겨난 이발사를 의미합니다. 이들은 과거 해부학 실습을 교수 대신 진행했던 직업군입니다. 기존에 해부를 담당했던 두 명의 이발사가 해부대 밑에서 논쟁을 벌이는 모습은, 베살리우스가 해부학의 수준을 한 단계 올렸음을 시사합니다. 왼쪽에 있는 원숭이와 오른쪽에 있는 개는 인체를 대신하여 해부되었던 동물들을 뜻합니다. 해부대를 둘러싼 수많은 청중들은 당시 해부학이 많은 이들의 주목을 받았다는 사실을 의미합니다.

《인체의 구조에 관하여》의 삽화를 담당했던 화가는 티치아노(Vecellio Tiziano, 1488~1576)의 제자였던 칼카르(Jan Steven van Calcar, 1499~1546)입니다. 해골이 책상 위에 팔을 올리거나, 다리를 꼬거나, 지팡이를 짚는 모습은 살아 있는 사람과 다름이 없습니다. 사진사 앞에서 포즈를 취하고 있는 모델 같다는 생각도 듭니다.

영국 과학사학자 싱어(Charles Singer, 1876~1960)는 《인체의 구조에 관하여》의 다른 제목인 '파브리카(Fabrica)'를 단순히 '구조'를 뜻하는 단어가 아니라 물건을 만들어내는 '공장' 또는 '장인의 작업장'을 뜻하는 단어로 해석했습니다. 베살리우스는 살아 있고 움직이는 인간의 몸을 이 책에 담고 싶어 했고, 칼카르는 베살리우스의 뜻을 그림에 담았습니다.

이 책의 삽화는 자연 풍경 등이 함께 그려졌다는 특징이 있습니다. 해부학이 보다 친숙하게 느

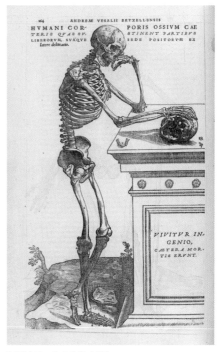

《인체의 구조에 관하여》의 삽화.

껴져서 해부학 지식이 널리 퍼지길 바랐던 베살리우스의 마음이 반영된 것입니다.

198~199쪽의 그림들은 여러 층에 걸쳐 있는 등 근육을 다양한 포즈로 담고 있습니다. 마치 하나의 작품처럼 느껴지는데요. 배경이 자연스럽게 연결되기 때문입니다. 인체를 위대한 예술 작품으로 보았던 베살리우스의 생각이 칼카르의 펜으로 생명력을 얻게 되었습니다. 실제로 《인체의 구조에 관하여》가 출간된 이후, 미적 요소가 추가된 해부학 책들이 발간될 정도로 이 책의 영향력은 대단했습니다.

해부학계의 코페르니쿠스적 전환

새로운 해부학적 구조물이 발견되면, 이 구조물에 최초 발견자의 이름을 붙입니다. 신장에서 오줌의 성분을 걸러주는 말피기소체는 이탈리아 해부학자 말피기(Marcello Malpighi, 1628~1694)의 이름에서 유래했습니다. 중간귀의 압력이 바깥귀의 압력과 같게 조정해주는 기능을 하는 유스타키오관은 베살리우스의 경쟁자였던 유스타키(Bartolomeo Eustachi, 1510~1574)에서 따왔습니다. 이전에도 유스타키오관을 언급한 학자들은 있었지만, 속귀를 정확하게 관찰하고 달팽이(cochlea)를 발견한 업적을 쌓은 사람은 유스타키였습니다.

그런데 우리 몸속을 아무리 찾아봐도 '베살리우스'의 이름이 붙은 기관은 없습니다. 베살리우스가 자신이 발견한 어떤 신체 기관에도 본인의 이름을 넣지 않았기 때문입니다. 그의 이름이 붙은 기관은 없지만, 그의 이름 앞에는 '근대 해부학의 창시자'라는 별칭이 붙습니다. 베살리

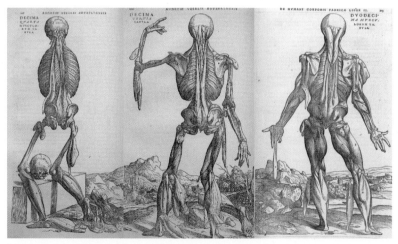

《인체의 구조에 관하여》의 등 근육 삽화. 《인체의 구조에 관하여》에 담긴 해부도는 해부학적으로 정확할 뿐만 아니라 예술성도 뛰어나다. 등 근육을 보여주는 여섯 장의 페이지를 쭉 이어보면 배경이 하나로 연결된다.

우스는 신체 대신 '해부학' 자체에 자신의 이름을 선명하게 새겼습니다.

그는 해부학의 개혁가 또는 선구자라고 불립니다. 그의 개혁은 신성화되었던 갈레노스의 전통에서 벗어나는 데에서 시작했습니다. 그는 《인체의 구조에 관하여》의 서문에 갈레노스의 연구가 이 책의 토대가 됐다고 밝힐 정도로 갈레노스를 존경했습니다. 단지, 갈레노스의 이론에도 오류가 있다면 응당 수정해야 한다고 생각했던 것입니다.

베살리우스가 《인체의 구조에 관하여》를 출간한 1543년, 천문학자 코페르니쿠스(Nicolaus Copernicus, 1473~1543)가 우주의 중심이 지구라는 '천동설'의 전통을 깨고, 우주의 중심은 태양이라는 '지동설'을 주장하며 과학계를 발칵 뒤집었습니다. 베살리우스는 1500여 년간 신성시되었던 갈레노스의 해부학 전통을 깨고, '근대 해부학'의 문을 열었습니다. 그의 등장으로 해부학의 발전 속도와 방향이 달라졌다는 점에서, 베살리우스를 해부학계에 코페르니쿠스적 전환을 제시한 인물이라고 평가할 수 있습니다.

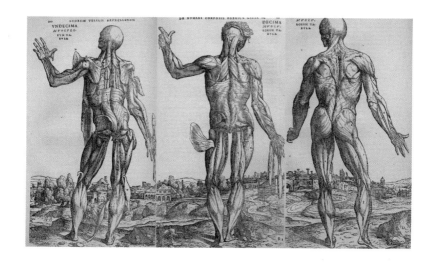

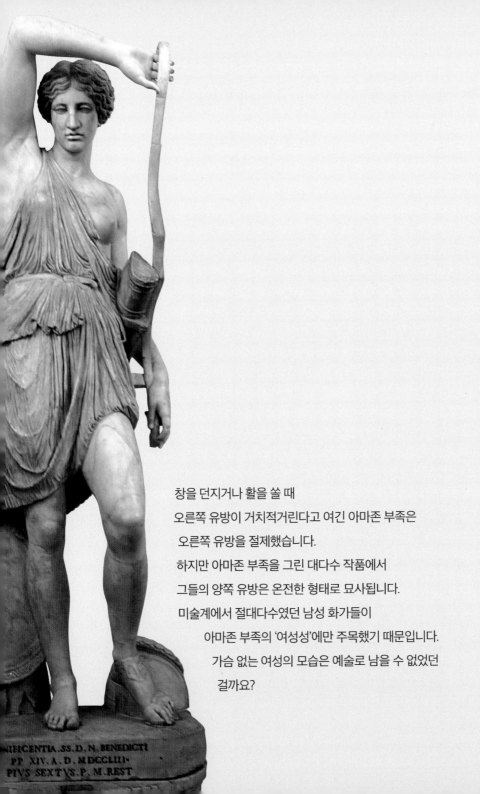

창을 던지거나 활을 쏠 때
오른쪽 유방이 거치적거린다고 여긴 아마존 부족은
오른쪽 유방을 절제했습니다.
하지만 아마존 부족을 그린 대다수 작품에서
그들의 양쪽 유방은 온전한 형태로 묘사됩니다.
미술계에서 절대다수였던 남성 화가들이
아마존 부족의 '여성성'에만 주목했기 때문입니다.
가슴 없는 여성의 모습은 예술로 남을 수 없었던
걸까요?

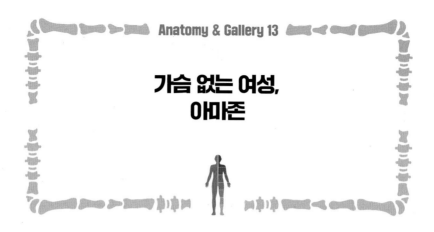

Anatomy & Gallery 13

가슴 없는 여성,
아마존

네덜란드 화가 크누퍼(Nicolaes Knüpfer, 1609~1655)가 그린 〈히폴리테의 허리띠를 가져가는 헤라클레스〉(202쪽)를 볼까요? 남성이 여성의 옷이 벗겨질 만큼 뒤에서 세게 잡고 있고, 여성은 남성에게서 벗어나고자 애쓰는 듯 보입니다. 사자 가죽을 머리에 쓴 남성은 헤라클레스, 노란 드레스를 입은 여성은 흑해 연안에 사는 '아마존(Amazon)' 부족의 여왕 인 히폴리테(Hippolyta)입니다.

〈히폴리테의 허리띠를 가져가는 헤라클레스〉는 헤라클레스의 9번 째 과업을 묘사하고 있습니다. 이 그림에서는 헤라클레스가 허리띠를 힘겹게 뺏어가는 듯 보이는데요. 신화에서는 헤라클레스가 히폴리테 에게 그녀의 허리띠가 필요한 이유를 설명하자, 히폴리테가 순순히 허 리띠를 내어주었다고 합니다. 그전까지 아마존을 산 채로 탈출한 남자

가슴 없는 여성, 아마존 201

니콜라우스 크누퍼, 〈히폴리테의 허리띠를 가져가는 헤라클레스〉, 17세기 초, 패널에 유채, 29×23cm, 상트페테르부르크 예르미타시 미술관

가 없었기 때문에 히폴리테는 헤라클레스에게 허리띠를 주어봤자 곧 자신에게로 돌아올 것이라고 생각했기 때문이죠. 하지만 그녀의 예상은 크게 빗나갔습니다.

히폴리테의 허리띠를 손에 쥔 자, 승리하리라!

헤라는 눈엣가시인 헤라클레스의 상황이 잘 풀려가는 것이 불만이었습니다. 그래서 그녀는 당장 지상으로 내려가, 아마조네스('아마존 부족원들'을 일컫는 말)와 헤라클레스 사이를 이간질했습니다. 서로 속았다고 생각한 그들은 결국 치열한 혈투를 벌였습니다. 승자는 헤라클레스였습니다.

히폴리테의 허리띠는 '전쟁의 신' 아레스의 선물이었습니다. 전쟁의 신의 힘이 담긴 허리띠가 헤라클레스에게 넘어갔다는 사실은, 히폴리테가 무슨 수를 써도 그를 이길 수 없다는 뜻입니다.

루벤스는 〈아마존 전투〉(204쪽)에서 아마조네스와 헤라클레스 일행의 치열한 전투 현장을 역동적인 붓 터치로 생생하게 그렸습니다. 다리 위에서는 접전이 펼쳐지고 있으며, 아래에서는 병사와 말들이 뒤엉킨 채 쓰러져 있습니다.

이 전투는 아마조네스에게 큰 상처로 남았습니다. 헤라클레스 일행과의 전투에서 히폴리테가 사망했다는 설도 있습니다. 헤라클레스가 아마조네스를 인질로 잡아서 허리띠를 빼앗았다는 설도 있습니다. 어떤 게 사실이든 헤라클레스가 아마존 부족의 자존심을 처참히 짓밟았다는 것만은 확실합니다.

페테르 파울 루벤스, 〈아마존 전투〉, 1619년, 패널에 유채, 121×165cm, 뮌헨 바이에른주회회컬렉션

남성 화가들의 시선 속 아마조네스

아마존 부족은 여성들로만 구성되어 있었습니다. 이들은 가끔씩 주변 나라로 쳐들어가 건장한 남자들을 납치해왔습니다. 종족의 번식을 위해서였지요. 목적을 이룬 다음, 아마조네스는 납치해온 남자를 처단했습니다. 여자 아기가 태어나면 부족원으로 삼고, 남자 아기가 태어나면 죽였습니다.

아마조네스는 창 던지기, 활 쏘기, 사냥, 전쟁 등을 즐기는 부족이었습니다. 창을 던지거나 활을 쏠 때 오른쪽 유방이 거치적거린다고 판단한 아마조네스는 오른쪽 유방을 절제했습니다. 왼쪽 유방은 수유를 위해 남겨두었습니다. 아마존은 '없다'를 뜻하는 부정사 'a-'와 가슴을 뜻하는 'mazos'가 합해진 파생어입니다. '가슴이 없는 여인'을 뜻하지요.

그런데 예술 작품 속 아마조네스는 양쪽 유방이 있는 상태로 표현되곤 합니다. 〈히폴리테의 허리띠를 가져가는 헤라클레스〉 속 히폴리테 역시 유방이 모두 있는 것으로 묘사되었지요.

뉴욕 메트로폴리탄미술관에 있는 〈부상당한 아마존〉 조각상도 마찬가지입니다. 한쪽 팔을 머리 위에 얹은 전사에게는 분명히 오른쪽 유방이 있습니다. 오른쪽 유방 옆쪽에 상처가 있으며, 그 아래로 피가 흐릅니다. 그녀는 아주 치명적인 부상을 입었는가 봅니다. 한쪽 팔을 기둥에 기댄 자세는 '잠' 또는 '죽음'을 의미합니다.

독일 화가 슈투크(Franz von Stuck, 1863~1928)가 그린 〈상처 입은 아마존〉(206쪽) 속 전사에게도 오른쪽 유방이 있습니다. 방패 뒤에 숨어 있는 그녀 역시 오른쪽 유방을 다친 듯합니다. 손 아래로 피가 흐릅니다. 방패 뒤로 켄타우로스가 활을 쏘고 있습니다. 아마조네스의 오른편에는 싸늘하게 식은 시체 한 구가 누워 있습니다.

슈투크는 '상처 입은 아마존'을 주제로 3점의 그림을 그렸고, 작품은 암스테르담 반 고흐 미술관, 메사추세츠 부시 레이싱어 미술관, 메사추세츠미술관에 1점

작자 미상, 〈부상당한 아마존〉, BC 450~BC 425년경,
대리석, 높이 203.8cm, 뉴욕 메트로폴리탄미술관

프란츠 폰 슈투크, 〈상처 입은 아마존〉, 1904년, 캔버스에 유채, 64.8×76.2cm, 암스테르담 반 고흐 미술관

씩 전시되어 있습니다. 여기서 보여드리는 작품은 반 고흐 미술관에 전시된 것입니다. 그는 성서와 그리스신화 속 이야기를 대담한 구도를 활용해 극적으로 묘사한 작품들을 남겼습니다.

아마조네스는 용맹한 전사였지만, 지금까지 봤던 작품들에서는 용맹함보다는 연약함이 부각되었습니다. 현대에 들어서기 전까지, 미술계에는 남성 화가들이 훨씬 더 많았습니다. 그래서 아마조네스를 연약한 모습이나 전쟁하는 여성이라는 희귀한 볼거리로 치부한 건 아닌지 조심스레 추측해봅니다. 물론 의학이 지금만큼 발달하지 않았던 시기에, 아마존 부족이 한쪽 가슴을 절제했다면 부족원 대부분이 사망했을 것입니다. 그렇지만 아마조네스의 신화적 특성을 정확히 묘사한 작품이 더 많이 그려졌다면 좋았으리란 아쉬움이 듭니다.

모유의 샘 '유방'

유방은 두 번째 갈비뼈부터 여섯 번째 갈비뼈가 있는 곳에 발달합니다. 남녀 모두 유방이 발달하지만, 여자의 유방은 사춘기 시절 호르몬의 영향으로 더 크게 발달합니다. 유방에는 지방세포가 풍부합니다. 유방은 대부분 반원 형태를 띠고 있지만, 가슴 속 '피하지방'의 양과 가슴을 받치는 '쿠퍼인대(cooper's ligamnets)'의 구조에 의해 모양이 약간 달라지기도 합니다.

남성의 유방은 상대적으로 지방이 적으며 '샘조직'이 발달하지 않습니다. 그에 반해 여성의 유방에 있는 샘조직은 '젖샘(유선, mammary gland)'을 형성합니다. 젖샘은 땀샘이 변형된 기관으로, 젖을 분비하는 역할을 합니다. 젖샘은 '유선엽'이라고도 부릅니다. 하나의 유방에는 15~20개의 젖샘이 있습니다. 젖샘에서 생성된 모유는 '젖샘관(유관, lactiferous duct)'을 통해 '젖꼭지(유두, nipple)'로 전달됩니다. 유방에서 가장 돌출된 곳을 젖꼭지라고 하며, 젖꼭지 주위를 둘러싼 짙은 피부를 '젖꽃판(유륜, areloa)'이라고 합니다. 여성의 유방은 사춘기 때부터 젖을 분비할 수 있게 변합니다. 임신 기간 중 유방에서는 호르몬의 상호작용으로 유방 내부 조직이 발달하여 모유를 만들어냅니다.

유방을 자른 부족의 특성을 살려 아마존이란 이름을 붙였듯, 유방

유방의 구조

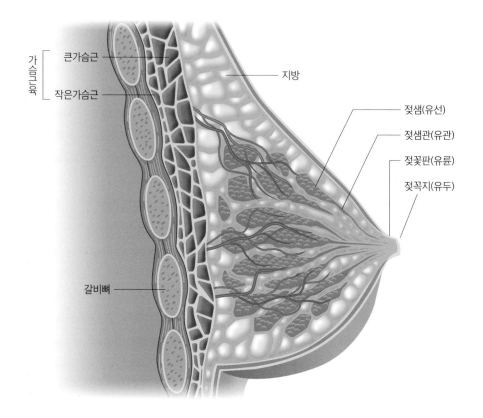

큰가슴근

작은가슴근

가슴근육

갈비뼈

지방

젖샘(유선)

젖샘관(유관)

젖꽃판(유륜)

젖꼭지(유두)

남성의 유방은 지방이 적으며 샘조직이 발달하지 않는다.

그에 반해 여성의 유방은 지방세포가 풍부하며 샘조직이 젖샘으로 발달한다.

젖샘은 모유를 분비하며, 모유는 젖샘관과 젖꼭지를 통해 아기에게 전달된다.

에 관련된 단어에도 가슴을 뜻하는 명사 'mamma'를 붙입니다. 대표적인 예가 '유방촬영술(mammography)'과 '유방절제술(mastectomy)'입니다. 'mamma'는 유방을 뜻하기도 하지만 '엄마'를 뜻하기도 합니다. 아기가 가장 먼저 내뱉는 단어이지요. 아기들이 말하는 '맘마'는 밥을 뜻하기도 합니다. 아이를 키우는 어머니는 때때로 아마조네스처럼 강력한 힘을 발휘합니다. 아이를 위해서라면 전사로 변할 수 있는 사람이 바로 '어머니'입니다.

여전히 위력을 과시하는 아마조네스

1934년 터키에서 아마조네스를 표현한 모자이크가 발견되었습니다 (210쪽). 그림을 보면 기병이 아마조네스의 투구를 덥석 잡은 상태입니다. 하지만 아마조네스의 얼굴에서 놀란 기색을 찾아볼 수 없습니다. 오히려 기병의 팔이 그녀의 도끼에 잘리지 않을까 걱정해야겠습니다. 이처럼 아마조네스는 성별을 막론하고 모두에게 두려운 존재였습니다.

이 무시무시한 전사의 이름은 현대에도 여러 곳에서 사용되고 있습니다. 세계에서 가장 큰 강의 이름은 '아마존'입니다. 1500년, 스페인 사람들은 아마존 하구를 처음으로 탐험하던 도중 여성 인디언들의 공격을 받았고, 이들이 아마존 부족 같다고 생각하여 이 강에 '아마존'이란 이름을 붙였습니다. 아마존 강은 나일 강보다 짧지만, 세계에서 유량이 가장 많습니다. 강이 차지하는 면적 역시 세계 최대입니다. 그래서 현대에 아마존은 '크다'는 뜻으로 사용되기도 합니다.

'크다'를 뜻하는 아마존은 세계 최대의 쇼핑몰 이름이 되었습니다.

작자 미상, 〈모자이크〉, 3세기 후반, 바둑판식 모자이크, 75×210cm, 파리 루브르박물관

쇼핑몰 아마존의 원래 이름은 '이루어지다'란 뜻의 '카다브라(cadabra)'였습니다. 그런데 이 단어가 해부용 시신을 뜻하는 'cadaver(카데바)'와 비슷했지요. 회사 대표 베이조스(Jeff Bezos, 1964~)는 세계에서 가장 큰 쇼핑몰로 성장하길 바라며 '아마존'으로 사명을 변경했습니다. '이루어지다'란 첫 번째 사명처럼 베이조스의 꿈은 실현되었습니다.

쇼핑몰 아마존은 원래 책만 취급했습니다. 하지만 지금은 음반, 주방용품, 장난감, 소프트웨어 등 팔지 않는 제품을 찾는 게 더 어려운 쇼핑몰이 되었습니다. 이렇게 끝없는 사업 확장을 벌이는 아마존에 의해, '아마존 효과(amazon effect)'라는 신조어가 만들어졌습니다. 아마존이 어떤 분야에 진출한다는 소문만 들려도 해당 산업을 주도하는 기업들의 주가가 떨어지고 투자자들이 패닉에 빠지는 현상을 말합니다. 그동안 아마존이 어떤 분야에 진출하든지 성공했기 때문입니다. 신화 속 전사들처럼 쇼핑몰 아마존도 여러 기업에게 무시무시한 존재입니다.

작품들 속에서 아마조네스는 남성 전사들에 비해 상대적으로 약한 존재로 묘사되었습니다. 전사임에도 치렁치렁한 드레스를 입고 있기도 합니다. 하지만 아마조네스는 목표를 위해서라면 신체 일부를 절단하는, 기개가 있는 전사였습니다. 또 누군가에겐 공포를 자아내게 하는 존재였지요. 앞으로 아마조네스가 담길 작품들에는, 그녀들이 '여전사'가 아닌 '전사'로 부각되었으면 합니다.

바르톨로메오 카바세피, 〈상처 입은 아마조네스〉,
제작 시기 미상, 대리석, 높이 197cm, 로마 카피톨리니미술관

오른쪽 유방이 잘린 아마조네스를 표현한 조각상으로,
아마조네스는 오른손으로 활을 잡고 있다.

오스트리아의 황후 엘리자베스는 요제프 1세와의
로맨틱한 사랑만큼이나 갸날픈 허리로 유명합니다.
그녀의 허리를 꽁꽁 동여맸던 코르셋은
쇠꼬챙이에 찔린 통증이 뇌로 전달되는 것을 막았습니다.
죽음에 이르는 고통을 느낄 새도 없이
그녀는 세상을 떠났습니다.
그녀를 살해한 괴한은 드러난 가해자이고,
코르셋은 그녀를 서서히 죽음으로 이끈 숨겨진 공범입니다.

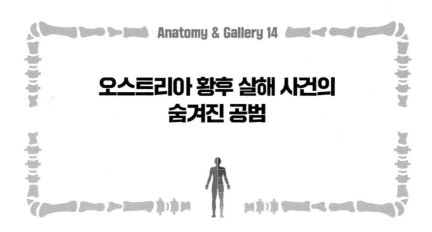

오스트리아 황후 살해 사건의
숨겨진 공범

시대를 막론하고 화가들은 아름다운 여인을 자신의 캔버스에 담았습니다. 르네상스시대 화가들은 주로 '미의 여신' 아프로디테 등의 여신을 그렸습니다. 시간이 흐른 뒤, 화가들은 눈에 보이지 않는 신이 아닌 현실 세계의 여인을 뮤즈로 삼았습니다.

프랑스 인상주의 화가 르누아르(Pierre Auguste Renoir, 1841~1919)는 파리 연극계의 스타 앙리오 부인을 '천사'라고 부르며 그녀의 초상화를 그렸습니다. 로코코미술의 전성기를 대표하는 화가 부셰(François Bocher, 1703~1770)는 뛰어난 미모와 지성으로 루이 15세(Louis XV, 1710~1774)를 사로잡은 퐁파두르 부인(Marquise de Pompadour, 1721~1764)을 작품으로 남겼습니다. 하지만 가장 많은 미인을 캔버스로 옮긴 화가는 빈터할터(Franz Xaver Winterhalter, 1805~1873)일 것입니다.

초상화계의 스타 화가였던 빈터할터가 그
린 나폴레옹 3세의 아내 외제니 황후(꽃으
로 머리를 장식한 여성). 빈터할터의 초상
화 속 인물들은 실제보다 아름답게 변형되
었다고 한다.

프란츠 사버 빈터할터, 〈시녀에 둘러싸인 외제니 황후의 초상〉,
1855년, 캔버스에 유채, 300×420cm,
콩피에뉴궁전(프랑스 제2 황궁)

유럽 왕족들의 러브콜이 쇄도한 화가

독일 출신의 빈터할터는 전 유럽을 돌며 귀족들의 초상화를 그렸습니다. 1838년, 그는 벨기에 왕국의 왕비 마리(Louise Marie Thérèse Charlotte Isabelle, 1812~1850)와 레오폴 2세(Leopold II, 1835~1909)의 초상화를 그린 것을 계기로, 프랑스 국왕 필리프(Louis Philippe, 1773~1850)의 눈에 들어 프랑스 궁정화가로 임명됩니다. 영국 빅토리아 여왕(Victoria, 1819~1901)은 빈터할터의 화풍을 좋아하여, 자주 초상화를 맡겼습니다. 그래서 현재 런던 버킹엄궁전에는 빈터할터의 작품이 여러 점이 걸려 있습니다.

유럽 전역을 순회하며 활동하던 빈터할터는 나폴레옹 3세(Napoleon III, 1808~1873)의 즉위와 함께 다시 프랑스 궁정화가로 복귀했습니다. 그는 나폴레옹 3세의 아내 외제니 황후(Eugénie de Montijo, 1826~1920)를 자주 그렸으며, 1855년에는 그의 대표작품으로 손꼽히는 〈시녀들에 둘러싸인 외제니 황후의 초상〉을 완성하였습니다.

화사한 드레스를 입고 반짝이는 보석으로 치장한 여인들은 마치 숲속에

프란츠 사버 빈터할터, 〈궁정복을 입은 외제니 황후 초상화〉, 1855~1870년, 캔버스에 유채, 208×158cm, 콩피에뉴궁전(프랑스 제2 황궁)

사는 요정들로 보입니다. 꽃으로 머리를 장식한 여인이 이 작품의 주인공, 외제니 황후입니다. 햇빛이 마치 스포라이트처럼 그녀를 비춥니다. 〈시녀들에 둘러싸인 외제니 황후의 초상〉은 1855년 파리 만국박람회에 전시되어 극찬을 받았습니다. 이후 빈터할터는 스페인·벨기에·러시아 등의 궁정에 초상화가로 초청되는 영예를 누렸습니다. 빈터할터는 자신에게 부와 명성을 가져다준 초상화에 더욱 집중했습니다.

하지만 빈터할터의 작품은 인물을 아름답게 그리기 위해 실제 모습과 다르게 그렸다는 점 때문에 비판을 받기도 했습니다. 오늘날 증명사진을 포토샵으로 보정해주는 사진사의 역할을 빈터할터가 담당했던 것이지요.

로맨틱한 러브스토리의 주인공에서
참혹한 비극의 주인공으로

빈터할터의 초상화 중에서 가장 사실적이면서도 아름답다는 평가를 받는 작품은 〈오스트리아의 황후, 엘리자베스〉입니다. 오스트리아 요제프 1세(Franz Joseph I, 1830~1916)의 아내인 엘리자베스 황후(Elisabeth Amalie Eugenie, 1837~1898)는 '시시(Sisi)'라는 별칭으로 더 많이 알려져 있습니다. 그녀는 청초하면서도 우아한 자태의 미인이었습니다. 그림 속 그녀의 긴 머리에는 별 모양 머리장식이 달려 있는데요. 엘리자베스는 직접 빈의 보석상에 이 장식품을 의뢰했고, '시시의 별'이라고 명명했습니다. 시시의 별은 그 당시 여인들에게 선풍적인 인기를 끌었습니다.

엘리자베스는 바이에른 국왕의 외손녀였지만, 수영, 승마 등을 즐기

프란츠 사버 빈터할터, 〈오스트리아의 황후, 엘리자베스〉, 1865년, 캔버스에 유채, 255×133cm, 빈미술사박물관

며 자유로운 유년 시절을 보냈습니다. 엘리자베스가 열여섯일 때, 그녀의 언니 헬레나는 요제프 1세와 약혼을 앞두고 있었습니다. 하지만, 요제프 1세는 한 모임에서 만난 엘리자베스에게 반해버렸습니다. 조신한 헬레나를 며느리로 얻고 싶었던 시어머니의 반대를 무릅쓰고, 엘리자베스와 요제프 1세는 부부가 되었습니다. 그들의 로맨틱한 사랑은 온 국민의 관심을 받았고, 엘리자베스는 아름다운 동화의 주인공이 되었습니다.

'그 후 두 사람은 행복하게 잘 살았습니다'로 이 동화가 끝났다면 좋았겠지만, 결혼 후 엘리자베스의 삶은 비극의 연속이었습니다. 엄격한 황실의 규율과 빈틈없는 통제, 시어머니와의 갈등은 그녀를 옥죄었습니다. 심지어 시어머니는 엘리자베스가 아이를 키우기에는 어리고 교양이 부족하다는 이유로 첫째 딸 소피를 그녀에게서 빼앗았습니다. 자유분방하고 감성적이었던 엘리자베스는 매일 극심한 스트레스를 받았지요. 유일한 희망이었던 남편 요제프 1세는 여배우와 외도를 저지르며 그녀를 실망시켰습니다. 게다가 1855년 두 살배기 딸 소피는 의문의 병으로 사망했고, 1889년에는 아들 루돌프 황태자가 연인과의 사랑을 이룰 수 없게 되자 스스로 목숨을 끊었습니다. 엘리자베스의 결혼 생활은 날이 갈수록 어두워져만 갔습니다.

루돌프 황태자의 사망 이후, 엘리자베스는 화려한 드레스 대신 검은 상복만 입었습니다. 연이은 비극으로 우울증에 시달리던 그녀는 오스트리아를 떠나 이탈리아, 그리스, 헝가리 등에 머무르며 슬픔으로 점철된 인생을 살아갔습니다.

스트레스와 슬픔으로 동여맨 허리

아름다운 외모, 로맨틱한 러브스토리, 슬픈 가족사 외에도 엘리자베스를 대표하는 것이 있습니다. 바로 20인치도 되지 않았다는 그녀의 잘록한 개미허리입니다.

초상화와 역사화로 유명한 화가 벤추르(Gyula Benczúr, 1844~1920)의 〈엘리자베스 여왕의 초상화〉를 볼까요. 어느덧 중년에 접어들었지만 엘리자베스는 여전히 아름답고 날씬합니다. 그녀는 유럽 왕실에서 허리가 가장 가늘었던 여성입니다. 이 작품은 루돌프 황태자 사후 엘리자베스가 검은 옷만 입던 특성까지 잘 살리고 있습니다.

시집살이로 인한 스트레스와 자식을 잃은 슬픔을 이겨내기 위해, 엘리자베스는 미모에 더욱 집착했습니다. 172cm의 큰 키에 50kg으로, 마른 체형의 그녀는 철저한 식단 관리로 평생 가는 허리를 유지했습니다. 여기에 더해 코르셋(corset)으로 과하게 허리를 조였습니다.

코르셋은 배와 허리를 졸라

줄러 벤추르, 〈엘리자베스 여왕의 초상화〉, 1899년, 캔버스에 유채, 142×95.5cm, 헝가리국립미술관

1902년 잡지에 실린 코르셋 광고.

매어 체형을 보정하거나 교정하기 위해 착용하는 여성용 속옷입니다. 영화 〈바람과 함께 사라지다〉에서 주인공 스칼렛이 침대 기둥을 붙들고 서 있고 하녀가 뒤에서 그녀의 허리를 조이는 장면에 등장하는 속옷이 바로 코르셋입니다.

중세시대부터 유럽에서는 잘록한 허리와 풍만한 가슴을 여성의 아름다움으로 여겼습니다. 시대가 요구한 미의 기준에 맞추기 위해 여성들은 코르셋을 있는 힘껏 조였지요. 허리와 배를 심하게 압박하는 코르셋 때문에 여성들이 호흡 곤란으로 쓰러지는 일이 비일비재했으며, 갈비뼈가 부러지거나 척추가 비정상적으로 휘는 부작용이 속출했습니다.

코르셋은 의료 목적으로도 사용됩니다. 척추가 C자형이나 S자형으로 휘는 척추측만증 환자, 복부에 외상이 있는 환자, 사지마비로 호흡 기능이 약해진 환자에게 코르셋의 적당한 압력은 도움이 됩니다. 하지만 과도한 압력은 호흡 장애와 압박으로 인한 장기 손상을 불러일으킬 수 있습니다. 또한 코르셋을 오랜 기간 착용하면 허리를 지지해주는 근육이 약해질 수도 있습니다.

개미허리를 위해 갈비뼈를 제거한 여성

잘록한 허리에 대한 로망은 후대에까지 이어졌습니다. 20세기에 들어서자 코르셋을 더 바짝 조이기 위해 갈비뼈를 제거하는 수술을 받는 사람들도 생겨났습니다. 2017년에도 만화 속 주인공처럼 허리가 잘록해지고 싶다며 갈비뼈 6개를 제거한 여성의 이야기가 화제가 되었습니다.

갈비뼈는 등뼈와 가슴 앞쪽 중앙에 있는 복장뼈를 연결하여 가슴우리(흉강)를 형성하는 12쌍의 뼈를 말합니다. 허파, 심장, 가슴우리 안의 장기를 보호하는 역할을 하며, 허파가 팽창하고 수축할 수 있는 공간을 마련하여 호흡을 돕는 기능을 합니다.

대부분의 갈비뼈들은 등 뒤의 척추뼈에서 시작하여 복장뼈에 붙지만, 열한 번째와 열두 번째 갈비뼈는 복장뼈에 붙어 있지 않고 떠 있어서 '뜬갈비뼈(floating rib)'라고 합니다. 뜬갈비뼈는 배근육층 뒤쪽에서 끝나고, 여기에는 호흡을 돕는 갈비사이근(intercostal muscle)과 아래쪽 갈비뼈를 뒤쪽 위로 당기는 아래뒤톱니근(serratus posterior inferior muscle)이 붙습니다. 몸통을 굽히고 돌리는 작용을 하는 배바깥빗근(external abdominal oblique muscle)과 배의 압력을 높여 숨을 내쉬는 작용을 돕는 배속빗근(internal abdominal oblique muscle)도 뜬갈비뼈에 붙어서 복부 압력 형성에 관여합니다. 앞에서 말한 '갈비뼈 제거 수술'에서 사라지는 갈비뼈는 뜬갈비뼈이며, 이 뼈가 사라지면 호흡과 복부의 압력을 관여하는 근육에 손상이 올 수밖에 없습니다.

오래전부터 다이어트는 인간의 숙제였습니다. 성인의 일일 권장 칼로리는 2000kcal입니다. 다이어터들은 이보다 적게 먹겠지요? 그런데

뜬갈비뼈와 갈비사이근

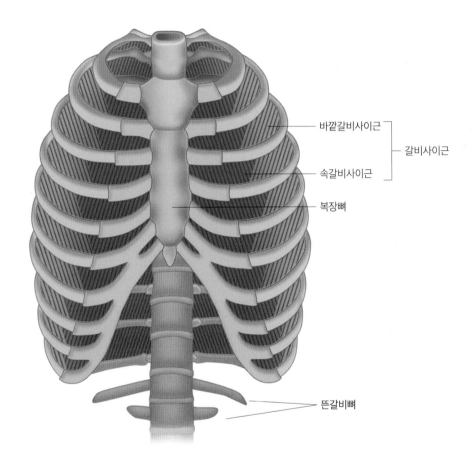

바깥갈비사이근

속갈비사이근

갈비사이근

복장뼈

뜬갈비뼈

갈비뼈는 등뼈와 가슴 앞쪽 중앙에 있는

복장뼈를 연결하여 가슴우리를 형성하는 12쌍의 뼈를 가리킨다.

열한 번째와 열두 번째 갈비뼈는

복장뼈에 붙어 있지 않아 '뜬갈비뼈'라고 부른다.

기름진 음식은 칼로리가 높습니다. 그중에서 구이용 갈비는 100g당 250kcal이지요. 참고로, 우리가 구이용 갈비로 먹는 부위는 소와 돼지의 '갈비사이근'입니다. 갈비구이를 좋아하면, 개미허리와는 멀어질 수밖에 없습니다.

코르셋의 방해로 뇌로 떠나지 못한 감각신호

마른 몸매를 유지하느라 식사를 제대로 하지 않았던 엘리자베스는 나이가 든 후 영양부족으로 몸이 더 쇠약해졌습니다. 예순이 되던 해에 엘리자베스는 스위스 레만 호수에서 배에 오르다가 괴한의 습격을 받았습니다. 괴한은 송곳처럼 뾰족한 쇠꼬챙이로 그녀의 가슴을 찔렀습니다.

평소처럼 허리를 꽉 조인 코르셋 때문에 엘리자베스는 습격으로 발생한 출혈을 알아채지 못했습니다. 승선 후, 엘리자베스가 코르셋을 풀자 출혈이 더 심해졌습니다. 하지만 그때까지도 그녀는 통증을 느끼지 못했습니다. 엘리자베스는 "왜들 이렇게 놀라나요? 제게 무슨 일이 생겼나요?"란 마지막 말을 남기고 사망하였습니다.

엘리자베스는 왜 죽음에 이르는 고통을 느끼지 못했을까요? 답부터 말하자면, 코르셋 때문에 감각신호가 뇌로 올라가지 못했기 때문입니다. 피부, 장기, 뼈, 근육 등에는 촉각, 온각, 냉각, 통각을 담당하는 감각세포가 있습니다. 몸감각기관(somatosensory system)은 신체에 퍼져 있는 수용체를 통해 자극을 받아들입니다. 수용체에 전해진 신호는 감각신경을 통해 엉치에서 목으로 이어지는 척수신경로를 따라 뇌로 전달

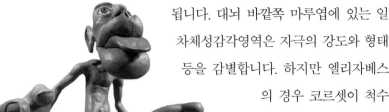

됩니다. 대뇌 바깥쪽 마루엽에 있는 일
차체성감각영역은 자극의 강도와 형태
등을 감별합니다. 하지만 엘리자베스
의 경우 코르셋이 척수
신경을 압박하여 통증
정보가 뇌로 올라가지
못했고, 그녀는 통증을 전
혀 느끼지 못했습니다.

펜필드는 신체 각 기관에 분포된 감각세포의 양을 바탕으로
인체를 재구성했다. 이것이 '펜필드의 호문쿨루스'다. 펜필드
의 호문쿨루스는 혀, 손, 입 등이 비정상적으로 크다.

신체의 각 기관마다 근육
양이 다르듯, 신체 기관마다
감각세포의 양이 다릅니다. 손, 발, 얼굴은 상대적으로 감각세포가 많
이 분포해 있습니다. 캐나다의 신경외과 의사 펜필드(Wilder Penfield,
1891~1976)는 살아 있는 사람의 머리뼈를 열고 전기자극을 주며 '뇌 감
각지도'를 그렸습니다. 연구 결과, 펜필드는 대뇌겉질에서는 손, 눈, 입
의 감각과 동작을 담당하는 부분이 어느 정도 정해져 있다는 결론에
이르렀습니다. 그는 신체 각 기관에 분포된 감각세포 양의 차를 바탕
으로 인체의 모습을 재구성했습니다. 이것이 '펜필드의 호문쿨루스'
또는 '대뇌겉질 호문쿨루스'입니다. 호문쿨루스는 연금술사들이 인공
적으로 만들 수 있다고 여겼던 인조인간으로, '작은 사람'이란 뜻입니
다. 펜필드의 호문쿨루스에는 감각세포가 많이 분포된 기관이 크게 표
현되어 있습니다. 정상적인 인체와는 다른 괴기스러운 형상입니다.

펜필드의 호문쿨루스처럼 인간의 손과 혀는 감각이 매우 발달해 있
고, 운동세포 또한 많이 분포합니다. 엘리자베스가 찔린 가슴 부위는

펜필드의 뇌 감각지도

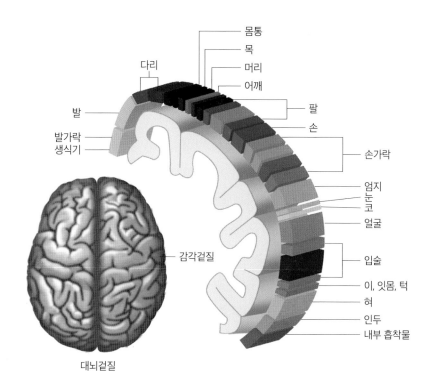

캐나다 의사 펜필드는 대뇌겉질에서 감각겉질의 부위와 반응하는
신체 부위를 관찰해 '뇌 감각지도'를 그렸다.
뇌 감각지도를 통해 신체 각 부위가 뇌에서 차지하는 비율을 알 수 있다.
뇌에서 느끼는 감각의 민감도는 신체 크기에 비례하지 않고,
머리에서 발까지 순서대로 배치되어 있지도 않다.

상대적으로 감각세포가 덜 발달해 있습니다. 엘리자베스가 바로 출혈을 알아차릴 수 없었던 이유는 감각세포의 분포에도 영향이 있습니다.

유행의 가면을 쓴 억압의 상징, 코르셋

현대에 들어와 '탈(脫) 코르셋 운동'이 뜨겁습니다. 과거 여성들이 코르셋을 벗어 던지며 몸을 옥죄던 고통에서 해방된 것처럼, 현대 사회에서 여성에게 강요된 미의 기준을 벗어나자는 것이 탈 코르셋 운동의 핵심입니다. 사회가 요구하는 대로 외모를 가꾸지 않고, 있는 그대로의 자신을 사랑하자는 뜻이지요. 과거 많은 여성의 갈비뼈를 부러트리고 척추를 휘게 만든 코르셋은, 이제 '여성 억압'의 상징물이 되었습니다.

엘리자베스 황후가 세상을 떠난 지 100여 년이 지났지만, 그녀는 여전히 오스트리아 황후로 기억됩니다. 많은 관광객들이 그녀를 만나기 위해 빈으로 찾아옵니다. 시시 박물관이 있는 호프부르크왕궁은 빈의 명소 중 하나입니다. 어찌 보면 그녀는 사후에도 오스트리아를 먹여 살리고 있는 듯합니다. 빈의 쇤부른궁전 기념품 가게에 가면 초콜릿, 머그잔, 열쇠고리, 달력, 보석함, 오르골 등 그녀의 얼굴이 들어간 기념품이 즐비합니다. 빈터할터, 벤추르 작품 속 아름다운 엘리자베스의 모습은 관광상품으로 여전히 많은 사랑을 받고 있습니다. 가는 허리를 강조하기 위해 45도로 돌아선 그녀는 여전히 아름답습니다. 하지만 죽어서도 코르셋을 벗지 못한 그녀가 안쓰럽다 느낀다면, 제가 지나치게 감상적인 걸까요?

오스트리아 빈미술사박물관은 엘리자베스 황후가 사용했던 많은 물건을 유물로 소장하고 있다. 이 검정 드레스는 그녀가 착용했던 것이다. 혼자서는 이동할 수 없을 만큼 긴 드레스 자락을 통해, '새장 속 새'처럼 갑갑했을 그녀의 삶을 짐작해본다.

페니 쉐이너, 〈엘리자베스 황후의 드레스〉, 1885년경, 빈미술사박물관

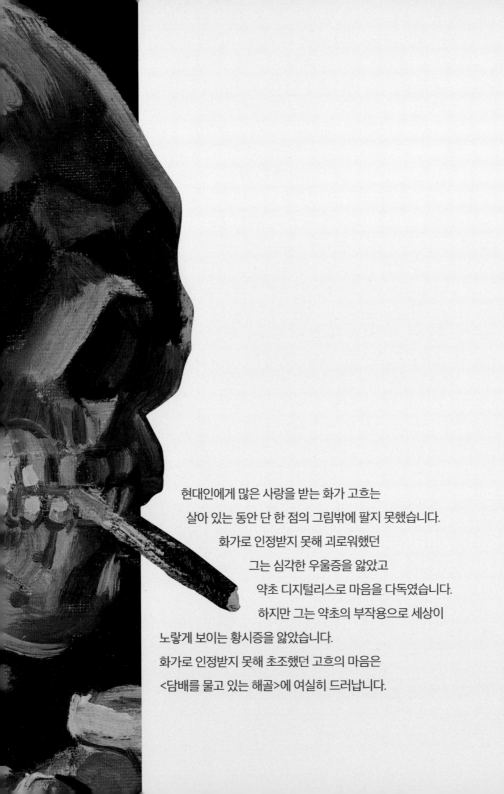

현대인에게 많은 사랑을 받는 화가 고흐는
살아 있는 동안 단 한 점의 그림밖에 팔지 못했습니다.
화가로 인정받지 못해 괴로워했던
그는 심각한 우울증을 앓았고
약초 디지털리스로 마음을 다독였습니다.
하지만 그는 약초의 부작용으로 세상이
노랗게 보이는 황시증을 앓았습니다.
화가로 인정받지 못해 초조했던 고흐의 마음은
<담배를 물고 있는 해골>에 여실히 드러납니다.

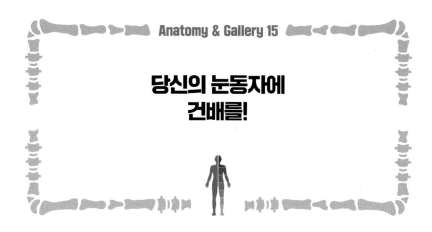

당신의 눈동자에 건배를!

우리나라 사람들이 가장 좋아하는 화가는 누굴까요? 필자는 고흐가 아닐까 싶습니다. 2년간 제주도에서 열렸던 미디어 아트 전시 〈빛의 벙커 : 반 고흐展〉에 100만 명의 관람객이 찾아갔습니다. 빛으로 재탄생한 고흐의 작품은 수많은 관람객을 매료시켰습니다.

고흐는 강렬한 노란색을 즐겨 썼으며 캔버스에 거친 붓 터치를 남겼습니다. 고흐의 작품에는 태양처럼 타오르는 열정이 녹아 있지요. 그의 열정은 우리나라 사람들의 성향과 닮았습니다. 그래서 우리는 고흐를 사랑하는가 봅니다.

지금 고흐는 전 세계인에게 사랑을 받는 화가이지만, 살아 있을 때 매우 고독한 화가였습니다. 생전에 작품을 단 한 점밖에 팔지 못했을 정도로 대중에게 외면당했고, 주변에 친구도 적어서 외로워했습니다.

빈센트 반 고흐, 〈별이 빛나는 밤〉, 1889년, 캔버스에 유채, 73.9×92.1cm, 뉴욕 현대미술관

동료이자 의지할 친구가 필요했던 고흐는 한동안 화가 고갱(Eugène Henri Paul Gauguin, 1848~1903)과 함께 지냈습니다. 하지만 1888년 두 사람은 심한 말다툼을 벌였고, 고흐는 그날 자신의 왼쪽 귀를 잘랐습니다. 이후 그는 1년간 생레미 정신병원에서 지냈습니다. 병원에 입원했을 때, 고흐는 동생 테오(Theo van Gogh, 1857~1891)에게 의지해야 한다는 미안함과 화가로 인정받지 못한다는 열등감에 힘들어했습니다. 괴로운 상황 속에서도 고흐는 쉬지 않고 〈별이 빛나는 밤〉, 〈아이리스〉, 〈사이프러스가 서 있는 밀밭〉 등의 작품을 완성했습니다.

고흐를 꿈꾸게 했던 '별'

고흐는 밤하늘을 주제로 여러 작품을 그렸습니다. 가장 유명한 그림은 〈별이 빛나는 밤〉이겠지요. 그보다 먼저 완성된 〈밤의 카페테라스〉, 〈론 강 위로 별이 빛나는 밤〉의 소재도 별이 반짝이는 밤 풍경입니다.

둥근 달무리와 별무리가 인상적인 〈별이 빛나는 밤〉을 볼까요. 그림 왼쪽에는 사이프러스 나무가 높이 솟아 있습니다. 하늘은 비연속적인 붓 터치로 완성되었습니다. 〈별이 빛나는 밤〉을 보면, 어둠 속에 반짝이는 노란빛이 눈에 띕니다. 고흐를 대표하는 〈해바라기〉를 칠한 색 역시 노랑이지요. 고흐는 '노란빛의 화가'로도 불립니다. 그는 왜 다양한 스펙트럼의 빛 가운데 노란빛을 선택했을까요?

만병통치제의 치명적 부작용

사람들은 스스로 귀를 자른 고흐에게 냉담했습니다. 그들에게 고흐는 정신병자일 뿐이었습니다. 고흐를 향한 따가운 시선은 그가 파리를 떠나게 했지요. 동료 화가 피사로(Camille Pissarro, 1830~1903)는 그에게 오베르에 사는 정신병 전문 의사 가셰(Paul Gachet, 1828~1909)를 소개했습니다. 처음에 고흐는 가셰를 탐탁지 않게 생각했습니다. 의사인 그가 자신보다 더 우울해 보였기 때문입니다. 하지만 시간이 흐른 뒤 두 사람은 절친한 사이가 되었고, 고흐는 가셰를 신뢰했습니다. 1890년 5월부터 7월까지 두 달간, 고흐는 가셰에게 치료를 받으며 100여 점의 작품을 완성했습니다.

1890년, 고흐는 가셰의 초상화를 그렸습니다. 오른쪽에 보이는 작품은 〈가셰 박사의 초상〉 첫 번째 버전입니다. 가셰가 이 그림을 달라고 하자, 고흐는 한 점을 다시 그려 선물했습니다. 첫 번째 버전은 고흐가 가지고 있다가 고흐 사후 여러 나라를 여행했고, 현재는 일본에 있습니다. 두 번째 버전은 가셰의 유족이 가지고 있다가, 1949년 파리 오르세 미술관에 기증하였습니다.

〈가셰 박사의 초상〉에는 울적해 보이는 가셰의 얼굴이 잘 표현되어

빈센트 반 고흐, 〈가셰 박사의 초상〉(첫 번째 버전), 1890년, 캔버스에 유채, 67×53cm, 개인 소장

있습니다. 가셰는 탁자 쪽으로 몸을 기울이고 턱을 괴고 있습니다. 가셰가 팔을 올린 탁자의 꽃병에 풀이 두 줄기 꽂혀 있습니다. 이 식물은 '디지털리스'로, 당시에는 만병통치약처럼 사용되었던 약초입니다. 심장 근육의 기능을 높이는 치료제, 정신질환을 완화시키는 치료제 등으로 처방되었습니다. 〈가셰 박사의 초상〉 속 디지털리스는 이 식물이 정

신병 치료제로 사용되었음을 증명합니다.

만병통치약으로 알려진 디지털리스에는 치명적인 부작용이 있습니다. 모든 사물이 노란색으로 보이는 '황시증(yellow vision)'이 나타난다는 것인데요. 의사들은 고흐가 디지털리스 부작용으로 황시증을 앓았을 것이라고 추측하고 있습니다. 그래서 고흐가 유난히 노란색을 즐겨 썼다고 주장합니다.

일각에서는 고흐가 '망막 부종(retinal edema)'을 앓았다고 말합니다. 망막 부종은 망막의 가는 혈관이 약해지면서 혈관 내 혈액 성분이 빠져나가 생기는 질병입니다. 망막 부종을 앓으면, 눈앞에 떠다니는 무언가가 보이기도 합니다. 고흐가 망막 부종의 후유증으로 〈별이 빛나는 밤〉 속 별무리와 달무리처럼 세상을 흐리게 보았다는 주장도 있습니다.

몸속에 있는 필름, 망막

앞에서 고흐의 '망막(retina)'에 부종이 생겼다는 주장을 말씀드렸는데요. 망막은 정확히 어디일까요? 또 어떤 역할을 할까요? 지금부터 이 두 가지를 알아보려고 합니다.

망막은 눈의 가장 안쪽을 둘러싸고 있는 얇은 신경세포층입니다. 눈을 카메라에 비유한다면, 망막은 카메라 속 필름입니다. 빛 에너지는 망막의 '시세포(視細胞)'에 흡수되고 시신경을 통해 뇌로 전달되는데요. 우리는 빛 에너지를 흡수하는 망막 덕분에 사물을 볼 수 있습니다. 이것은 카메라 셔터를 누르는 순간 필름에 상이 맺히는 현상과 유사합니다.

우리는 망막 속 두 가지 시세포로 빛의 세기와 색채를 감지합니다.

눈의 구조

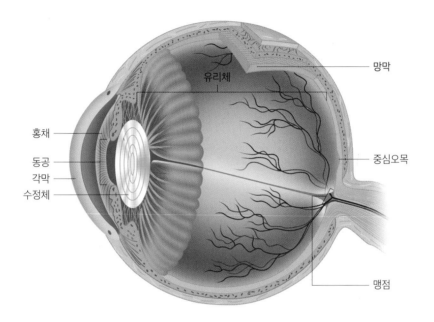

망막

유리체

중심오목

홍채

동공

각막

수정체

맹점

망막은 눈의 가장 안쪽을 둘러싸고 있는 얇은 신경세포층이다.

빛 에너지는 망막의 시세포를 통해 뇌로 전달된다.

눈을 카메라에 비교하면, 망막은 필름과 같다.

첫 번째로, '막대세포(간상세포, rod cell)'는 빛을 수용하는 세포이며 적은 양의 빛을 감지합니다. 밝은 곳에서 어두운 곳으로 자리를 옮겨도 어둠에 금방 적응하고 사물을 식별할 수 있는 것은 막대세포 덕분입니다. 두 번째로, '원뿔세포(추상세포, con cell)'는 사물의 색을 빨간색, 초록색, 푸른색으로 구분하는 역할을 합니다. 우리가 색채를 지각하도록 도와주는 세포이지요.

이번에는 망막의 기관들에 대해 알아봅시다. 망막에 살짝 파인 곳은 '중심오목(forvea)'이라고 부릅니다. 중심오목에 맺힌 상은 아주 세밀하게 보입니다. 망막에서 초점을 맞추는 일을 담당합니다. 중심오목 주위로 노란색을 띠는 '황반(yellow spot)'이 있습니다. 시세포가 밀집된 황반은 빛을 선명하게 받아들입니다. 그래서 황반으로 빛이 들어오는 범위가 우리의 중심시야가 됩니다. 황반 근처에 다른 망막보다 돌출된 곳이 있는데요. 이곳은 '맹점(blind spot)'입니다. 여기에는 시세포가 없어서 상이 맺혀도 뇌로 전달되지 않습니다. 시야 검사를 할 때 맹점에 맺히는 상이 보이지 않는 건 지극히 정상입니다.

명암과 색채를 지각하는 세포가 다를 만큼, 눈의 기능은 매우 발달해 있습니다. 그럼에도 눈은 자주 '눈속임'을 당합니다. 예를 들어, 빨간 원을 오래 쳐다본 후 흰 벽을 보면 그곳에 녹색 원이 나타납니다. 한 색깔을 보다가 흰색을 보면 반대 색깔이 보이는 '보색잔상' 때문입니다. 수술복이 초록색인 이유는 보색잔상을 방지하기 위함입니다. 수술 중 붉은 혈액을 오랫동안 보면, 붉은색을 받아들이는 원뿔세포가 금세 피로해집니다. 그러면 의료진에게 초록색 잔상이 보일 수 있습니다. 이를 방지하기 위해, 붉은색의 보색인 초록색 수술복을 입는 것입니다.

또한 초록색은 눈을 편안하게 하고 마음을 안정시키는 효과도 있습니다. 참고로, 파란색 수술복은 노란 지방의 보색으로 채택된 것입니다.

넥타이처럼 긴 '복장뼈'와 담배를 문 해골

고흐의 아버지는 목사였고, 그의 집안은 가난했습니다. 1864년, 고흐는 기숙학교에 들어갔지만 열다섯에 경제적 어려움으로 학교를 그만두었습니다. 1869년부터 7여 년간 그는 화랑에서 판화를 복제하여 판매하는 일을 하였습니다. 그러던 중 고흐에게 목사라는 꿈이 생겼습니다. 하지만 그는 목사 시험에도, 신학대학 시험에도 불합격했습니다. 결국 그는 성직자의 길을 포기했고, 1880년부터 화가라는 새로운 꿈을 키웠습니다.

1886년, 고흐는 미술 공부를 위해 파리로 떠났습니다. 드로잉에 대한 기초 지식이 모자랐던 그는 다섯 살 아래 미술학도에게 교습을 받았습니다. 그는 열심히 실력을 쌓았지만, 아무도 그의 작품을 사지 않았습니다. 고흐는 화가로 인정받기를 누구보다 갈망했지만, 살아 있는 동안 꿈은 실현되지 못했습니다. 불안하고 외로웠던 고흐의 마음은 〈담배를 물고 있는 해골〉(238쪽)에 잘 나타나 있습니다. 해골의 꽉 다문 입은 대중에게 인정받고 싶었던 고흐의 초조한 마음을 보여줍니다.

뼈로 하나의 작품을 완성한 고흐는 인체 구조를 잘 알고 있었을까요? 정교한 '머리뼈'만 본다면 '그렇다'고 대답할 수 있겠지만요. '목뼈', '빗장뼈', '복장뼈'까지 본다면, 고흐가 해부학에 정통했다고는 말할 수 없습니다. 복장뼈의 위치가 정확하지 않거든요. 복장뼈의 위치가 다르

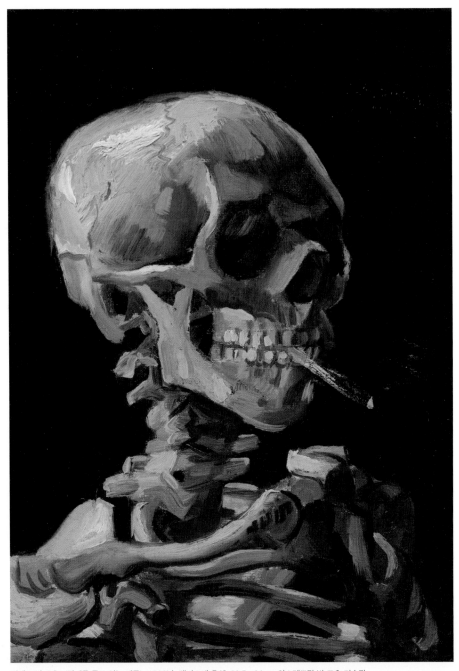

빈센트 반 고흐, 〈담배를 물고 있는 해골〉, 1886년, 캔버스에 유채, 32.5×24cm, 암스테르담 반 고흐 미술관

복장뼈의 구조

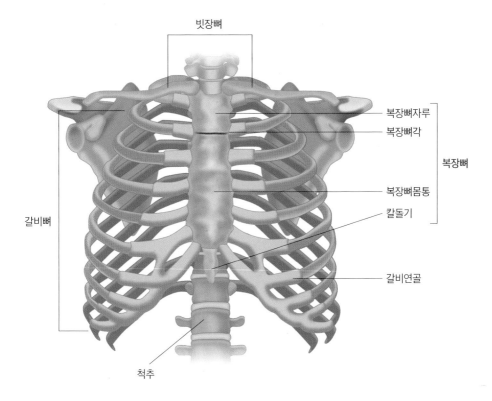

빗장뼈

복장뼈자루

복장뼈각

복장뼈

복장뼈몸통

칼돌기

갈비뼈

갈비연골

척추

가슴 중앙에는 넥타이처럼 긴 '복장뼈'가 있다.

복장뼈는 가슴 중앙에서 어깨를 연결하는 '빗장뼈'부터

가슴우리를 형성하는 12쌍의 '갈비뼈'를 연결하며,

우리 몸의 중심을 잡아준다.

다면, 복장뼈에서 어깨로 이어지는 빗장뼈도, 가슴뼈 위에 있는 목뼈도 어긋난 위치에 그려진 셈입니다.

복장뼈는 넥타이처럼 길쭉한 뼈입니다. 길이는 약 20cm이며, 가슴 정중앙에 있습니다. 복장뼈는 세 부분으로 나뉩니다. 가장 위쪽에 있는 '복장뼈자루(manubrium)'는 위가 넓고 아래가 좁은 마름모꼴입니다. 빗장뼈와 첫 번째 갈비뼈 연골이 복장뼈자루에 붙어 있습니다. '복장뼈각(sternal angle)'은 복장뼈자루와 복장뼈몸통(sternum)을 연결하는 부위입니다. 복장뼈각은 복장뼈에 손을 대면 쉽게 만질 수 있습니다. 복장뼈각에는 두 번째 갈비뼈 연골이 붙습니다. 복장뼈각을 기준으로 갈비뼈의 순서와 위치를 확인합니다. '복장뼈몸통'에는 갈비뼈가 연결됩니다. '칼돌기(xiphoid process)'는 복장뼈 끝에 있는 작은 연골 조직입니다. 칼돌기는 복장뼈 아랫부분을 고정하는 역할도 합니다.

불운했던 화가가
상처 입은 현대인을 위로하다!

|

〈담배를 물고 있는 해골〉 속 해골처럼 고흐는 애연가였습니다. 애주가이기도 했지요. 그는 '압생트(absinthe)'를 즐겨 마셨습니다. 압생트는 녹색빛을 띄는 독주입니다. 이름은 주재료인 '쓴쑥(artemisia absinthium)'에서 따왔습니다. 압생트는 45~74% 사이의 도수 때문에 '악마의 술'이라고도 불렀습니다. '녹색 요정(The green fairy)'이라고도 불렀는데요. 창작의 고통으로 괴로운 가난한 예술가들을 위로해주는 저렴한 술이었기 때문입니다.

압생트를 과하게 마시면, 환각상태에 빠지고 시신경에 장애를 초래한다는 설이 있었습니다. 실제로 프랑스와 스위스 정부에서는, 압생트가 위험하다고 판단하여 술의 제조를 금지시켰습니다. 또한 고흐의 황시증이 압생트 때문이라는 설도 있었지요. 이 주장은 1997년에 한번에 180ℓ 이상의 압생트를 마셔야 시신경에 손상이 온다는 논문으로 반박되었습니다.

빈센트 반 고흐, 〈압생트 잔과 물병〉, 1887년, 캔버스에 유채, 46.5×33cm, 암스테르담 반 고흐 미술관

괴로움을 담배와 술로 달랬던 고흐는 1890년 7월 권총 부리를 자신에게 겨누었습니다. 총알은 다행히 심장과 중요 기관을 빗겨나갔지만, 며칠 후 고흐는 상처의 염증으로 숨을 거두었습니다.

살아 있는 동안 고흐는 대중에게 인정받지 못했습니다. 힘든 현실에 몸서리쳤던 그는 우울의 늪으로 빠져들었고 종종 발작을 일으켰습니다. 하지만 현대인은 고흐를 위대한 화가로 생각하며, 많은 사람들이 그의 작품에서 위안을 얻습니다. 지금 고흐의 작품이 많은 사람들을 위로하고 있음을, 그가 하늘에서나마 알아주면 좋겠습니다.

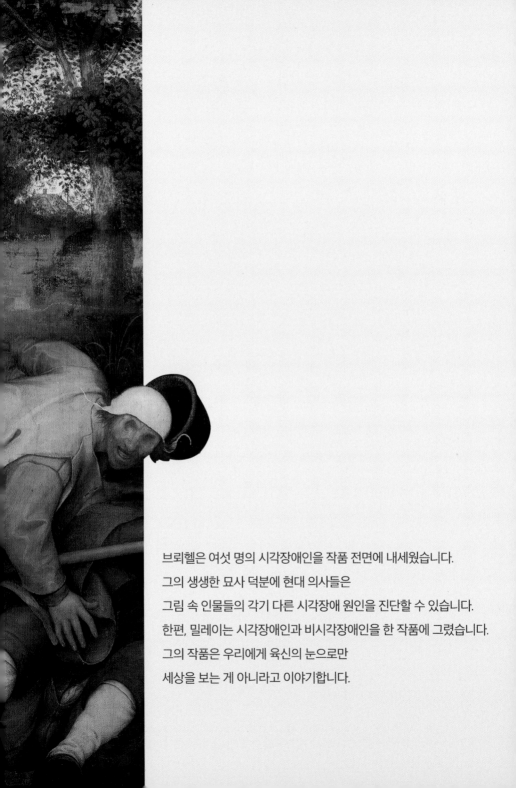

브뢰헬은 여섯 명의 시각장애인을 작품 전면에 내세웠습니다.
그의 생생한 묘사 덕분에 현대 의사들은
그림 속 인물들의 각기 다른 시각장애 원인을 진단할 수 있습니다.
한편, 밀레이는 시각장애인과 비시각장애인을 한 작품에 그렸습니다.
그의 작품은 우리에게 육신의 눈으로만
세상을 보는 게 아니라고 이야기합니다.

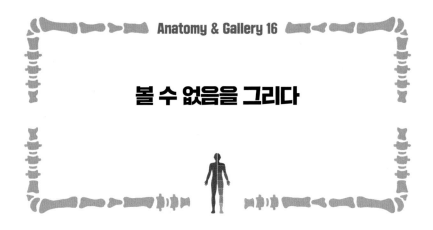

Anatomy & Gallery 16

볼 수 없음을 그리다

'시각장애'를 이겨내고 미술사에 한 획을 그은 화가들이 있습니다. 고흐와 모네(Oscar Claude Monet, 1840~1926)입니다. 고흐는 세상이 노랗게 보이는 '황시증'을 앓았지만, 태양을 닮은 노란빛으로 〈해바라기〉와 같은 명작을 그렸습니다. 모네는 말년에 '백내장'으로 시력을 거의 잃었던 상태였지만, 가로 2m, 세로 1m 크기의 대작 〈수련이 있는 연못〉을 완성하였습니다. '시각장애'를 작품의 소재로 삼은 화가도 있습니다. 플랑드르 출신으로 풍속화를 즐겨 그렸던 브뤼헐(Pieter Bruegel the Elder, 1525~1569)입니다. 그는 〈장님을 이끄는 장님〉(244쪽)에 6명의 시각장애인을 그렸습니다. 이들은 서로의 어깨에 손을 올린 채 앞으로 걷고 있는데요. 이 장면은 성서의 〈마태복음〉 15장 14절 "장님이 장님을 인도하면 구덩이에 빠진다"를 표현한 것입니다.

피테르 브뢰헬, 〈장님을 이끄는 장님〉, 1568년, 패널에 유채, 86.4×167.5cm, 나폴리 카포디몬테국립미술관

그림 속 시각장애인에 대한 진단서

작품 속 인물을 한 명씩 진단해볼까요? 오른편부터 보지요. 첫 번째 남자는 이미 구덩이에 빠졌습니다. 그가 메고 있던 악기도 이미 땅에 떨어진 상태네요. 그 뒤를 따르던 두 번째 남자도 몸이 기울어진 상태입니다. 몇 초 후면 첫 번째 남자 위로 쓰러질 것 같군요. 그는 안구를 적출한 듯 눈두덩이가 움푹 파여 있습니다. 세 번째 남자의 안구는 회색빛입니다. 안구위축(phthisis bulbi)으로 보입니다. 네 번째 남자의 각막은 하얗게 혼탁해진 상태입니다. 각막염, 각막궤양 등을 앓아서 각막에 하

안 반점이 생기면, 그곳에는 빛이 통과하지 못하여 시력이 떨어집니다. 다섯 번째 남자의 눈은 모자에 가려졌습니다. 그래서 시각장애인이라고 단정할 수는 없습니다. 여섯 번째 남자는 눈을 꼭 감은 채 앞사람들을 따라가고 있습니다.

이 작품은 여섯 시각장애인(어쩌면 다섯 시각장애인)이 서로에게 의지한 채 걷는 모습을 담았습니다. 작품 이면에는 어리석은 앞사람을 맹목적으로 따라가면 모두 어려운 상황에 빠지게 된다는 교훈이 담겨 있습니다. 브뢰헬은 이 작품을 통해, 앞사람의 인도가 중요하다는 이야기를 하고 있습니다. 정치적 측면에서 해석하면, 국민을 이끄는 지도자가 얼마나 중요한지 말하는 것이지요. 몽매한 지도자는 국민 모두를 위험에 빠뜨릴 수 있습니다. 첫 번째 남자가 뒤따라오는 5명을 구덩이로 인도한 것처럼요.

소외된 사람들을 캔버스로 옮긴 화가

브뢰헬은 활동 초기에 풍경화로 인기를 얻었지만, 나중에는 농민들의 일상을 사실적이고 위트있게 그려서 유명해졌습니다. 그는 네덜란드 속담을 주제로 작품을 그렸고 그의 작품은 대중에게 교훈을 주었습니다.

그는 사회에서 소외된 약자들을 자주 자신의 캔버스에 초대했습니다. 16세기에 장애인들은 사회에서 배척당했습니다. 사고로 장애를 입으면, 그가 신의 저주를 받았거나 그에게 재앙이 닥쳤다고 생각했습니다. 이게 어떻게 가능하냐고요? 16세기는 가뭄과 우박도 악마의 소행으로 생각하던 시기였으니까요. 그럼에도 1568년 브뢰헬은 〈거지들〉

피테르 브뢰헬, 〈거지들〉, 1568년, 패널에 유채, 18.5×21.5cm, 파리 루브르박물관

을 대중에게 선보였습니다.

그림 속에서 다리가 불편한 사람들이 구걸을 하고 있습니다. 그들은
머리에 군인, 농부, 귀족 등을 표시하는 모자를 쓰고 있는데요. 이 모습
은 당시 사회계층에 대한 비판으로 해석됩니다. 그들 뒤로 보이는 수
도사는 구걸하는 이들을 모른 체하는 부패했던 종교인을 상징합니다.

한 전기작가는 브뢰헬이 사람들을 관찰하는 걸 좋아했다고 말했습
니다. 그는 이 작품 역시 다른 작품들처럼 몇 시간이고 같은 자리에서
사람들의 모습을 관찰한 다음 캔버스로 옮겼을 것입니다. 작품에 나오

는 인물들이 현실에도 존재했다는 것을 시사하지요. 브뢰헬의 그림은 17세기 사회상을 엿볼 수 있는 단서가 됩니다.

눈동자를 굴리고 초점을 맞추는 근육

명화는 우리의 '시선(視線)'을 사로잡지요. 시선을 조절하는 것은 안구에 붙어 있는 근육입니다. 눈동자의 방향을 조절하는 근육은 4개의 '곧은근'과 2개의 '빗근'을 합쳐 총 6개입니다.

곧은근은 근육섬유가 일자인 근육으로, 각각의 명칭 앞에 붙은 방향으로 눈동자를 움직이게 합니다. '안쪽곧은근(medial rectus muscle)'과 '가쪽곧은근(lateral rectus muscle)'은 안구 앞부분의 흰자위에 붙습니다. 두 근육은 같은 수평면 위에 있으며, 눈을 좌우로 움직이는 역할을 합니다. '위곧은근(superior rectus muscle)'과 '아래곧은근(inferior rectus muscle)'은 같은 수직면 위에 있고, 눈을 위아래로 움직이게 합니다.

빗근은 비스듬하게 뻗어 있는 근육 형태를 말합니다. '위빗근(superior oblique muscle)'은 동공을 아래쪽으로 움직이게 합니다. 위빗근은 눈의 안쪽에 있는 도르래에 걸려서 운동하기 때문에 곧은근처럼 명칭 앞에 붙은 방향으로 이동하지 않습니다. 위빗근은 동공을 회전시켜 아래로 보내는 운동을 합니다. '아래빗근(inferior oblique muscle)'은 위빗근과 반대로 운동하겠지요? 아래빗근 운동으로 동공은 위쪽으로 이동합니다. 또 아래빗근과 위빗근의 운동은 사선 방향으로 이루어져 동공을 안구의 가장자리로 이동시킵니다.

눈에 있는 근육은 동공을 움직이는 역할 외에 초점을 맞추는 역할도

앞과 옆에서 바라본 오른쪽 안구 근육

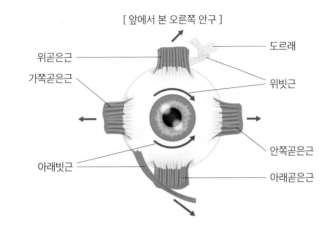

[앞에서 본 오른쪽 안구]

위곧은근
가쪽곧은근
도르래
위빗근
아래빗근
안쪽곧은근
아래곧은근

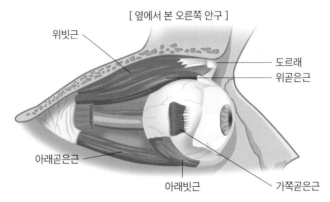

[옆에서 본 오른쪽 안구]

위빗근
도르래
위곧은근
아래곧은근
아래빗근
가쪽곧은근

시선을 조절하는 눈의 근육은

4개의 곧은근과 2개의 빗근을 합쳐 총 6개다.

이 6개의 근육 덕에

우리는 눈을 상하좌우로 자유롭게 움직일 수 있다.

합니다. 눈에서 초점을 맞추는 기관은 '수정체'입니다. 즉, 수정체와 붙어 있는 근육들이 초점을 조절한다는 이야기입니다.

수정체의 두께와 곡률을 조절하는 근육을 '섬모체근(ciliary muscle)'이라고 부릅니다. 섬모체근과 수정체 사이에 섬모체띠라는 섬유조직이 있습니다. 볼록한 렌즈 모양의 수정체를 가운데 두고, 섬모체띠, 섬모체근 순으로 붙어 있는 형태지요.

섬모체근이 느슨해지면 반대로 섬모체띠가 팽팽해지며 수정체가 얇아집니다. 얇아진 수정체는 먼 곳에 있는 물체에도 초점을 맞출 수 있습니다. 반대로 섬모체근이 수축하면 섬모체띠는 느슨해지고 수정체는 두꺼워집니다. 두꺼워진 수정체는 짧은 거리에 있는 물체에만 초점을 맞출 수 있습니다.

나이가 들면 눈에 있는 근육들도 노화합니다. 섬모체근도 수정체를 전처럼 당길 수 없게 되지요. 나이가 든 사람들이 가까운 것이 보이지 않는다며 돋보기를 찾는 이유는, 제대로 수축하지 못하는 섬모체근 때문입니다.

육신의 눈과 마음의 눈을 그린 두 작품

〈장님을 이끈 장님〉(244쪽)을 그린 브뢰헬의 둘째 아들 얀 브뢰헬(Jan Brueghel the Elder, 1568~1625)도 유명한 화가였습니다. 식물을 섬세하게 그려서 '꽃 브뢰헬'로 불리기도 합니다. 생전에 합스부르크 왕가의 궁전화가로 발탁돼 실력을 인정받았습니다.

얀 브뢰헬과 루벤스는 '오감' 시리즈를 함께 그렸습니다. 당연히 시

얀 브뢰헬·페테르 파울 루벤스, 〈시각〉,
1617년, 패널에 유채, 64.7×109.5cm,
마드리드 프라도미술관

각을 표현한 작품도 있습니다. 두 사람이 그린 〈시각〉에는 눈으로 볼 수 있는 명화, 먼 곳을 보게 하는 망원경과 천문관측용 도구 등이 있습니다. 그림 속 모자(母子)는 아프로디테와 에로스입니다. 그들은 하나님이 시각장애인을 눈뜨게 했다는 기적을 그린 작품을 사이에 두고 이야기를 나누고 있습니다. 두 신은 시각을 논하고 있는 것이죠.

망막에 상이 맺히지 않아도, 마음의 눈에 세상이 담깁니다. 이번에는 시각장애인과 비시각장애인이 함께 있는 그림 〈눈먼 소녀〉(252쪽)를 함께 살펴볼까요.

영국 화가 밀레이(John Everett Millais, 1829~1896)는 노란 들판 위 짚더미에 앉아 있는 자매를 그렸습니다. 자매는 손을 꼭 붙잡고 있네요. 동생은 뒤편의 쌍무지개를 바라보고 있으며, 언니는 눈을 감고 앉아 있습니다. 언니의 목에는 하얀 쪽지가 보입니다. "눈이 먼 불쌍한 아이(Pity a Blind)"라

존 애버렛 밀레이, 〈눈먼 소녀〉, 1856년, 캔버스에 유채, 82.6×62.2cm, 버밍엄미술관

고 적힌 쪽지 내용으로, 그녀가 눈이 멀었음을 알 수 있습니다. 두 사람이 입은 옷은 군데군데 해졌고, 언니의 무릎에는 손풍금이 놓여 있습니다. 아마도 두 사람은 거리에서 음악을 연주하며 사람들에게 푼돈을 받아 생활하는 듯합니다.

쪽지에 적힌 글과 달리 언니의 얼굴은 평온합니다. "언니, 저기 하늘에 무지개가 떴어. 언니 눈썹처럼 둥글게 휘어진 띠에 온갖 색들이 색칠되어 있어." 언니의 손을 꼭 붙들고 있는 동생은 언니에게 이렇게 설명하고 있을지 모르겠습니다. 그녀는 눈 대신 마음으로 평화로운 들판과 아름다운 무지개를 만끽하고 있습니다. 밀레이는 마음으로도 세상을 볼 수 있음을 알려줍니다.

그림을 설명하면서 작품명을 말해야 할 때를 제외하고는, '장님'이라는 표현을 쓰지 않으려고 애썼습니다. 장님이 시각장애인을 낮추어 표현하는 단어이기 때문입니다. 우리는 여전히 '눈뜬 장님', '장님 코끼리 만지기' 등의 관용구를 거리낌 없이 사용합니다. 이 표현들이 시각장애인을 비하할 의도로 만든 문구는 아닐 겁니다. 하지만 우리가 무심코 던진 말이 누군가에게는 비수처럼 꽂힐 수 있습니다.

브뢰헬과 밀레이의 작품이 우리의 시선을 돌아보게 하는 계기가 되었으면 합니다. 어떤 존재도 따가운 시선을 받아야 할 이유는 없으니까요.

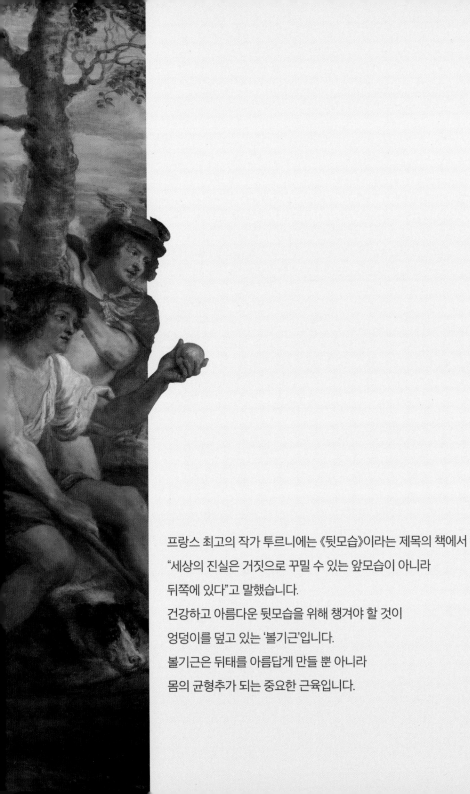

프랑스 최고의 작가 투르니에는 《뒷모습》이라는 제목의 책에서
"세상의 진실은 거짓으로 꾸밀 수 있는 앞모습이 아니라
뒤쪽에 있다"고 말했습니다.
건강하고 아름다운 뒷모습을 위해 챙겨야 할 것이
엉덩이를 덮고 있는 '볼기근'입니다.
볼기근은 뒤태를 아름답게 만들 뿐 아니라
몸의 균형추가 되는 중요한 근육입니다.

몸의 균형을 좌우하는
사과 한 알

'사과 같은 내 얼굴'이란 동요 가사처럼 동그란 사물을 사과에 비유하곤 합니다. 엉덩이에도 이 비유가 적용되어, 둥근 곡선이 살아 있으면서 탄력 있고 아름다운 엉덩이를 '애플힙'이라고 합니다. 그런데 올림포스의 세 여신이 사과 한 알을 얻기 위해 인간 앞에서 애플힙 대결을 펼쳤다면 믿으시겠어요?

이야기는 테티스의 결혼식에서 시작됩니다. 수많은 신이 초대받은 결혼식에 '불화와 다툼'을 관장하는 신 에리스(Eris)만 초대받지 못했습니다. 분개한 에리스는 테티스의 결혼식장에 '가장 아름다운 여신에게'라고 적은 황금사과를 던졌습니다. 한 알의 사과로 결혼식장의 평화는 깨지고 말았습니다. 여러 여신들이 황금사과를 갖기 위해 다투었습니다. 최후의 여신은 헤라, 아프로디테, 아테나였습니다.

페테르 파울 루벤스, 〈파리스의 심판〉,
1632~1635년, 패널에 유채,
144.8×193.7cm,
런던 내셔널갤러리

'가장 아름다운 여신'이 되기 위해 (왼쪽부터) 아테나, 아프로디테, 헤라가 한 남자 앞에서 몸매 대결을 펼친다. 그림 오른쪽 남자는 한손에 황금사과를 든 채 세 여신을 관찰한다. 그는 누구일까?

파리스가 고른 신의 선물

세 여신 중 그 누구도 황금사과를 포기할 생각이 없었기에, 제우스는 난감했습니다. 누구를 선택해도 두 여신에게 미움을 살 게 뻔했으니까요. 그래서 제우스는 선택권을 목동 파리스(Paris)에게 넘겼습니다. 파리스는 사실 트로이의 왕자였습니다. 트로이를 망하게 할 운명을 지녔다는 이유로 태어나자마자 버림받았지만요.

세 여신 모두 파리스에게 값진 선물을 주겠다며 현혹했습니다. 헤라는 최고의 부와 권력을, 아테나는 위대한 지혜와 모든 경쟁에서 승리할 수 있는 능력을, 아프로디테는 가장 아름다운 여인을 선물하겠다고 했습니다.

바로 이 장면이 루벤스가 그린 〈파리스의 심판〉(256~257쪽)에 담겨 있습니다. 오른쪽에는 황금사과를 든 파리스가 있습니다. 중앙에는 붉은 천을 두른 헤라와 그녀를 상징하는 공작이 있습니다. 그 옆에는 화려한 머리장식을 꽂은 아프로디테가 있습니다. 가장 왼쪽의 아테나는 그녀의 분신인 방패와 투구를 내려놓고 매혹적인 자태를 뽐내고 있습니다. 나무 위에는 그녀를 상징하는 부엉이가 앉아 있습니다.

그런데 세 여신은 애플힙이 아니네요. 루벤스 작품 속 여체들은 날씬함과는 거리가 멉니다. 넉넉한 뱃살, 두툼한 허벅지, 셀룰라이트로 울퉁불퉁한 피부……. 필자는 루벤스 작품 속 여체에서 어머니의 포근한 품을 떠올립니다. 17세기 바로크시대 화가 루벤스는 풍만한 여체를 생명력 넘치는 아름다운 몸으로 보았습니다.

르네상스 거장들의 작품을 모방한 것으로 유명한 화가 라이몬디

마르칸토니오 라이몬디, 〈파리스의 심판〉, 1510~1520년경, 판화, 29.1×43.7cm, 샌프란시스코파인아트미술관

에두아르 마네, 〈풀밭 위의 점심 식사〉, 1863년, 캔버스에 유채, 208×264cm, 파리 오르세미술관

(Marcantonio Raimondi, 1488~1534)가 그린 〈파리스의 심판〉(259쪽)도 볼까요? 사실 이 작품의 원작자는 라파엘로이고, 라이몬디의 작품은 모사품입니다. 하지만 현재 라파엘로의 작품은 사라지고 라이몬디의 작품만 남아 있습니다. 모작 덕분에 원작이 어떻게 그려졌을지 추측해볼 수 있게 되었다니, 참 아이러니한 일이지요?

라이몬디의 작품에서도 황금사과를 든 파리스와 세 여신이 보입니다. 황금사과를 집은 여신은 아프로디테입니다. 그녀가 황금사과의 주인이 되었습니다. 파리스는 세 가지 선물 중 '아름다운 여인'을 택했습니다.

라이몬디가 그린 〈파리스의 심판〉 오른쪽에는 사과는 누가 갖든 알 바 아니라는 듯한 세 명의 신이 보입니다. 그런데 이 구도 어디서 본 적 없나요? 〈파리스의 심판〉이 완성된 지 300여 년이 지난 후, 이 구도를 차용한 화가가 나타났습니다. 바로 마네(Edouard Manet, 1832~1882)입니다. 현실 속 인물을 누드로 그려 큰 파장을 몰고 왔던 〈풀밭 위의 점심 식사〉에 이 구도가 차용되었습니다. 정면을 바라보는 여인, 손을 뻗고 있는 오른쪽 사람 등이 일치합니다. 라파엘로의 〈파리스의 심판〉이 라이몬디의 캔버스를 거쳐 마네에게까지 전달된 것이지요. 15세기 작품이 300년 뒤에 등장한 화가에게 영향을 주었다니, 참 신기한 일입니다.

아름다운 뒤태의 비결, 볼기근

2점의 〈파리스의 심판〉에는 여신들의 뒤태가 담겨 있습니다. 라이몬디가 그린 아테나의 뒤태는 근육질로 묘사됩니다. 해부학적으로 분석하

볼기 구분

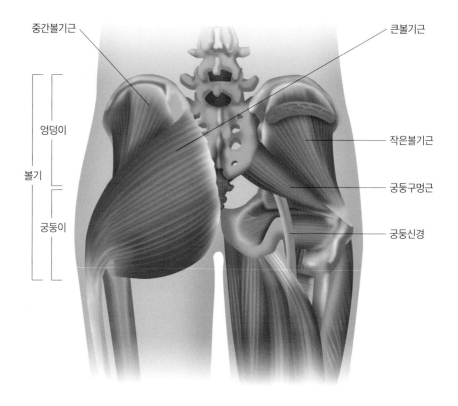

중간볼기근

큰볼기근

엉덩이

볼기

궁둥이

작은볼기근

궁둥구멍근

궁둥신경

볼기는 허리 아래쪽부터 허벅지 위까지의 부위를 말하며,

땅에 앉았을 때 지면과 닿는 부위인 궁둥이와

지면에서 떨어지는 부위인 엉덩이로 나뉜다.

애플힙은 볼기 전체를 덮는 큰볼기근이 발달한 엉덩이를 가리킨다.

면, 아테나의 탄탄한 볼기근이 균형적인 뒤태를 형성하는 것으로 보입니다.

'볼기(gluteus)'는 허리 아래쪽부터 허벅지 위까지를 가리키며, 상반신과 하반신을 연결하는 부위이지요. 봉긋하게 튀어나온 볼기는 우리가 두 다리로 걷는 직립보행을 하는 데에 도움을 줍니다.

볼기는 '엉덩이(buttock)'와 '궁둥이(hip region)'로 구분됩니다. 바닥에 앉았을 때 지면과 닿는 부위를 궁둥이, 지면에서 떨어진 부위를 엉덩이라고 부릅니다.

볼기를 덮고 있는 근육은 '큰볼기근'으로, 인체에서 가장 큰 근육입니다. 큰볼기근 아래에 '중간볼기근'과 '궁둥구멍근'이 있습니다. 중간볼기근 아래에는 '작은볼기근(gluteus minimus)'이 있습니다. 큰볼기근이 발달하면 엉덩이가 사과처럼 둥글고 올라붙은 모양이 됩니다. 큰볼기근을 발달시키는 운동에는 발을 좌우로 벌리고 서서 등을 펴고 무릎을 구부렸다 폈다 하는 스쿼트(squat), 손바닥과 무릎을 지면에 댄 채 다리를 번갈아가며 차올리는 덩키킥(donkey kick) 등이 있습니다.

나이가 들면 큰볼기근이 눈에 띄게 줄어듭니다. 성인 여성은 볼기근이 발달해서라기보다는 볼기에 피하지방이 쌓여 엉덩이가 도톰해 보일 수 있습니다. 줄어드는 볼기근을 강화하지 않으면, 나이 든 후 낙상 사고를 당할 수 있습니다. 볼기근이 우리 몸을 지탱하고 넘어지지 않게 잡아주는 역할을 하기 때문이죠.

애플힙은 유난히 우리나라에서 많이 쓰이는 단어입니다. 1985년, 여성 속옷 회사 비너스는 배와 엉덩이의 굴곡을 보정하는 거들 '미쓰애플'을 출시했습니다. TV 광고에서는 미쓰애플을 입으면 엉덩이가 사과처럼 예쁘게 보인다고 광고했습니다. 이 광고가 애플힙의 원조라고 확언할 수는 없습니다. 하지만 오래전부터 우리나라 사람들이 애플힙에 관심 있었다는 근거는 될 수 있겠습니다.

흔히 '엉덩이 주사'라고 부르는 근육주사는 엉덩이 가운데서도 윗부분 쪽인 큰볼기근에 놓습니다. 여기에 두꺼운 근육층이 있어서 약이 빨리 퍼지며, 궁둥이를 지나는 '궁둥신경(sciatic nerve)'에 손상을 줄 위험이 적기 때문입니다. 12개월 미만 영아들에게는 엉덩이 주사를 놓지 않습니다. 영아들은 엉덩이 근육과 신경이 덜 발달되어 있어서, 엉덩이 뼈 손상이나 신경 마비를 초래할 수 있기 때문입니다. 성인도 엉덩이가 아닌 궁둥이에 엉덩이 주사를 맞으면 신경이 마비될 수 있습니다.

볼기근은 미를 위해서만 필요한 근육이 아닙니다. 똑바로 걷기 위해서도 필요합니다. 또 약물이 몸에 빠르게 퍼질 수 있게 돕기도 합니다. 그러니 아름다운 몸매는 물론이고 건강을 위해서도 볼기근을 강화하는 운동을 꼭 해야만 합니다.

가장 아름다운 여인을 사이에 둔
트로이와 스파르타의 전쟁

아프로디테에게 황금사과를 건넨 파리스는, 세상에서 가장 아름다운 여인 헬레네(Helen)와 사랑에 빠졌습니다. 이 사랑 때문에 많은 비극이 탄생했습니다. 헬레네는 이미 스파르타의 왕비였기 때문입니다. 스파르타의 왕 메넬라오스(Menelaus)는 아내를 되찾기 위해, 형 아가멤논(Agamemnon)과 함께 군대를 꾸려 파리스가 있는 트로이로 쳐들어갔습

자크 루이 다비드, 〈파리스와 헬레네의 사랑〉, 1788년, 캔버스에 유채, 146×181cm, 파리 루브르박물관

니다. 이 전쟁이 바로 '트로이전쟁'입니다. 전쟁으로 트로이는 멸망했습니다. 파리스가 트로이를 멸망시킨다는 신탁이 실현된 것이었지요.

다비드는 앞으로 닥칠 비극을 모른 채 행복한 한때를 보내는 파리스와 헬레네를 그렸습니다. 두 사람을 그린 다른 작품과의 차이는 파리스가 누드로 표현되었다는 점입니다. 다비드가 남성의 근육을 묘사하는 데에 자신감이 있었다는 얘기지요. 〈테르모필레 전투의 레오니다스〉(136쪽)에 등장하는 병사들의 우락부락한 근육에 비해, 파리스의 근육은 부드럽게 표현되었습니다. 하지만 그에게 몸을 기댄 헬레네의 몸선과 비교했을 때, 파리스의 남성적 근육이 확연히 돋보입니다.

몸의 균형추가 되는 사과

볼기근은 아이가 걸음마를 시작하고 뛰기 시작하면서 단단해집니다. 발달된 볼기근은 아이가 뛰다가 멈추어도 쉽게 넘어지지 않도록 몸의 중심을 잡아줍니다.

현대인들에게 좌식 생활은 일상화되어 있습니다. 앉아서 밥 먹고, 앉아서 일하고, 앉아서 쉬고, 앉아서 이동하는 현대인의 볼기근은 쇠약해질 수밖에 없습니다. 피하지방이 쌓여 볼록해 보이는 외형에 속아, 아직은 괜찮다고 착각하기도 합니다. 볼기근을 강화하는 운동은 건강미를 뽐내기 위해 필요한 것만은 아닙니다. 나이가 들어서도 볼기근이 몸의 균형을 잘 잡아줄 수 있게 단련하고 대비하는 것입니다.

무슨 일을 하든 한쪽으로 치우치지 않고 균형을 유지하는 게 중요합니다. 프랑스 최고의 작가 투르니에(Michel Tournier, 1924~2016)는 《뒷모습》이라는 제목의 책에서 "세상의 진실은 거짓으로 꾸밀 수 있는 앞모습이 아니라 뒤쪽에 있다"고 말했습니다. 문득 바라본 부모님의 뒷모습, 세상을 향해 거침없이 첫발을 떼는 아이의 뒷모습, 나를 남겨두고 돌아선 연인의 뒷모습……. 뒷모습이 품고 있는 서사를 알고 있는 사람이라면, 투르니에의 말에 공감할 것입니다. 지금부터 앞모습만이 아닌 뒷모습도 아름다운 사람이 될 수 있도록 노력해야 하겠습니다.

미켈란젤로 부오나로티, 〈다비드상〉, 1501~1504년경, 대리석, 높이 517cm,
피렌체 아카데미아미술관

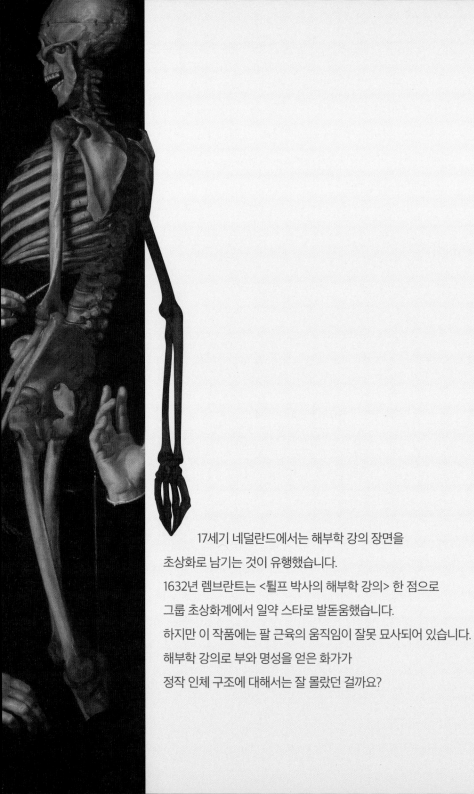

17세기 네덜란드에서는 해부학 강의 장면을
초상화로 남기는 것이 유행했습니다.
1632년 렘브란트는 <튈프 박사의 해부학 강의> 한 점으로
그룹 초상화계에서 일약 스타로 발돋움했습니다.
하지만 이 작품에는 팔 근육의 움직임이 잘못 묘사되어 있습니다.
해부학 강의로 부와 명성을 얻은 화가가
정작 인체 구조에 대해서는 잘 몰랐던 걸까요?

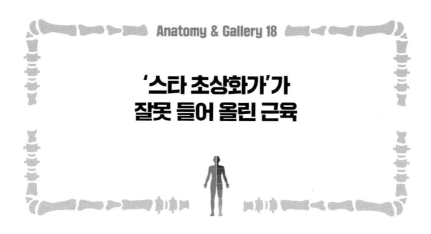

Anatomy & Gallery 18

'스타 초상화가'가
잘못 들어 올린 근육

흑사병은 14세기 유럽을 집어삼켰습니다. 이 영향으로 15세기에는 의학의 사회적 역할이 강조되었습니다. 16세기 베살리우스는 직접 시체를 해부하여 갈레노스의 이론을 보완하였습니다. 유럽의 많은 의사들이 인체 해부에 대한 관심을 기울였고, 해부학의 인기도 덩달아 높아졌습니다. 유럽 상류층들은 종종 해부학 강의를 들었는데, 해부학 지식이 그들에게 필수 교양이 되었기 때문입니다.

17세기 다수의 대학은 인체를 공개적으로 해부할 수 있는 '해부학 극장'을 세웠습니다. 해부학 극장은 인체의 기능을 탐구할 수 있는 공간이기도 했지만, 해부학 지식을 축적한 외과의사가 자신의 지위를 뽐내는 공간으로 활용되기도 하였습니다. 의과대학은 해부학 극장을 학생들 모집에 이용하였습니다. 해부학 극장은 대중에게 오락거리를 제

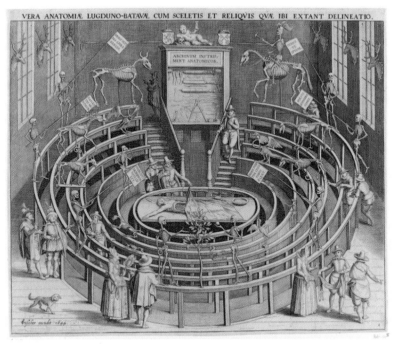

VERA ANATOMIÆ. LUGDUNO-BATAVÆ. CUM SCELETIS ET RELIQVIS QVÆ. IBI EXTANT DELINEATIO.

빌렌 이삭 반 스바넨부르크, 〈레이던의 해부학 극장〉, 1610년, 종이에 에칭, 33×39.6cm, 암스테르담국립미술관

공하는 장소기도 했습니다. 유명 외과의사의 강의에는 입장료가 생길
정도로 해부학 강의는 인기를 누렸습니다.

'인체 탐구 실습'에서 '대중의 오락거리'까지

베살리우스가 재직했던 이탈리아 파도바대학이 16세기 해부학의 중심
지였다면, 17세기 해부학의 중심지는 네덜란드의 레이던대학이었습니
다. 네덜란드에서 가장 오래된 대학교인 레이던대학에는 200~300명
을 수용할 수 있는 해부학 극장이 세워졌습니다. 네덜란드 정부는 1년

에 한 번 암스테르담 외과의사 길드가 처형당한 죄수의 시체를 공개적으로 해부할 수 있게 허가했습니다. 길드란 중세시대 유럽에서 발달했던 협동조합으로, 같은 직업인들의 모임입니다. 의사들 역시 길드를 꾸려 서로 도왔습니다.

네덜란드 황금시대에 활동했던 판화가 스바넨부르크(Willem Isaacsz van Swanenburg, 1580~1612)의 작품 〈레이던의 해부학 극장〉에서 앞서 설명한 레이던대학 해부학 극장의 규모를 가늠해볼 수 있습니다. 작품 상단부 중앙을 보면, 해골에 몸을 기댄 아이가 보입니다. 아이의 왼손에는 모래시계가 들려 있습니다. 해골과 모래시계가 공존하는 모습은 짧고 유한한 인생을 생각하게끔 합니다. 그림 양옆에 깃발을 든 해골들이 서 있습니다. 그중 왼쪽 아래쪽 깃발에는 라틴어로 'Nascents morimur(우리는 태어난 순간부터 죽어간다)'라고 적혀 있습니다. 등골이 오싹해지는 이 문구는, 해부학을 오락거리로 즐겼던 관중들과 지식을 과시하려고 해부학 강의를 열었던 외과의사들을 향한 스바넨부르크의 윤리적 경고가 아니었을까 생각합니다.

해부학 강의를 기념하는 필수 코스

17세기 이전까지 유럽에서는 외과의사가 내과의사보다 지위가 낮았습니다. 당시 외과의사는 머리를 자르는 일을 병행하였습니다. 빨강, 파랑, 하양의 이발소 표시등에 그 흔적이 남아 있습니다. 이발소 표시등에서 빨간색은 동맥, 파란색은 정맥, 흰색은 붕대를 뜻합니다. 합법적인 인체 해부가 허용되면서, 외과의사의 사회적 지위는 격상했습니다.

아르트 피에테르츠, 〈세바스티안 에그베르츠 박사의 해부학 강의〉, 1601~1603년, 캔버스에 유채, 147×392cm, 암스테르담국립미술관

인체 해부 시연을 함께하는 해부학 강의는 권위 있는 외과의사가 전담했습니다. 네덜란드 해부학계에서는 해부학 강의 장면을 한 폭의 초상화로 남기는 것이 유행했습니다. 그림으로 부와 권력을 과시하는 중산층이 생긴 점도 이 열풍에 영향을 미쳤습니다. 이 장르를 '그룹 초상화'라고 부릅니다.

네덜란드의 황금시대에 활동했던 화가 피에테르츠(Aert Pietersz, 1550~1612)는 역사적 우화를 주로 그렸습니다. 〈세바스티안 에그베르

츠 박사의 해부학 강의〉는 그룹 초상화가 유행하기 시작할 무렵의 작
품입니다. 화면 가운데에 해부학 강의를 진행하는 의사 에그베르츠가
있습니다. 그의 오른손에는 수술도구가 들려 있습니다. 이 초상화에는
특이한 점이 있습니다. 해부학 강의가 진행 중인데도 모든 사람이 앞
을 바라보고 있다는 점입니다. 앞에서 누군가가 사진을 찍는다고 말해
서 강의가 잠시 멈춘 것만 같습니다.

　〈세바스티안 에그베르츠 박사의 해부학 강의〉에는 비하인드 스토리

니콜라스 피케노이, 〈세바스티안 에그베르츠 박사의 해부학 강의〉, 1619년, 캔버스에 유채, 135×186cm, 암스테르담역사박물관

가 있습니다. 인체 해부 시연을 포함한 해부학 강의는 보통 2~3일 안에 끝났습니다. 그런데 이 작품은 2년 후에 완성되었습니다. 29명의 얼굴을 모두 그리는 데에 긴 시간이 소요되었기 때문이지요. 2년이 흐르는 동안 그림 속에서 우리를 쳐다보는 5명의 외과의사가 세상을 떠났습니다. 이중 몇몇은 자신의 얼굴을 보지 못한 것이지요.

플랑드르 출신의 네덜란드 화가 피케노이(Nicolaes Eliaszoon Pickenoy, 1588~1656)도 에그베르츠의 해부학 강의를 그렸습니다. 해부학 강의에 참여한 의사들은 모두 부자연스러운 포즈를 취하고 있습니다. 그럼에도 얼굴은 하나도 가려지지 않았지요. 인증샷을 찍는 현대인들의 모습과도 겹쳐 보입니다.

두 그룹 초상화는 실제 해부학 강의를 포착해서 그린 게 아니라 해부학 강의를 듣는 모습을 연출하여 그린 작품입니다. 그래서인지 실제 강의 같지 않고 모든 인물이 어색하게 보입니다.

해부학 덕분에 빛나기 시작한 화가

해부학 강의 장면을 그린 그룹 초상화 중 가장 유명한 작품은 렘브란트(Rembrandt van Rijn, 1606~1669)의 〈튈프 박사의 해부학 강의〉(274쪽)입니다. 네덜란드 외과의사 길드의 해부학 전임강사였던 튈프(Nicolaes Tulp, 1593~1694)는 1631년과 1632년에 각각 한 번씩 대중을 위해 해부학 강의를 열었습니다. 〈튈프 박사의 해부학 강의〉는 1632년의 해부학 강의를 기념해 제작한 작품입니다.

17세기 네덜란드의 형법은 경범죄도 교수형으로 다스릴 만큼 엄격했습니다. 인체 해부에 사용했던 시체 중에는 교수형을 당한 범죄자도 많았습니다. 튈프 박사의 강의에 사용된 시체 역시, 외투를 훔친 죄로 교수형을 당한 28세의 남성의 것입니다.

〈튈프 박사의 해부학 강의〉는 이전까지 그룹 초상화가 보여준 한계를 뛰어넘었습니다. 렘브란트는 인물들을 일렬로 배치했던 구조에서 탈피해 피라미드 형태로 배치했습니다. 표정과 포즈의 자연스러운 표현도 장점으로 꼽힙니다. 마지막으로 시체에 조명을 비춘 것처럼 해부대를 밝게 표현하여 그림을 보는 사람까지 '해부학 강의'에 집중하게 만듭니다.

〈튈프 박사의 해부학 강의〉가 완성된 이후, 부호와 길드 들은 앞 다

렘브란트 반 레인, 〈튈프 박사의 해부학 강의〉,
1632년, 캔버스에 유채, 169.5×216.5cm,
헤이그 마우리츠호이스왕립미술관

투어 렘브란트에게 작품을 의뢰했고, 그는 단숨에 성공가도에 올라섰습니다. 한 점의 그룹 초상화는 렘브란트의 인생을 삽시간에 바뀌어놓았습니다.

17세기의 베살리우스를 꿈꿨던 튈프 박사

〈튈프 박사의 해부학 강의〉에서 튈프는 외과용 수술도구 겸자로 시체의 왼쪽 팔에 있는 근육을 들어 올리고 있습니다. 그는 왼손으로 손가락의 움직임을 시범 보이며 설명하고 있습니다. 튈프의 양손은 그가 해부학 강의에서 인체 구조뿐만 아니라 기능까지 설명했다는 증거입니다.

튈프가 설명하고 있는 근육은 '얕은손가락굽힘근(flexor digitorum superficialis)'입니다. 이름을 하나하나 뜯어봅시다. 먼저 '얕은'은 피부 표면과 가까운 부위에 이 근육이 있다는 이야기입니다. '손가락굽힘'은 이 근육이 손가락을 굽히는 데 사용된다는 걸 알려줍니다. '근'은 말 그대로 근육을 뜻하고요. 정리해서 말하면, 이 그림은 튈프가 '팔 표면에 있는 근육 가운데 손가락을 굽히는 근육'을 설명하는 장면을 담고 있다는 것이지요.

얕은손가락굽힘근은 팔꿈치 아래 부분인 아래팔에, 그리고 팔의 앞쪽에 있는데요. 팔에서 몸통과 붙는 쪽, 즉 손바닥이 있는 면이 팔의 앞쪽입니다. 팔의 앞쪽에 있는 8개의 근육은 손가락과 손목을 굽히는 데에 영향을 미치는데요. 얕은손가락굽힘근은 그중 하나입니다. 8개의 근육은 분포하는 위치에 따라 세 가지로 분류됩니다.

얕은손가락굽힘근 구조

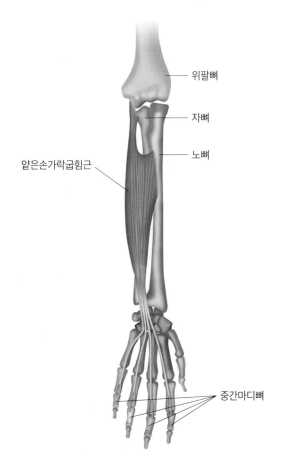

위팔뼈

자뼈

노뼈

얕은손가락굽힘근

중간마디뼈

팔꿈치 아래쪽에 있는 얕은손가락굽힘근은
엄지를 제외한 네 손가락의 움직임에 관여한다.
〈튈프 박사의 해부학 강의〉에서 튈프 박사가
겸자로 들어 올린 근육이 바로 얕은손가락굽힘근이다.

276

얕은손가락굽힘근은 팔의 얕은 층에 있는 근육들과 함께 팔꿈치 안쪽 부분에서 굽힘근 온힘줄로 시작합니다. 온힘줄은 둘 이상의 근육 힘줄이 합쳐진 부분입니다. '팔꿈치 안쪽에서 손가락과 손목을 굽히는 역할을 하는 여러 근육들이 합쳐지는 부분'이라고 이해하시면 됩니다. 팔꿈치 안쪽에서 내려온 얕은손가락굽힘근은 엄지를 제외한 네 손가락의 중간마디뼈에 붙습니다.

일각에서는 렘브란트가 팔 근육의 해부학적 구조를 정확하게 이해하지 못하여 〈튈프 박사의 해부학 강의〉에 얕은손가락굽힘근을 제대로 표현하지 못했다고 주장합니다. 필자도 이 의견에 동의합니다. 위팔뼈의 안쪽에서 시작되는 얕은손가락굽힘근이 그림에서는 바깥쪽에서 시작되는 것으로 표현되었기 때문입니다. 넷째손가락의 끝마디도 약간 굽힌 상태로 그려야 합니다.

아래팔의 뒤쪽에는 손목과 손가락을 펴는 근육들이 있습니다. 손가락을 펴는 근육은 각각 독립적으로 작용하는데, 넷째손가락만 독립적인 근육이 없습니다. 따라서 양손을 붙인 채 손가락을 하나씩 뒤로 펴보면, 넷째손가락만 뒤로 펴지지 않습니다. 맞붙으면 떨어지지 않는 손가락이기에, 영원히 함께할 사람과 '사랑의 징표'인 결혼반지를 넷째손가락에 나눠 낀다고 합니다.

그림에서 튈프는 시체의 왼팔을 해부하고 있습니다(274쪽). 이 사실에 관한 흥미로운 가설이 하나 있습니다. 근대 해부학을 재정립한 베살리우스는 인체에서 팔과 손을 중요하게 생각했습니다. 두 사람은 팔을 해부하는 초상화를 남겼다는 공통점이 있지요. 튈프는 17세기의 베살리우스가 되겠다는 다짐을 팔을 해부하는 모습으로 보여주고 싶었던 건 아닐까 추측해봅니다.

틸프는 〈틸프 박사의 해부학 강의〉로 최고의 외과의사임을 인정받았고, 정치계로 진출하여 암스테르담 시의원과 시장에 선출되었습니다.

'빛의 화가' 렘브란트에게 '빛'을 안겨준 작품

렘브란트는 네덜란드 레이던에서 태어났으며, 어머니의 영향으로 신앙심이 깊었습니다. 그룹 초상화로 유명해졌지만 그는 성서나 역사를 주제로 〈눈이 머는 삼손〉, 〈목욕하는 밧세바〉 등의 작품을 그려 명성을 이어나갔습니다.

렘브란트는 배경을 전체적으로 어둡게 표현하고 인물에게 밝은 빛을 부여하는 키아로스쿠로(chiaroscuro) 기법을 사용해 작품에 극적인 효과를 더했습니다. 이탈리아 화가 카라바조가 창안한 키아로스쿠로 기법은 렘브란트 작품에서 만개합니다. 명암을 잘 활용한 렘브란트에게는 '빛의 화가'라는 수식어가 뒤따랐습니다.

현대인에게 렘브란트는 〈야경〉의 화가로 더 유명하지요. 〈야경〉을 완성했던 1642년, 렘브란트는 〈틸프의 해부학 강의〉처럼 다시 한 번 인생의 전환점을 맞이합니다.

네덜란드는 17세기에 스페인의 지배에서 완전히 독립했습니다. 이 무렵 네덜란드에서 코크(Frans Banninck Cocq, 1605~1655)를 주축으로 한 민병대가 결성되었습니다. 네덜란드 독립 후 민병대 구성원들은 민병대 건물에 걸어둘 그룹 초상화를 렘브란트에게 의뢰했습니다. 〈야경〉으로 알려진 작품의 본래 이름은 〈프란스 반닝 코크 대위의 민병대〉입

렘브란트 반 레인, 〈야경 : 프란스 반닝 코크 대위의 민병대〉, 1642년, 캔버스에 유채, 363×437cm, 암스테르담국립미술관

니다.

　민병대원들은 밝은 배경에서 빛나는 영웅으로 묘사될 자신의 모습을 상상했습니다. 하지만 렘브란트의 그림은 그들의 상상과는 달랐습니다. 거액을 들인 작품임에도, 몇몇의 얼굴은 가려져 있거나 그늘 속에 묻혀 있었습니다. 민병대원들은 렘브란트를 비난했고, 몇몇 사람은 렘브란트에게 대금을 치르지 않으려고도 했습니다.

프란스 할스, 〈성 조지 민병대의 장교들〉, 1616년, 캔버스에 유채, 175×324cm, 하를럼 프란스 할스 미술관

　민병대원들이 왜 렘브란트에게 불만이 가득했는지 〈성 조지 민병대의 장교들〉과 〈야경〉을 비교해보면 알 수 있습니다. 자연스러운 구성으로 그룹 초상화를 그렸던 화가 할스(Frans Hals the Elder, 1582~1666)의 작품 〈성 조지 민병대의 장교들〉은 〈야경〉과 달리 인물 하나하나의 얼굴이 뚜렷하게 보입니다. 〈성 조지 민병대의 장교들〉과 같은 그룹 초상화를 기대했던 민병대원들은 〈야경〉을 쉬이 받아들일 수 없습니다.

　〈야경〉은 민병대에게 전해진 후 골칫거리로 전락했습니다. 이 작품은 가로가 4m가 넘을 정도로 큽니다. 원래 걸렸던 공간에 비해 그림이 너무 크자, 민병대원들은 그림의 왼쪽 부분을 잘라버렸습니다. 그래서 우리가 보는 그림은 렘브란트가 완성할 때와 다른 모습입니다. 이보다 더 큰 악재가 〈야경〉에게 찾아왔습니다. 낮을 배경으로 그린 그림은 그을음이 묻어 밤 풍경으로 변해버렸습니다.

원래의 색보다 어두워졌지만, 그림 중앙에서 앞으로 손을 뻗은 코크 대위의 생기와 역동성은 지워지지 않았습니다. 다른 민병대원들에게서도 생동감이 느껴집니다. 그리고 이 작품에는 렘브란트의 위트가 숨어 있습니다. 코크 뒤에서 씨익 웃고 있는 인물이 보이시나요? 그 사람은 민병대원이 아닌 이 작품의 화가 렘브란트입니다.

모두에게 공평하게 찾아오는 죽음

〈야경〉을 제작하기 전까지 눈코 뜰 새 없이 바빴던 렘브란트는 한순간에 아무도 찾지 않는 화가가 됩니다. 엎친 데 덮친 격으로 3명의 자녀와 아내를 잃고 맙니다. 수입이 줄었는데 방만하게 살던 습관을 고치지 못했던 그는 말년에 경제적 궁핍에 시달렸습니다. 결국 저택과 골동품, 가구, 그림을 경매로 넘겨야 했지요. 그러고도 빚을 모두 갚지 못했습니다. 최고의 초상화가였던 렘브란트에게 더 이상 초상화를 의뢰하는 사람은 없었습니다.

'우리는 태어난 순간부터 죽어간다'는 레이던대학 해부학 극장의 문구 기억나십니까? 에그베르츠의 해부학 강의에 참여했던 외과의사들, 팔 근육을 들어보이던 틸프, 그룹 초상화의 명과 암을 모두 맛본 렘브란트에게도 죽음은 공평하게 찾아왔습니다. 흐르는 시간은 우리를 죽음으로 이끕니다. 삶은 유한합니다. 그러니 시간을 더 소중히 여겨야 할 것입니다.

베르메르는
진흙 속에서 진주를 찾아내듯이,
평범한 일상 안에서 보통의 인물들이
진주처럼 영롱하게 빛나는 순간을
포착했습니다.
그가 평범함 속의 비범함을
발견했듯이, 해부학자는
그의 작품 안에서 쉽게 잊고 사는
인체 기관을 찾아냅니다.
〈우유 따르는 여인〉 속
'위팔노근'과
〈진주 귀걸이를 한 소녀〉 속
'속눈썹'이 바로 그것입니다.

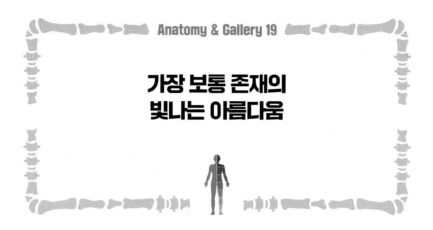

Anatomy & Gallery 19

가장 보통 존재의
빛나는 아름다움

17세기 화가들은 주로 성서와 신화에서 작품의 모티프를 가져왔습니다. 그런데, 동시대 네덜란드 화가 베르메르(Johannes Vermeer, 1632~1675)는 일상에서 쉽게 볼 수 있는 평범한 여인들의 모습을 즐겨 그렸습니다. 작품의 주요 배경은 네덜란드 중산층 가정입니다. 그의 작품에는 한두 명의 인물만 등장한다는 특징이 있습니다.

베르메르는 역사화가로 활동을 시작했지만 장르화가로 더 유명합니다. '장르화(genre painting)'는 풍속, 일상생활과 관련한 광범위한 주제를 다룹니다. 그는 연애사, 편지 읽기, 음악 연주, 집안 살림 등을 화폭에 담았는데요. 일찍이 평범한 일상의 소중함과 아름다움을 깨달은 화가입니다. 그래서 베르메르의 작품을 보면, 서정시 한 편을 읽은 듯한 기분이 듭니다.

요하네스 베르메르, 〈우유 따르는 여인〉,
1660년, 캔버스에 유채, 45.5×41cm,
암스테르담국립미술관

베르메르의 장르화 중에서 〈우유 따르는 여인〉을 함께 감상하려고 합니다. 평범한 가정의 부엌을 뚝 떼어온 듯한 작품입니다. 사물의 질감이 느껴질 만큼, 모든 사물이 사실적으로 표현되어 있습니다. 창문으로는 따뜻한 햇살이 들어옵니다. 빛이 들어오는 방향 때문에, 벽은 왼쪽에서 오른쪽으로 갈수록 점차 밝아집니다. 명암 때문에 우리는 저절로 여인에게 집중하게 됩니다. 그림 중앙의 여인은 우유를 따르는 데에만 열중합니다. 여인은 노란 웃옷, 파란 앞치마, 붉은 치마를 입고 있습니다. 여러 색이 섞인 옷가지 덕분에 〈우유 따르는 여인〉은 단조롭게 느껴지지 않습니다.

빛과 어두움이 감각적으로 대비되는 캔버스에는 긴장감과 엄숙함이 흐릅니다. 신중하고 사려 깊게 음식을 만드는 모습에서 고된 부엌일이 장엄하고 소중하게 느껴집니다. 베르메르는 이 그림을 통해 정직과 절제의 미덕을 전달하고자 하였습니다.

'생활근육'이라 부를 수 있는 위팔노근

〈우유 따르는 여인〉에서 가장 집중되는 부분은 우유가 든 주전자입니다. 여인의 왼팔은 무거운 주전자를 받치고 있습니다. 꽤 도드라져 보이는 왼팔 근육은 주전자의 무게를 가늠하게 합니다.

〈우유 따르는 여인〉 속 여인처럼 무언가를 들 때 우리는 '위팔노근(brachioradialis)'을 사용합니다. 위팔노근은 위팔뼈 바깥쪽에서 시작되며, 아래팔 바깥쪽 뼈인 노뼈에 붙습니다. 팔꿈치 관절을 굽히는 역할을 하지요. 위팔노근에는 'beer raising'이라는 별칭이 있습니다. 맥주잔을

팔꿈치를 굽히는 두 개의 근육

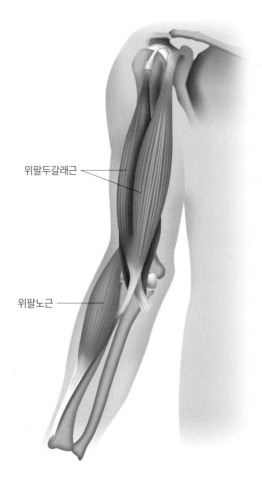

위팔두갈래근

위팔노근

위팔노근은 엄지를 위쪽으로 한 상태에서 팔꿈치를 굽힐 때 사용한다.

위팔두갈래근은 손바닥이 몸 쪽을 향한 상태에서 팔꿈치를 굽힐 때 사용한다.

예를 들어, 커피잔을 들 때는 위팔노근을, 덤벨을 들어 올릴 때는

위팔두갈래근을 사용한다.

들어 올릴 때 사용하기 때문입니다.

위팔노근 말고 팔꿈치를 굽히는 근육이 또 하나 있습니다. 흔히 이두박근이라고 부르는 '위팔두갈래근'입니다. 두 근육에는 어떤 차이가 있을까요? 위팔노근은 엄지를 위쪽으로 한 상태에서 팔꿈치를 굽힐 때 사용합니다. 커피잔의 손잡이를 들 때처럼요. 위팔두갈래근은 손바닥이 몸 쪽을 향한 상태에서 팔꿈치를 굽힐 때 사용합니다. 덤벨을 들어 올릴 때 사용하는 근육이지요. 또한 팔을 안쪽으로 돌리는 역할도 합니다.

커피잔, 맥주잔을 들 때 외에는 언제 위팔노근을 사용할까요? 위팔노근은 테니스의 백핸드, 다림질, 빨래 짜기 등의 동작을 할 때 사용합니다. 〈우유 따르는 여인〉 속 여인처럼 위팔노근이 발달하려면, 이 근육을 자주 써야 합니다. 그림 속 여인의 발달한 위팔노근은 반복된 가사 노동의 결과인 셈입니다. 위팔노근을 쉼 없이 사용하다 보면 염증이 생길 수도 있습니다. 위팔노근에 염증이 생기면, 주먹을 쥐거나 물건을 잡을 때 통증이 발생합니다. 위팔노근 염증은 무거운 물건을 나르는 직업군, 빨래 짜기·걸레질 등의 가사노동을 반복하는 주부, 아이를 자주 안아주는 보육교사에게서 많이 발견되는 질병입니다.

가사노동이 위팔노근 발달에 영향을 끼친다는 사실을 증명하기 위해, 베르메르의 다른 작품 〈진주 목걸이를 한 여인〉(288쪽)을 보겠습니다. 그림 속 여인은 양손으로 살포시 진주목걸이를 든 채 거울에 비친 자신을 바라봅니다. 그녀는 부유층 자제로 보입니다. 〈우유 따르는 여인〉 속 여인이 입은 옷에 비교하면 모피를 덧댄 화려한 옷을 걸치고 있으며 머리에 리본장식도 달고 있기 때문입니다. 그녀의 팔은 매끈합니

요하네스 베르메르, 〈진주 목걸이를 한 여인〉, 1663~1665년, 캔버스에 유채, 55×45cm, 베를린 베르그루엔미술관

다. 그녀가 가사노동을 하거나 아이를 안을 일이 적었다는 의미입니다.
가사노동과 위팔노근의 상관관계는 명확해졌지요?

<진주 귀걸이를 한 소녀>의 풍성한 속눈썹

베르메르는 렘브란트, 할스와 함께 네덜란드 황금시대를 대표하는 화가입니다. 그의 아버지는 여관을 운영했고 미술품을 거래했습니다. 델프트에서 활동한 것 외에 베르메르의 생애는 알려진 것이 거의 없습니다. 생애가 베일에 싸여 있어서 그를 '델프트의 스핑크스'라고도 부릅니다.

베르메르의 화풍은 생애보단 많이 알려져 있습니다. 그는 실내에 있는 여성들을 자주 그렸습니다. 또 오랜 시간에 걸쳐 작품을 꼼꼼하고 세밀하게 그렸으며, 그림에 사인과 제작연도를 잘 기입하지 않았다고 합니다. 어두운 상자에 작은 구멍을 뚫어 그리고 싶은 사물이 반대편 벽에 거꾸로 비치게 하는 도구인 '카메라옵스큐라(cameraobscura)'를 이용해 사실적인 그림을 그렸다고 알려져 있습니다. 또 그는 빛을 잘 활용한 화가로 정평이 나 있습니다. 현재까지 전해지는 베르메르의 작품은 40여 점에 불과합니다.

베르메르 하면 빼놓을 수 없는 작품이 있지요. 바로 〈진주 귀걸이를 한 소녀〉(290쪽)입니다. 수많은 사람을 매혹한 이 작품에는 '북유럽의 모나리자', '네덜란드의 모나리자'라는 수식어가 붙어 있습니다. 일각에서는 작품 속 여인을 '회화 역사상 가장 아름다운 소녀'로 부릅니다.

머리에는 터번을 두르고, 왼쪽 귀에는 진주 귀걸이를 한 소녀가 우리를 바라보고 있습니다. 자세히 보면, 귀걸이는 허공에 떠 있습니다. 진주 귀걸이는 구(球)의 모양조차 갖추지 않은 하얀 점으로 표현되었습니다. 몇 번의 붓 터치로 미술사에서 가장 유명한 진주가 완성되었습니다. 소녀는 왼쪽으로 고개를 돌리고 있습니다. 하얀 옷깃은 소녀를

요하네스 베르메르, 〈진주 귀걸이를 한 소녀〉, 1665년, 캔버스에 유채, 44.5×39cm, 헤이그 마우리츠하이스미술관

더욱 맑고 투명한 사람으로 보이게 합니다. 그녀의 큰 눈은 신비하게 느껴집니다. 살짝 벌어진 입은 그녀를 관능적으로 보이게 합니다.

작품의 모델이 누구인지 궁금해하는 사람이 많습니다. 하지만 이 작품에는 모델이 없습니다. 〈진주 귀걸이를 한 소녀〉는 초상화가 아닌 '토르니(Tronie)'인데요. 17세기 네덜란드에서 유행했던 장르로, 특정 인물 유형을 가슴 높이까지 그리는 방법을 사용합니다. 〈진주 귀걸이를 한 소녀〉는 이국적 인물 유형을 보여주는 토르니입니다. 한마디로, 그녀는 베르메르의 상상 속에서 나왔다는 말이지요.

〈진주 귀걸이를 한 소녀〉에는 주근깨나 머리카락 같은 신체는 표현되어 있지 않습니다. 배경도 검은색이 전부입니다. 그런데 2020년 4월, 헤이그 마우리츠하이스미술관에서 이 작품 속에 숨겨진 비밀을 발표하였습니다.

먼저, 작품 오른쪽 상단에서 녹색 커튼의 접혀 있는 모습이 발견되었습니다. 배경이 있었던 것이지요. 350여 년 동안 물리·화학적 변화를 겪은 커튼은 더 이상 우리 눈에 보이지 않습니다. 또한 작품 속에 사용된 염료의 출처도 밝혀냈습니다. 하얀색 안료는 영국의 피크 디스트릭트에서, 군청색 안료는 아프가니스탄 광산에서, 빨간색 안료는 멕시코와 남아프리카에서 온 것으로 밝혀졌습니다. 가장 놀라운 비밀은 그녀가 '속눈썹'이 풍성한 소녀였다는 점입니다. 엑스레이(X-ray)로 이 작품을 촬영하면 소녀의 눈에 풍성한 속눈썹이 나타납니다. 속눈썹은 주근깨나 머리카락처럼 생략된 게 아니었습니다! 그런데 이 작품에서 그녀의 속눈썹이 눈에 띄게 잘 보인다면, 지금처럼 신비롭게 느껴질까요?

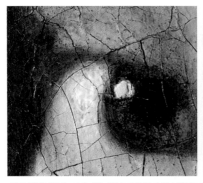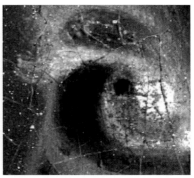

〈진주 귀걸이를 한 소녀〉의 눈 부분도(왼쪽)와 엑스레이로 촬영한 눈 부분도(오른쪽). 엑스레이로 촬영하니 속눈썹이 보인다.

환경에 맞게 진화한 속눈썹?

'속눈썹(eyelashes)'은 아래위 눈꺼풀 가장자리에 나 있는 10mm의 가는 털입니다. 눈에 이물질이 들어가려고 하면, 속눈썹은 아래위 눈꺼풀을 닫아서 안구를 보호합니다. 속눈썹은 아주 예민해서, 먼지처럼 작은 이 물질에도 반응합니다.

환경 조건에 따라 속눈썹의 길이는 변합니다. 먼지가 많이 날리는 곳에 있으면 속눈썹은 길게 자라는 경향이 있습니다. 모래바람이 이는 사막에 사는 낙타의 속눈썹이 그 예이지요. 몇 년 전부터 미세먼지가 기승을 부리자, 아이들의 속눈썹이 미세먼지를 막기 위해 길어졌다는 이야기가 나왔습니다. 하지만 인체는 그렇게 단기간에 진화하지 않습니다. 미세먼지가 아이들의 긴 속눈썹에 직접적인 영향을 주었다고 보긴 어렵습니다.

속눈썹이 길어진 이유는 영양 상태가 개선되었기 때문이라고 짐작해봅니다. 영양 상태가 좋아짐에 따라 아이들의 얼굴이 서구화되면서 눈 모양에도 변화가 생겼고, 이 때문에 속눈썹이 길어진 것처럼 보일 수 있습니다.

속눈썹이 길면 좋을 것 같지만, 지나치게 속눈썹이 길면 안구 건조를 초래할 수 있다고 합니다. 안구 건조를 막는 속눈썹 길이는 눈 너비의 3분의 1입니다.

일상에 묻힌 진주를 찾아서

베르메르의 작품에는 올림포스의 신도, 나폴레옹 같은 영웅도 없습니다. 작품 속 주인공들은 일상에서 마주칠 법한 사람들입니다. 평범한 사람을 주인공으로 그린 베르메르는 일상 속에 묻힌 진주를 찾아낸 화가라고 볼 수 있지요. 베르메르의 작품을 감상하면, 사소한 순간순간이 소중하게 느껴집니다.

'행복'을 연구하는 심리학자 에드 디너(Ed Diener, 1946~)에 따르면 "행복은 기쁨의 강도가 아닌 빈도"라고 합니다. 그의 연구에 따르면 인생에서 엄청나게 기쁜 사건은 그리 자주 일어나지 않는다고 합니다. 조용히 산책하고, 반려동물의 털을 쓰다듬고, 맛있는 음식을 먹는 등 아주 작은 기쁨들이 쌓여 행복이 된다는 의미겠지요.

우리가 매일 마주치는 사소한 행복을 돌으로 치부할 것인지, 진주로 닦아낼 것인지는 마음에 달렸습니다. 일상을 명화로 탄생시킨 베르메르처럼, 우리도 일상에서 소소한 행복을 찾아보도록 합시다.

Gallery
of
Anatomy

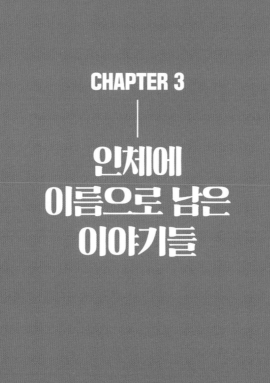

CHAPTER 3

인체에
이름으로 남은
이야기들

기독교 중심의 세계관이 사회 전반을 지배한
중세시대는 오래전 막을 내렸습니다.
그러나 여전히 우리 주변 곳곳에
중세시대의 흔적이 남아 있습니다.
인체도 예외가 아닙니다.
심장에서 혈류의 역류를 막는 '승모판',
어깨를 들어 올리고 내리는 근육인 '승모근'은
수도사의 모자에서 이름을 딴 기관들입니다.

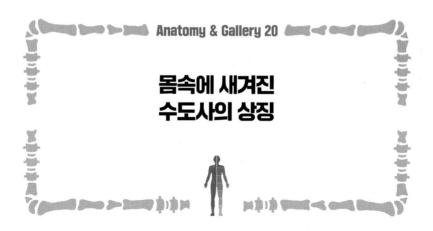

몸속에 새겨진
수도사의 상징

해부학자들은 여러 인체 구조물에 이름을 선물합니다. 갈레노스는 골수공간이 있는 뼈를 '긴뼈', 골수공간이 없는 뼈를 '납작뼈', 가장 큰 척추뼈를 '엉치뼈'라고 명명했습니다. 베살리우스는 첫 번째 목뼈에 지구를 이는 거인 '아틀라스(Atlas)'의 이름을, 허파 속에서 가스 교환이 이루어지는 기관에 '허파꽈리'란 이름을 붙였습니다.

인체 구조물에 대한 이름이 생기면 각 구조물에 관련된 질병과 치료법 명칭도 생겨납니다. 그러면서 의학용어의 스펙트럼은 넓어졌습니다. 흔히 맹장수술이라고 부르는 충수절제술(appendectomy)은 한쪽 끝이 벌레 모양인 충수돌기(appendix, 蟲垂突起)와 절개(-tomy)가 합쳐진 단어입니다. 충수돌기를 발견하지 못했다면, 충수돌기·충수돌기염·충수절제술 같은 이름도 존재하지 않았을 것입니다.

프란체스코 데 수르바란, 〈성 토마스 아퀴나스의 찬양〉, 1631년, 캔버스에 유채, 475×375cm, 세비야미술관

방대한 의학용어 중에 닮은 대상에게서 이름을 따오는 경우도 있습니다. 베살리우스가 수도사의 모자인 '승모(僧帽, mitral)'와 닮았다 하여 '승모판(僧帽瓣, mitral valve)'이라고 이름 붙인 구조물도 그러한 경우입니다. 승모판은 심장의 왼심방과 왼심실 사이에서 혈액이 역류하지 못하도록 합니다.

그렇다면 승모는 어떻게 생겼을까요? 스페인 화가 수르바란(Francisco de Zurbarán, 1598~1664)은 종교성 짙은 작품을 많이 남겨 '수도사의 화가'라고 불립니다. 그의 작품 〈성 토마스 아퀴나스의 찬양〉에는 승모를 정면에서 바라본 모습과 측면에서 바라본 모습이 모두 담겨 있습니다. 측면에서 바라본 승모는 대문자 'M'처럼 보입니다. 우리가 주목해야 할 승모의 모양은 바로 이것입니다. 왜냐하면 심장 속 승모판은 승모의 옆모습과 닮았기 때문입니다.

나폴레옹 1세 대관식의 각색가 '다비드'

승모는 다양한 형태로 그림에 등장합니다. 이번에는 신고전주의 화가 다비드가 〈나폴레옹 1세의 대관식〉에 그려놓은 승모를 살펴봅시다.

〈나폴레옹 1세의 대관식〉은 나폴레옹의 황제 대관식을 담고 있습니다. 황금색 월계관을 쓴 나폴레옹이 아내 조제핀(Bonaparte Joséphine, 1763~1814)에게 왕관을 씌워주고 있습니다. 나폴레옹의 뒤편에 교황 비오 7세(Pius VII, 1742~1823)가 앉아 있습니다. 오른손으로 신성한 삼위일체를 이루었음을 표시하며 두 사람을 축복합니다. 아름다운 부부 뒤로 온화한 미소를 짓는 나폴레옹의 어머니 레티치아(Maria Letizia Buonaparte,

자크 루이 다비드, 〈나폴레옹 1세의 대관식〉,
1807년, 캔버스에 유채, 610×931cm,
파리 루브르박물관

1750~1836)가 보입니다. 레티치아 뒤쪽 2층 두 번째 줄에서 스케치북을 들고 있는 남자는 이 작품을 그린 다비드입니다. 다비드는 대관식에 참여한 인물 한 명 한 명을 사실적으로 표현하였습니다.

　다비드는 나폴레옹의 권위와 위엄을 살리기 위해 그림 속 장면을 상당 부분을 각색하였습니다. 나폴레옹은 실제보다 키가 더 커졌고, 황후 조제핀은 마흔한 살이었지만 20대 미인으로 묘사되었습니다. 레티치아는 조제핀이 마음에 들지 않아 대관식에 불참했습니다. 또한 교황은 당황한 상태였습니다. 나폴레옹이 교황의 손을 거치지 않고 직접 왕관을 썼기 때문입니다. 다비드는 종교적 문제를 피하기 위해, 직접 왕관을 쓰는 나폴레옹 대신 조제핀에

〈나폴레옹 1세의 대관식〉에서
승모 부분도.

게 왕관을 씌워주는 나폴레옹을 그렸습니다.

왕관을 든 나폴레옹의 손 뒤편에는 우리가 찾는 승모가 있습니다. 이 모자가 베살리우스에게 영감을 준 승모입니다. 위쪽은 뾰족한 삼각형 모양이며 중반부터 머리까지는 완만하게 줄어드는 모양입니다. 심장에 있는 승모판과는 살짝 다른 모습입니다.

심장으로 내려온 수도사의 모자

심장에는 2개의 심방, 2개의 심실 그리고 4개의 판막이 있습니다. 판막은 혈액의 역류를 막고 혈액이 올바른 방향으로 흐를 수 있게 도와주는 구조물입니다. 오른방실판막은 오른심방과 오른심실 사이에, 허파동맥판막은 오른심실과 허파동맥 사이에, 대동맥판막은 왼심실과 대동맥 사이에, 승모판은 왼심방과 왼심실 사이에 있습니다.

승모판은 왼심방에서 왼심실로만 혈액이 흐르게 하여 혈액이 심장에서 온몸으로 순환하게 만듭니다. 분포 위치에 따라 '왼방실판막'이라고도 부릅니다. 또 심장 판막 꼭대기의 삼각형 부분인 첨판이 2개여서 '이첨판(bicuspid valve)'이라고도 부릅니다. 참고로 오른방실판막은 첨판이 3개여서 '삼첨판(tricuspid valve)'이라고 부릅니다. 대동맥판막과 허파동맥판막도 각각 3개의 첨판이 있습니다.

심장의 판막질환은 대부분 승모판과 대동맥판막에서 나타납니다. 판막에 문제가 생긴 초창기에는 무증상인 경우가 많습

《성 토마스 아퀴나스의 찬양》 가운데 승모 부분도.

심장의 4판막

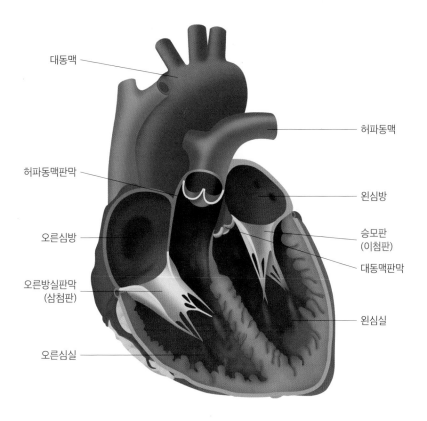

대동맥

허파동맥

허파동맥판막

왼심방

오른심방

승모판
(이첨판)

대동맥판막

오른방실판막
(삼첨판)

왼심실

오른심실

심장에는 2개의 심방, 2개의 심실, 4개의 판막이 있다.

왼심방과 왼심실 사이에 주교의 승모를 닮은 승모판이 있다.

승모판은 혈액이 왼심방에서 왼심실로만 흐르게 한다.

니다. 판막이 손상되면 혈액 순환에 이상이 생겨서, 활동할 때 숨이 가쁘거나 가슴이 아프고 피로한 증상이 나타납니다. 여기서 더 악화되면, 각혈·전신 부종 등의 증상이 발현하기도 합니다.

혈액의 역류를 막는 판막은 정맥에도 있습니다. 동맥을 거쳐 온몸을 순환한 혈액에는 노폐물과 이산화탄소가 다량 함유되어 있고, 이 혈액은 정맥을 통해 심장으로 돌아갑니다. 정맥은 동맥에 비해 압력이 낮고 혈류 속도가 느려서, 정맥 속 혈액은 관성의 영향을 많이 받습니다. 심장에서 먼 혈액은 역류할 수 있어서 팔다리 정맥에는 판막이 있습니다.

정맥 속 판막의 기능이 약해지면 혈액이 거꾸로 흐릅니다. 그러면 정맥은 늘어나거나 울퉁불퉁해지며 피부 밖으로 비칩니다. 이를 '정맥류'라고 부릅니다. 오랫동안 서 있거나 앉아 있는 경우, 꽉 끼는 옷을 자주 입는 경우에 다리의 혈액이 역류하는 하지정맥류가 나타나기도 합니다. 하지정맥류는 보기에 좋지 않다는 문제점도 있으나, 통증, 부종, 저림, 색소 침착 등의 증상을 동반하기도 합니다. 눈에 띄는 변화가 없어도, 다리에 부종과 저림이 있다면 하지정맥류를 의심해야 합니다.

청빈한 성인의 갈색 수도복

'이탈리아 회화의 아버지'라고 불리는 조토의 작품 〈율법의 승인〉에는 두 가지 모양의 승모가 나옵니다. 조토는 예수의 희생적인 삶을 본받은 프란체스코(Francesco d'Assisi, 1182~1226) 성인을 존경했습니다. 그는 성 프란체스코 성당의 벽화전에 참여하여 교황 인노첸시오 3세(Innocentius III, 1161~1216)에게 새로운 수도회의 설립 인준을 요청하는

조토 디 본도네, 〈율법의 승인〉, 1296~1298년, 프레스코, 270×230cm, 아시시 성 프란체스코 성당

조토 디 본도네, 〈새들에게 설교하는 성 프란체스코〉, 1297~1299년, 프레스코, 207×200cm, 아시시 성 프란체스코 성당

프란체스코 이야기를 그림으로 옮겼습니다. 〈율법의 승인〉에는 〈나폴레옹 1세의 대관식〉에 나왔던 총알 모양의 승모(오른쪽)와 이제까지 보지 못한 후드티처럼 생긴 승모(왼쪽)가 등장합니다.

1209년, 엄격한 생활양식과 청빈한 삶을 강조하는 프란체스코회가 창립되었습니다. 수도사들은 각지를 돌며 굶주린 자들을 돌보았으며, 하나님의 또 다른 피조물인 자연과 동물을 사랑하였습니다.

〈새들에게 설교하는 성 프란체스코〉는 한 무리의 새와 마주친 프란체스코가 "너희가 날 수 있도록 깃털과 날개를 주신 창조주 하나님을 찬미해야 한다"고 설교하는 장면을 그리고 있습니다. 프란체스코는 소박한 디자인의 갈색 수도복을 입고 있습니다. 프란체스코 소속 수도사들이 입는 모자 달린 갈색 수도복을 '카푸친(capuchin)'이라고 부릅니다.

프란체스코 데 수르바란, 〈성 프란체스코〉,
1660년, 캔버스에 유채, 65×53cm,
뮌헨 알테피나코테크.

심장에서 어깨로 이동한 수도사의 상징

왼쪽에 있는 작품 〈성 프란체스코〉에도 카푸친을 입은 프란체스코가 등장합니다. 17세기에 신앙심이 깊었던 화가들은 교회의 신뢰 회복을 위해, 프란체스코 성인을 많이 그렸습니다. 수르바란 역시 프란체스코를 소재로 15점의 그림을 그렸습니다. 프란체스코는 어떤 작품에서든 갈색 수도복을 입고 나오는데요. 카푸친을 만들 때 '하나님께서 인간을 창조하실 때 흙으로 만든 인형에 숨을 불어넣었다'는 〈창세기〉의 구절을 참고했기 때문입니다.

카푸친은 우리 생활 곳곳에 숨어 있습니다. 에스프레소에 우유를 넣고 계핏가루 뿌린 커피 '카푸치노(cappuccino)'는 갈색 수도복 위에 하얀 허리끈을 두른 수도사의 모습과 닮아서 이렇게 부른다고 합니다.

우리의 어깨 근육에도 프란체스코회 수도복의 흔적이 남아 있습니다. 등 표면 쪽에 있는 세모꼴의 납작한 근육은 카푸친에 달린 모자와 닮아 '승모근(僧帽筋)'이라고 부릅니다. 독일에서도 승모근이 수도사들의 모자와 닮았다며 'kappenmuskel'이라고 부릅니다.

양쪽 승모근을 합한 모양이 마름모(Trapezium)꼴이어서, 의학용어로는 'trapezius muscle'이라고 표기합니다. '승모근'이란 이름으로 친숙한 이 근육은 현대에 '등세모근'으로 명칭이 바뀌었습니다. 등세모근은 크게 윗부분, 중간부분, 아랫부분으로 나뉩니다. 윗부분은 어깨뼈를 올리고, 중간부분은 어깨뼈를 뒤로 당기고, 아랫부분은 어깨뼈를 내립니다. 등세모근은 머리뼈와 목뼈와 등뼈에 연결되어 팔을 지지하는 역할도 합니다. 컴퓨터와 스마트폰 사용이 증가하면서 등세모근 통증을 호소

승모근(등세모근)

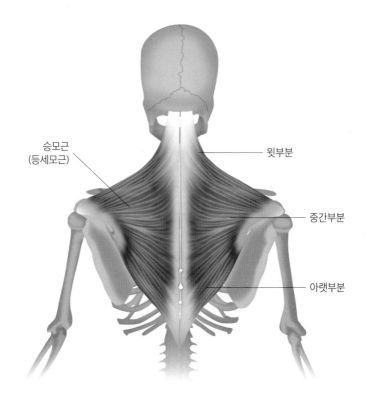

승모근
(등세모근)

윗부분

중간부분

아랫부분

등 표면 쪽에 있는 세모꼴의 납작한 근육은
프란체스코회 수도사들의 수도복인 카푸친에 달린
모자와 닮아 '승모근'이라고 명명되었다.
승모근은 어깨뼈를 움직이게 하고 팔을 지지한다.
현대에는 승모근을 '등세모근'이라고 부른다.

하는 환자가 늘고 있습니다.

등세모근이 발달하면 어깨라인 위로 근육이 튀어나와 목이 다소 짧게 느껴집니다. 최근에는 어깨선과 목선을 매끈하게 정리하고자 등세모근에 보톡스를 맞기도 합니다. 또한 어깻죽지의 뻐근함을 해소하기 위해서 등세모근에 보톡스를 맞는 직장인들도 늘었습니다.

몸속의 성실한 수도사

등세모근에 전기가 흐르는 것처럼 찌릿하거나 어깨가 커다란 바위를 올려놓은 것처럼 무겁고 뻐근한 것은, 전력을 다해 열심히 일한 사람만 받을 수 있는 '훈장' 같은 통증입니다. 등세모근 통증은 같은 자세로 오래 앉아 일할수록 더 자주 발생합니다. 우리만큼이나 등과 어깨에 있는 근육도 열심히 일합니다.

심장에 있는 승모판도 누구보다 열심히 일합니다. 그래서 혈액이 제 방향으로 흐르고 심장이 제대로 작동하는 것입니다. 승모판이 혈액의 역류를 막지 못한다면, 심장은 혼돈에 빠지고 말 것입니다.

승모근(등세모근)과 승모판에게 이름을 선물한 수도사들은 신에게 헌신합니다. 몸속 수도사들도 온힘을 다해 임무를 수행합니다. 승모근과 승모판이 이름뿐만 아니라 수도사의 성실함까지 본받은 모양입니다.

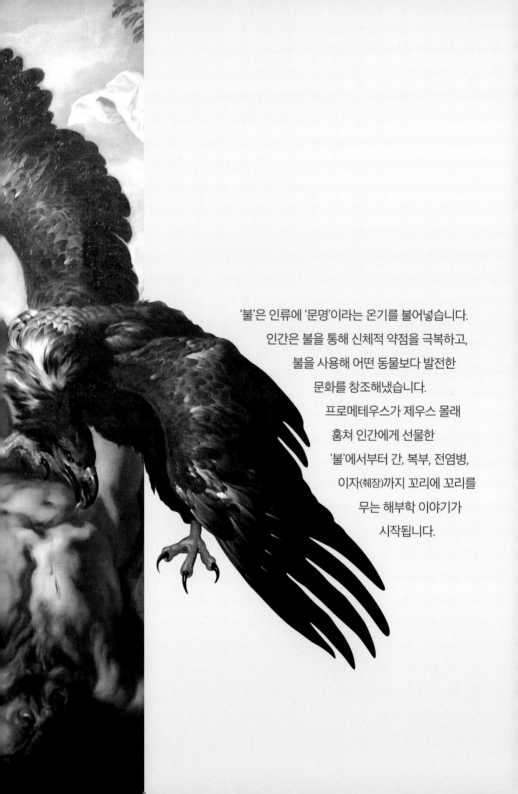

'불'은 인류에 '문명'이라는 온기를 불어넣습니다.
인간은 불을 통해 신체적 약점을 극복하고,
불을 사용해 어떤 동물보다 발전한
문화를 창조해냈습니다.
프로메테우스가 제우스 몰래
훔쳐 인간에게 선물한
'불'에서부터 간, 복부, 전염병,
이자(췌장)까지 꼬리에 꼬리를
무는 해부학 이야기가
시작됩니다.

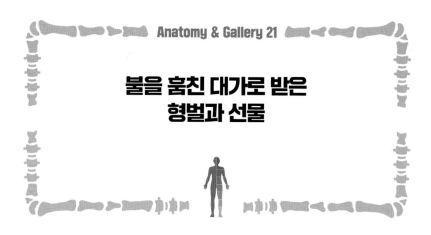

불을 훔친 대가로 받은 형벌과 선물

인간은 불을 사용해 음식을 익히고, 추위로부터 몸을 보호하고, 도구와 무기를 만들었습니다. 불은 인간이 지닌 가장 강력한 힘이었지요. 문명에 온기를 불어넣은 불은 때로는 그 힘으로 문명을 잔인하게 파괴하기도 했습니다. '문명'과 '야만'이라는 불의 두 얼굴이 교차하며 쉼 없이 타오르며, 인류의 역사가 쓰였습니다.

신화의 세계에서 인간에게 불이라는 강력한 힘을 선물한 인물이 프로메테우스입니다. 제우스가 아버지 크로노스와의 싸움에서 승리할 수 있었던 이유는 몇몇 티탄족이 그를 지지했기 때문입니다. 프로메테우스는 제우스를 지지했던 티탄족의 일원이었습니다.

프로메테우스의 이름은 '먼저(pro-)' 생각하는 사람(先知者)이란 뜻입니다. 그는 이름대로 예지능력이 있었습니다. 그의 동생은 에피메테우

얀 코시어스, 〈프로메테우스〉, 1636~1638년, 캔버스에 유채, 182×113cm, 마드리드 프라도미술관

스(epimetheus)이며, 에피메테우스의 이름은 '나중에(epi-)' 생각하는 사람이란 뜻입니다.

전쟁 이후, 두 형제는 제우스의 명으로 지상으로 내려왔습니다. 프로메테우스는 생물의 형상을 만들고, 에피메테우스는 생물에게 능력을 한 가지씩 분배하였습니다. 프로메테우스가 마지막에 만든 생물이 '인간'입니다. 그런데 에피메테우스는 다른 생물들에게 이미 능력을 다 나누어줘버린 탓에 인간에게 줄 능력이 남아 있지 않았습니다. 그는 형에게 이 사실을 알리고 어떻게 해야 할지 물었습니다. 프로메테우스는 고민 끝에 아테나의 이륜차에서 '불'을 훔쳐 인간에게 전해주었습니다. 인간은 불 덕분에 추위를 이겨낼 수 있었고, 연장과 무기를 만들어 다른 동물들을 제압할 수 있었습니다.

플랑드르 화가 코시어스(Jan Cossiers, 1600~1671)는 하늘에서 불을 훔쳐 인간세계로 내려가는 프로메테우스를 그렸습니다. 하늘을 흘끗 바라보는 그의 표정에서, 신에게 이 사실을 들킬까 조마조마한 마음이 느껴집니다.

프로메테우스를 고통의 수레바퀴로 밀어넣은 인간에 대한 사랑

인간이 불을 사용하여 다른 동물들보다 월등해지자, 올림포스 신들에게 인간은 껄끄러운 존재가 되었습니다. 또 제우스는 신들의 전유물이었던 불을 인간세계에 전파한 프로메테우스에게 단단히 화가 났습니다. 제우스는 코카서스 산꼭대기에 사슬로 프로메테우스를 결박했습니다. 그러곤 3000년 동안 매일 아침 독수리에게 간을 쪼아 먹히는 형벌을 내렸습니다. 그의 간은 다음 날이면 어김없이 재생되었습니다. 제우스는 그가 오래도록 고통을 느끼도록 만든 것입니다.

사실 제우스는 인간에게 호의적인 프로메테우스가 그전부터 거슬렸습니다. 프로메테우스는 인간과 신들이 함께하는 자리에서 식사 분배를 담당했고, 소고기를 두 덩이로 나누었습니다. 한쪽에 소뼈를 기름으로 먹음직스럽게 싸서 두고, 다른 쪽에 살코기와 내장을 껍질로 싸서 두었습니다. 제우스는 기름져 보이는 쪽을 골랐고, 인간들에게 먹기 좋은 살코기가 넘어갔습니다. 제우스는 프로메테우스를 혼내주려고 벼르던 중이었지요. 그런데 그가 인간에게 불까지 넘기자 결국 제우스는 폭발하고 만 것입니다.

해부학에 무지한 화가의 실수인가?
의도적 왜곡인가?

인간을 위해 신의 저주까지 받은 프로메테우스를 화가들은 작품으로 남겨 기렸습니다. 신화와 풍속화를 즐겨 그렸던 요르단스(Jacob Jordaens, 1593~1678)의 〈쇠사슬에 묶인 프로메테우스〉는 프로메테우스의 고통을 가장 극적으로 표현했다고 평가받는 작품입니다. 제우스의 현신이기도 한 독수리의 날개는 캔버스를 대각선으로 가로지를 만큼 큽니다. 아래쪽에는 고통으로 시뻘게진 프로메테우스의 얼굴이 보입니다. 무방비 상태인 프로메테우스와 위압적인 독수리의 상반된 모습이 인상적입니다.

야코프 요르단스, 〈쇠사슬에 묶인 프로메테우스〉, 1640년, 캔버스에 유채, 245×178cm, 쾰른 발라프 리하르츠 미술관

페테르 파울 루벤스, 〈프로메테우스〉, 1612년경, 패널에 유채, 243.5×209.5cm, 필라델피아미술관

　요르단스를 후계자로 지명했던 루벤스도 프로메테우스를 그렸습니다. 〈프로메테우스〉의 오른쪽 아래에는 프로메테우스를 옭아맨 사슬이 있습니다. 프로메테우스의 다리와 머리는 서로 다른 방향을 향합니다. 그의 얼굴은 잔뜩 일그러져 있습니다. 독수리는 근육질 프로메테우스의 간을 쪼고 있습니다. 집요하게 달려드는 독수리와 속수무책으로 당하는 프로메테우스의 모습에서 끔찍한 고통이 느껴집니다. 그런데 근육이 조금 이상합니다. 근육이 정확한 위치에 그려지지 않고 마구잡이

로 울룩불룩 솟아 있습니다. 또한 독수리는 간이 아닌 가슴의 바로 아래쪽을 쪼고 있습니다. 오른쪽 팔과 연결된 이곳은 '큰가슴근'입니다.

두 화가는 프로메테우스가 인간을 위해 희생한 대가로 받은 형벌을 그렸습니다. 루벤스가 그린 간은 실제와 다른 곳에 있습니다. 필자는 낭만적 상상을 하나 해봅니다. 사실 루벤스가 간의 정확한 위치를 알고 있었지만, 작품에서나마 프로메테우스의 간을 보호해주고 싶었던 건 아닐까 하고 말이지요.

복부를 조각조각 나눠 찾는 질병의 단서

보통 사람들은 대략 가슴 아래에서 골반 위까지를 '배' 또는 '복부'라고 부르지만, 복부를 구분하는 기준이 따로 있습니다. 배가 아파서 병원에 가면, 의사가 어디가 아프냐면서, 배 이곳저곳을 눌러보지요? 어느 기관에서 통증이 발생했는지 알아내야, 질병을 정확하게 진단할 수 있기 때문입니다. 복부는 '사분면(四分面)' 또는 '구분면(九分面)'으로 나뉩니다. 복부 검사는 이 구분면을 기준으로 진행됩니다.

복부사분면은 '복장뼈(흉골)'와 '두덩뼈(치골)'를 잇는 수직선과 배꼽을 기준으로 하는 수평선을 기준으로 나뉘는 4개의 부위입니다. '우상복부(Right Upper Quadrant, RUQ)'에는 간, 쓸개주머니(담낭), 십이지장, 이자(췌장)의 머리, 대장의 일부가 있습니다. '좌상복부(Left Upper Quadrant, LUQ)'에는 위, 비장, 이자의 몸통이 있습니다. '우하복부(Right Lower Quadrant, RLQ)'에는 맹장, 충수돌기, 방광이 있습니다. '좌하복부(Left Lower Quadrant, LLQ)'에는 구불창자, 방광이 있습니다. 여성의 좌하·우

복부 구분

[복부사분면]

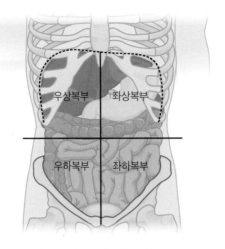

우상복부   좌상복부

우하복부   좌하복부

[복부구분면]

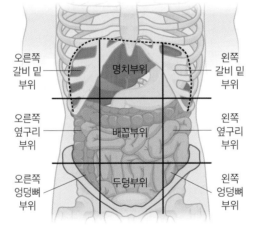

오른쪽
갈비 밑
부위

명치부위

왼쪽
갈비 밑
부위

오른쪽
옆구리
부위

배꼽부위

왼쪽
옆구리
부위

오른쪽
엉덩뼈
부위

두덩부위

왼쪽
엉덩뼈
부위

복부사분면은 복장뼈와 두덩뼈를 잇는 수직선과 배꼽을 기준으로 하는
수평선을 기준으로 나뉘는 4개의 부위다. 복부구분면은 배꼽부위를
중심으로 위아래와 양옆으로 나누어진다. 이렇게 복부를 구분함으로,
통증의 원인을 정확하게 파악할 수 있다.

하복부에는 난소와 자궁도 함께 있습니다.

복부를 9개로 나누기 위해서는 2개의 가상선이 필요합니다. 배꼽을 둘러싼 부위를 '배꼽부위(umbillical region)'라고 부르는데요. 이 면을 복부구분면의 중심부로 설정합니다. 배꼽부위를 기준으로 위쪽을 '상복부(epigastic region)', 아래쪽을 '하복부(hypogastic region)'로 부릅니다. 좌우도 이 부분을 중심에 두고 나눕니다.

간은 복부사분면 가운데 우상복부에 있지만, 〈프로메테우스〉(316쪽) 속 독수리는 복부의 위쪽을 쪼고 있습니다. 작품 속 독수리는 제우스의 저주를 제대로 실현시키지 못한 셈이지요.

인간에게로 향한 제우스의 복수

제우스는 불을 사용한 인간에게도 복수하기로 마음먹었습니다. 그는 '대장장이 신' 헤파이스토스에게 최초의 여자인 '판도라(Pandora)'를 빚도록 했습니다. 제우스는 에피메테우스에게 판도라를 소개했습니다. 형 프로메테우스는 제우스에게 아무것도 받지 말라고 조언했지만, 에피메테우스는 그녀에게 한눈에 반한 나머지 형의 조언을 무시했습니다.

헤르메스는 판도라에게 제우스의 선물이라며 '작은 상자' 하나를 주었습니다. 에피메테우스는 형의 조언이 생각나서, 아내에게 상자를 절대 열지 말라고 신신당부했습니다. 하지만 판도라는 궁금증을 참지 못하고 그만 상자를 열었습니다.

'님프의 화가' 워터하우스는 바로 이 장면을 캔버스에 담았습니다.

존 윌리엄 워터하우스, 〈판도라〉, 1896년, 캔버스에 유채, 152×96cm, 개인 소장

〈판도라〉는 호기심 가득한 얼굴로 상자를 열었습니다. 그 안에서 질병, 갈등, 전쟁 등 온갖 재앙이 쏟아져 나왔습니다. 판도라는 재빨리 상자를 닫았지만 이미 모든 게 빠져나간 후였습니다. 상자에는 '희망'만 남아 있었습니다. 이 때문에 인간세계에는 악이 생겼지만, 인간은 어떤 상황에서도 희망을 잃지 않는다고 합니다. 어쩌면 제우스가 인간에게 베푼 작은 아량인지도 모르겠습니다.

헤파이토스가 판도라를 만들 때 아테나, 아프로디테, 헤르메스 등의 신이 여러 재능을 선물했습니다. 그녀의 이름은 '모든(pan-) 선물(dora)'이라는 뜻입니다. 여기서 'pan-'은 그리스신화 속 '목동의 신'인 판(Pan)의 이름에서 따왔습니다. 말썽꾸러기였던 판은 시간과 장소를 가리지 않고 나타났습니다. 그의 이런 성향을 따서 'pan-'에는 '모든'이란 뜻이 생겼습니다. 또 반인반수였던 판과 만나면 모두들 깜짝 놀랐습니다. 판이 장난치기를 좋아했고 무섭게 생겼기 때문이지요. '공포' 또는 '공황'을 뜻하는 '패닉(panic)'은 판의 이런 모습에서 유래한 단어입니다.

동에 번쩍 서에 번쩍 나타나는 판은 지금 우리 앞에도 존재합니다. 바로 '팬데믹(pandemic)'이란 이름으로요. 이 단어는 사전적으로 '모든(pan-) 군중(demos)'을 뜻하며, 세계적으로 전염병이 유행하는 상태를 뜻하는 용어로 쓰입니다. 전 세계에 코로나19가 유행하는 지금을 우리는 '코로나19 팬데믹'이라고 부릅니다. 전 세계인들에게 코로나19가 전

얀 밥티스트 자베리, 〈판〉,
1729년경, 회양목, 높이 23.4cm,
벨기에 로우렛 데 워트렌지 갤러리

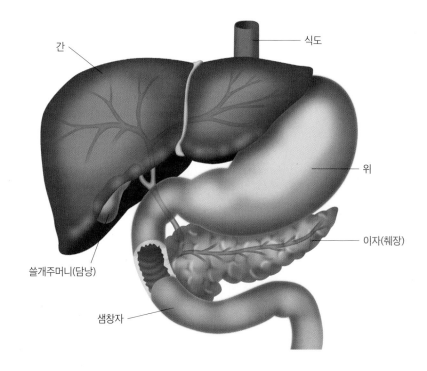

간

식도

위

이자(췌장)

쓸개주머니(담낭)

샘창자

이자는 위 아래쪽에 위치한 길이 15cm의 옥수수 모양 장기다.

이자는 소화효소를 분비해 음식물을 소화시키는 외분비와

호르몬을 분비하여 혈당을 조절하는 내분비 기능을 동시에 수행한다.

다양한 일을 하는 이자(pancreas)의 이름에는 '모든 살코기'란 의미가 담겨 있다.

염될 위험이 도사리고 있다는 이야기지요. 길어지는 코로나19 팬데믹에, 필자는 이제 '판'이 사라지고 판도라의 상자 속 '희망'이 나타나길 고대합니다.

많은 임무를 수행하는 몸속의 '판'

우리 몸속에는 판에서 유래한 장기의 이름이 있습니다. 바로 '이자'입니다. 이자는 소화효소를 분비해 음식물을 소화시키는 기능(외분비)과 혈당을 조절하는 '인슐린'과 '글루카곤' 등의 호르몬을 분비하는 기능(내분비)을 함께 담당합니다. 다양한 역할을 수행하는 이자를 가르키는 'pancreas'는 모든(pan-)과 살코기(creas)의 합성어입니다.

이자암(췌장암)은 전체 소화계통 암 가운데 발병률 대비 사망률이 가장 높습니다. 이자암은 초기에는 증상이 없어, 조기에 발견되는 경우가 드뭅니다. 환자는 이자암이 어느 정도 진행된 상태에서야 질병을 자각하게 됩니다. 이자는 배안(복강)의 어느 장기보다 가장 깊숙이 자리해 해부 시 숙달되지 않으면 찾기 어려운 장기입니다. 따라서 이자암은 예후가 좋지 않고 치료도 쉽지 않습니다.

인간세계에 재앙을 퍼뜨린 '판도라', 공포로 머릿속이 새하얘진 상태인 '패닉', 전 세계적으로 전염병이 유행하는 현상을 일컫는 '팬데믹'. 판에게서 유래한 단어들은 대부분 부정적으로 쓰입니다. 하지만, 우리 몸속에 있는 판인 '이자'는 다양한 기능을 하는 기관이란 좋은 뜻을 품고 있지요. 판도 좋은 뜻으로 해석될 수 있음을 보여줍니다. 모든 일에는 양면성이 있습니다. 그러니 어떤 상황이든 희망을 놓아서는 안 됩니다.

행성 지구의 질량은 5.9722×10^{24}kg이라고 합니다.

아틀라스에게 내려진 지구를 떠받치는 형벌의 고통과 중압감은

쉽게 가늠할 수 없습니다.

목뼈가 받치는 머리 무게는 약 5kg이지만,

고개를 30도만 숙여도 목뼈에 실리는 무게가 4배 늘어납니다.

첫 번째 목뼈 이름도 아틀라스입니다.

'아틀라스'는 가늠조차 힘든 무게를 짊어진 존재들에게만

붙여지는 이름인가 봅니다.

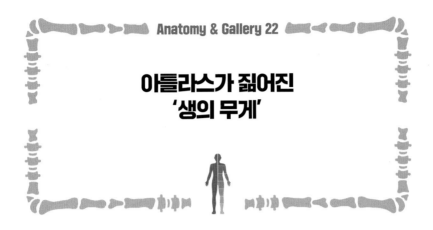

아틀라스가 짊어진
'생의 무게'

퇴근 시간이 가까워져오면 목, 어깨, 등 근육이 뻐근합니다. 뻐근한 근육들을 통해 '오늘'이라는 시간의 무게를 가늠합니다. 고개를 들어 목을 뒤로 젖히고, 턱을 당겨 굳은 목 근육을 풀어봅니다. "나를 그만 좀 혹사하게." 아틀라스의 비명이 들리는군요. '웬 아틀라스?' 잠시만 기다리시면, 그 이유를 알게 될 것입니다.

제우스가 세상을 통치하기 전에 세상을 다스리던 티탄족들은, 크로노스와 제우스의 싸움으로 둘로 갈라섰습니다. 아버지 크로노스를 제압한 제우스는, 크로노스 편에 섰던 티탄족들을 타르타로스에 감금했습니다. 크로노스를 지지했던 티탄 아틀라스는 지구(하늘)를 떠받치는 형벌을 받았습니다. 많은 예술가들이 이 기구한 거인을 작품으로 남겼습니다. 특히 그는 조각가들에게 인기가 많았는데요. 지구를 어깨에 짊어진 아틀라스는 지구의 무게감을 표현할 수 있는 좋은 소재였기 때문입니다.

현존하는 아틀라스 조각상 중에서 가장 오래된 작품으로 알려진 것은 나폴리국립고고학박물관에 있는 〈파르네세 아틀라스〉입니다. 이 작품은 기원전 2세기경 제작되었으며, 천체 구조와 고전 별자리가 최초로 새겨진 조각상이라고 합니다. 지구 바깥쪽에는 천체 밖에서 본 밤하늘이 묘사되어 있습니다. 여기에는 양자리, 백조자리 등 41개의 고전 별자리들이 새겨져 있습니다.

16세기 초, 파르네세 추기경(Alessandro Farnese, 1520~1589)은 이 작품을 인수하여 '파르네세미술관(Villa Farnes)'에 전시했는데요. 〈파르네세 아틀라스〉라는 이름은 여기서 유래된 것입니다.

작자 미상, 〈파르네세 아틀라스〉, BC 2세기,
대리석, 높이 2.1m, 나폴리국립고고학박물관

인간의 머리를 받치는 아틀라스

뉴욕 록펠러센터 앞에도 아틀라스 조각상이 하나 있습니다. 바로 〈거대한 아틀라스〉입니다. 이 조각상은 미국을 방문한 관광객들이 가장 많이 찾는 10대 기념물일 정도로 인기가 많습니다.

이 조각상은 지구를 드는 아틀라스를 조금 다르게 표현합니다. 〈파르네세 아틀라스〉가 지구를 온 힘을 다해 드는 느낌이라면, 〈거대한 아틀라스〉는 지구를 가볍게 들고 있는 듯 보입니다. 후자의 아틀라스가 조금 더 힘이 세 보이지요?

우리 몸에 있는 '첫 번째 목뼈(아틀라스, Atlas)'는 지구를 든 아틀라스처럼 우리의 머리를 이고 있습니다. 그래서 이름도 아틀라스에게서 따왔습니다. 첫 번째 목뼈는 고리 모양이어서 '고리뼈'라고도 부릅니다. 첫 번째 목뼈에는 오목한 관절면이 있어서 머리뼈와 붙어 있을 수 있습니다. 우리가 머리를 앞뒤로 움직이고 고개를 끄덕일 수 있는 이유는, 머리뼈와 첫 번째 목뼈 사이의 관절 운동 덕분입니다.

리 로리, 〈거대한 아틀라스〉, 1937년, 청동, 높이 14m, 뉴욕 록펠러센터

'두 번째 목뼈'는 축 역할을 하기 때문에 '중쇠뼈(axis)'라고도 부릅니다. 두 번째 목뼈에는 치아처럼 솟아 있는 '치아돌기(dens)'가 있습니다. 치아돌기와 치과(dental clinic)는 모두 '이(dens)'에서 유래한 단어입니다. 치아돌기가 첫 번째 목뼈와 인대에 붙어 있어서, 우리는 고개를 좌우로 돌릴 수 있습니다.

현대인의 목뼈가 감당해야 할 무게

목뼈가 받치는 머리 무게는 약 5kg인데요. 이 무게는 우리가 고개를 똑바로 들고 있을 때에만 해당합니다. 고개를 앞으로 30도 정도 숙이면, 목뼈에 실리는 무게는 약 20kg으로 늘어납니다. 오랫동안 스마트폰을 보면, 목 뒤가 뻣뻣해집니다. 고개를 구부린 탓에 목뼈에 과도한 무게가 전해지기 때문입니다. 장시간 목뼈에 무거운 무게가 가해지면, C자 형태인 목뼈가 일자로 변형됩니다. 이를 '일자목증후군' 또는 '거북목증후군'이라고 부릅니다.

일자목증후군의 가장 큰 원인은 눈높이보다 낮은 컴퓨터 모니터를 장시간 바라보는 것입니다. 컴퓨터를 오래 사용하는 사람 대부분이 무의식적으로 머리를 앞으로 빼고 구부정한 자세를 취합니다. 그래서 일자목증후군은 사무직 종사자들에게 흔히 나타나는 질병입니다. 고개를 푹 숙이고 스마트폰 화면을 보는 것도 일자목증후군을 유발합니다. 이를 예방하기 위해서는 의식적으로 어깨를 젖히고 가슴을 똑바로 펴는 게 중요합니다. 시간이 날 때마다, 목과 어깨의 긴장을 풀어주는 스트레칭도 도움이 됩니다.

첫 번째 · 두 번째 목뼈

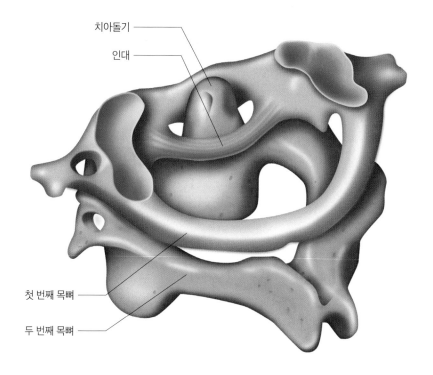

치아돌기

인대

첫 번째 목뼈

두 번째 목뼈

목뼈가 받치는 머리 무게는 5kg이다.

하지만 고개를 앞으로 숙이면 목뼈에 가해지는 무게는 20kg으로 늘어난다.

장시간 목을 구부리면 C자형인 목뼈는 일자형으로 변한다.

이를 '일자목증후군' 또는 '거북목증후군'이라 부른다.

컴퓨터와 스마트폰 사용이 일상화된 현대인들의 목뼈는 원래 머리보다 네 배는 무거운 머리를 짊어지고 있습니다. 평생 머리를 이고 있어야 하는 목뼈를 위해, 머리 무게가 늘지 않게 애쓰는 게 좋겠습니다.

아틀라스에게 '해방의 꿈'을 심어준 헤라클레스

지구를 들고 있던 동안, 아틀라스는 두 영웅을 만났습니다. 첫 번째 영웅은 제우스의 아들 헤라클레스였습니다. 그는 에우리스테우스 왕이 내린 12가지 과업을 수행하고 있었습니다. 11번째 과업인 '헤스페리데스(Hespérides)의 황금사과'를 얻기 위해서, 헤라클레스는 아틀라스를 찾아갔습니다.

황금사과는 100개의 머리가 달린 용 라돈과 아틀라스의 딸인 헤스페리데스 세 자매가 있는 헤스페리데스 정원에 있었습니다. 이들이 지키는 황금사과에 접근하는 건 불가능에 가까웠지요. 그래서 세 자매의 아버지인 아틀라스를 찾아간 것입니다.

영국 화가 존스(Sir Edward Coley Burne Jones, 1833~1898)는 황금사과를 지키는 헤스페리데스 세 자매를 그렸습니다. 〈헤스페리데스의 정원〉속 세 자매의 머리 위로 노랗게 빛나는 황금사과가 보입니다. 존스는 그리스 문학과 신화 속 이야기를 자주 캔버스로 옮겼습니다. 그는 메두사의 목을 벤 영웅 페르세우스를 주인공으로 한 연작을 그렸던 화가로도 유명합니다.

헤라클레스는 아틀라스에게 자신이 잠깐 지구를 떠받들 테니, 대신 황금사과를 구해달라고 부탁했습니다. 황금사과를 가지고 온 아틀라

에드워드 콜리 번 존스, 〈헤스페리데스의 정원〉,
1869년, 캔버스에 유채, 119×98cm,
함부르크 쿤스트할레박물관

루카스 크라나흐, 〈헤라클레스와 아틀라스〉,
1537년, 캔버스에 유채, 109.7×98.8cm,
브라운슈바이크 헤이조그 안톤 울리히 미술관

스는 다시는 지구를 짊어지고 싶지 않았습니다. 그래서 헤라클레스에게 자신이 그 대신 왕에게 황금사과를 전해주겠다고 말했습니다. 하지만 헤라클레스는 아틀라스보다 한 수 위였습니다. 그는 지금 자세로는 오랫동안 지구를 떠받칠 수 없으니 아틀라스에게 시범을 보여달라고 했습니다. 곧 엄벌에서 해방될 기쁨에 젖은 아틀라스는 다시 지구를 떠받쳤습니다. 그사이 헤라클레스는 황금사과를 들고 도망쳤습니다.

르네상스시대의 독일 화가 크라나흐가 그린 〈헤라클레스와 아틀라스〉에는 이 순간이 재미있게 표현되어 있습니다. 작품 속에서 영웅 헤라클레스와 거인 아틀라스는 모두 평범한 사람으로 보입니다. 심지어 거인 아틀라스는 물잔을 들 힘도 없는 병약한 노인으로 묘사하고 있습니다. 그는 헤라클레스의 제안을 들어줄지 말지 고민하고 있지요. 그때 현명한 판단을 내렸다면, 아틀라스는 자유의 몸이 되었을 것입니다. 하지만 결국 아틀라스는 지구를 다시 짊어져야 했습니다. 그렇다면, 그를 찾아온 두 번째 영웅은 누구일까요?

페르세우스의 제안을 거절한 끔찍한 대가

페르세우스는 메두사의 머리를 가지고 고국으로 돌아가고 있었습니다. 그는 고된 여정으로 지친 몸을 잠시 누이고 싶었습니다. 그런 그의 눈에 아틀라스가 들어옵니다. 페르세우스는 아틀라스에게 이곳에서 묵어도 되냐고 묻지만, 아틀라스는 그의 제안을 거절했습니다. 페르세우스가 이 끔찍한 형벌을 내린 제우스의 아들이었기 때문이죠. 분노한 페르세우스는 자루를 열어 메두사의 머리를 아틀라스 눈앞에 꺼내들

에드워드 콜리 번 존스, 〈돌로 변하는 아틀라스〉, 1878년, 캔버스에 수채, 150.2×190.2cm, 사우스햄튼시립미술관

어, 아틀라스를 돌로 만들어버렸습니다.

〈헤스페리데스의 정원〉을 그렸던 화가 존스는 이 장면 역시 캔버스로 옮겼습니다. 〈돌로 변하는 아틀라스〉에는 구겨진 아틀라스의 표정과 가벼워 보이는 페르세우스의 발걸음이 대조적으로 표현되었습니다. 페르세우스는 '지혜의 여신' 아테나에게 빌린 신들의 도구를 착용하고 있습니다. 그의 오른손에는 돌이 된 메두사의 머리가 들려 있습니다.

돌로 변한 아틀라스는 큰 산맥이 되었습니다. 이 산맥을 오늘날에는 '아틀라스 산맥(Atlas Mountains)'이라고 부릅니다. 아틀라스 산맥 바깥쪽

바다에는 '아틀라스의 바다'란 뜻의 '대서양(atlantic ocean)'이란 이름이 붙었습니다.

지구를 드는 형벌을 버텨낸 아틀라스는 '힘과 인내'의 상징이 되었습니다. 거인이었던 그에게도 지구는 아주 무겁고 버거웠겠지요. 영국 정신과 의사 캔토퍼(Tim Cantopher, 1971~)는 결혼한 남자들이 혼자서 모든 짐을 지고 있는 듯한 중압감을 느끼는 증상에 '아틀라스 증후군(Atlas syndrome)'이라는 이름을 붙였습니다. 홀로 지구를 받칠 때 아틀라스가 느꼈던 감정과 비슷하다고 생각했기 때문입니다. 이 증상은 남자들이 직장과 가정에서 모두 잘해야 한다는 생각에 사로잡힐 때 발현됩니다. 최근 가정에서 아버지의 역할이 강조되면서 만들어진 신조어이며, '슈퍼대디 증후군'이라고도 부릅니다.

아이가 있는 남성들은 모두 좋은 아버지이자 능력 있는 직장인이고 싶을 것입니다. 어쩌면 모두 아틀라스 증후군을 앓고 있을지도 모르지요. 그런데 그 무게에 짓눌려 행복을 놓치는 일은 없길 바랍니다.

아틀라스에게 휴식을!

자신이 무너지면 세계가 무너진다는 중압감을 이겨냈을 아틀라스. 필자는 오랫동안 지구를 지탱한 그의 '목빗근(흉쇄유돌근, sternocleidomastoid)'에 무리가 생겼으리라고 예상합니다.

목빗근은 복장뼈와 빗장뼈에서 시작하여 귀 뒤쪽으로 비스듬히 뻗어 있는 크고 긴 근육입니다. 양쪽 목빗근이 함께 작용하면 머리를 앞으로 굽힐 수 있습니다. 또 공기를 들이마시고, 음식을 삼킬 때 부드럽

목빗근

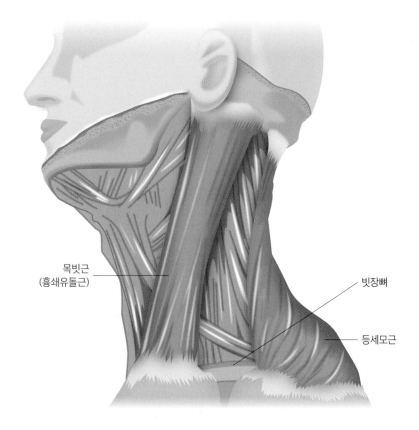

목빗근
(흉쇄유돌근)

빗장뼈

등세모근

목빗근은 고개를 앞뒤로 굽히거나 한쪽으로 굽히는 작용을 한다.

목빗근이 긴장하면 근처 신경을 자극하여 두통을 초래한다.

또 목빗근이 비정상적으로 수축하면 목이 기울어지는 '기운목'이 된다.

게 넘어가도록 도와줍니다.

목빗근이 비정상적으로 수축하면, 머리가 한쪽으로 기우는 '기운목(사경)'이 됩니다. 목빗근이 긴장하면 근처 신경을 압박하여 두통까지 생깁니다.

기운목은 분만 과정에서 발생하기도 하며 감염이나 외상에 의해 나타나기도 합니다. 요즘은 컴퓨터와 스마트폰 사용으로 목빗근이 긴장할 수도 있습니다. 기운목이 되지 않으려면, 목빗근의 위치를 파악하고 잘 풀어주어야 합니다.

여행을 떠날 때 배낭을 너무 무겁게 싸면, 여행자는 쉽게 지칠 수 있습니다. 평생 머리를 들어야 하는 목뼈와 목빗근도 그렇습니다. 목뼈와 목빗근에 가해지는 무게는 자세 교정으로 충분히 줄일 수 있습니다. 그러니 목뼈와 목빗근이 긴장하지 않도록, 컴퓨터와 스마트폰을 사용한 후에는 충분한 휴식을 취하고 스트레칭을 해야 합니다. 지금은 잠시 뻐근한 정도의 통증일지라도 아틀라스의 경고를 방치하면, 목 디스크로 발전할 수 있습니다.

클로드 미셸, 〈지구를 받치고 있는 아틀라스〉, 1780년경,
테라코타, 높이 39.7cm, 뉴욕 메트로폴리탄미술관

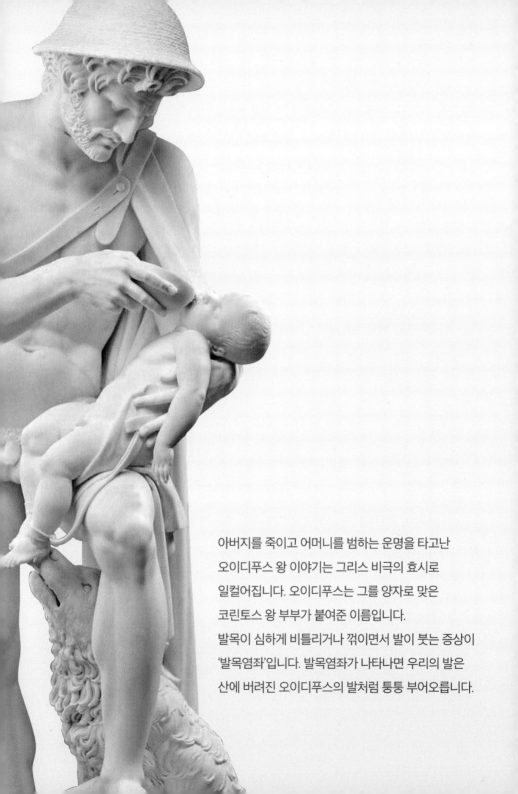

아버지를 죽이고 어머니를 범하는 운명을 타고난
오이디푸스 왕 이야기는 그리스 비극의 효시로
일컬어집니다. 오이디푸스는 그를 양자로 맞은
코린토스 왕 부부가 붙여준 이름입니다.
발목이 심하게 비틀리거나 꺾이면서 발이 붓는 증상이
'발목염좌'입니다. 발목염좌가 나타나면 우리의 발은
산에 버려진 오이디푸스의 발처럼 통통 부어오릅니다.

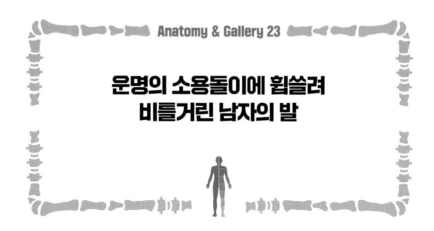

운명의 소용돌이에 휩쓸려
비틀거린 남자의 발

아이는 '엄마'바라기입니다. 일어날 때부터 잠들 때까지 엄마를 애타게 부르지요. 그런데 이 모습을 정신분석학자 프로이트(Sigmund Freud, 1856~1939)는 다른 시각으로 바라보았습니다. 프로이트는 두 살에서 여섯 살 사이 남자 아이들이 엄마를 쫓아다니는 것이 '오이디푸스 콤플렉스(Oedipus complex)' 때문이라고 주장했습니다. 오이디푸스 콤플렉스는 어린 남자아이가 어머니에게 이성적인 감정을 느끼며 아버지를 경쟁자로 생각하는 것입니다. 왜 오이디푸스(Oedipus)는 이 콤플렉스 앞에 붙게 되었을까요?

오이디푸스는 테베의 왕 라이오스(Laius)와 왕비 이오카스테(Iocaste) 사이에서 태어났습니다. 라이오스는 갓 태어난 아들이 아버지를 죽이고 어머니와 결혼할 운명을 타고났다는 신탁을 들었습니다. 그래서 라이오스는 오이디푸스의 발을 가죽 끈으로 묶어 못질을 했고, 신하에게 아기를 죽이라고 명령했습니다. 하지만 아기를 보고 마음이 약해진 신하는 나무 아래에 아기를 내려놓은 채 돌아왔습니다. 이곳을 지나던 목동이 우연히 오이디푸스를 발견하였고, 슬하에 자녀가 없던 코린토스 왕 내외에게 그를 데려갔습니다. 가죽 끈에 묶인 아기의 발은 퉁퉁 부어 있었고, 코린토스 왕 내외는 아기에게 '부은 발'이란 뜻의 '오이디푸스'라는 이름을 지어주었습니다.

19세기 조각가 쇼데의 〈나무에 묶여 있던 오이디푸스를 구한 목동〉에는 가죽 끈으로 묶인 오이디푸스의 발이 보입니다. 상처 입은 아기의 발을 개가 핥아주고 있습니다. 무시무시한 신탁을 모르는 아기는 편안해 보이네요. 그렇다면 오이디푸스는 신탁을 피해갔을까요?

앙투안 드니 쇼데, 〈나무에 묶여 있던 오이디푸스를 구한 목동〉, 1810~1818년, 대리석, 196×75×82cm, 파리 루브르박물관

운명을 거스르기 위해 떠난 여행에서 만난 수수께끼 괴물

장성한 오이디푸스는 우연히 친부모가 존재한다는 사실과 자신에게 내려진 신탁의 내용을 알게 되었습니다. 그는 양부모가 피해를 입을까 봐 코린토스를 떠났습니다.

이동 중 오이디푸스는 한 일행과 시비가 붙었고, 그들을 모두 죽였습니다. 이들 가운데 그의 친아버지인 라이오스가 있었습니다. 오이디푸스는 자신도 모르는 사이 신탁 하나를 실현했습니다.

테베로 넘어가는 길목을 지날 때, 오이디푸스는 여성의 머리와 사자의 몸을 하고 날개가 달린 괴물 '스핑크스(Sphinx)'와 마주쳤습니다. 낙소스 사람들이 델포이 아폴론 신전에 봉헌한 10m 높이의 원기둥 위에 얹어져 있었다는 〈낙소스의 스핑크스〉는 신화 속 내용을 그대로 구현한 모습을 하고 있습니다.

스핑크스는 이 언덕을 지나는 사람에게 수수께끼를 내고, 대답을 못하면 목을 조여서 죽였습니다. 스핑크스는 오이디푸스에게도 마수를 뻗었습니다. "아침에는 네 발, 낮에는 두 발, 저녁에는 세 발로 걷는 존

작자 미상, 〈낙소스의 스핑크스〉, BC 560년, 대리석, 높이 2.62m, 델피 고고학 박물관

장 오귀스트 앵그르, 〈스핑크스의 수수께끼를 푸는 오이디푸스〉, 1808년, 캔버스에 유채, 189×144cm, 파리 루브르박물관

재는 무엇이냐?"라는 스핑크스의 질문에 오이디푸스는 "인간이다!"라고 답했고, 스핑크스는 인간에게 졌다는 수치심에 절벽 아래로 몸을 던졌습니다.

앵그르가 그린 〈스핑크스의 수수께끼를 푸는 오이디푸스〉에는 바로 이 장면이 담겨 있습니다. 스핑크스의 얼굴은 그늘에 가려져 있는데요. 스핑크스가 수세에 몰렸다는 사실을 보여줍니다. 오이디푸스 뒤편에는 스핑크스를 보고 질겁해서 도망가는 사람이 보입니다. 오이디푸스의 자신감 넘치는 자세와는 대조적입니다.

우리 발을 오이디푸스로 만드는 '발목염좌'

오이디푸스는 '인간'을 발의 개수로 설명하는 문제를 찰떡같이 알아들었습니다. 태어나자마자 그의 발목이 묶인 사실을 복기하면, 오이디푸스가 여러모로 발과 연관이 깊은 인물임을 깨닫게 됩니다.

오이디푸스의 이름인 '부은 발'에 대해 알아볼까요. 발목은 7개의 뼈와 여러 근육, 인대로 구성되어 있습니다. 발목뼈에는 목말뼈(talus), 발꿈치뼈(calcaneus), 발배뼈(navicular), 입방뼈(cuboid), 쐐기뼈(cuneiform)가 있습니다. 다른 뼈가 1개씩인 것과 달리 쐐기뼈는 3개입니다.

인체를 지탱하는 발목에는 다른 부위에 비해 근육과 인대가 많이 붙어 있습니다. 종아리에 있는 정강뼈(tibia)와 종아리뼈(fibula)는 목말뼈와 맞닿으며, 발목 관절을 형성합니다.

발목은 구조상 안쪽으로 잘 꺾입니다. 그래서 우리는 발목 바깥쪽에 있는 앞목말종아리인대(전거비인대, anterior talofibular ligament), 뒤목말종아

발목 관절 구조

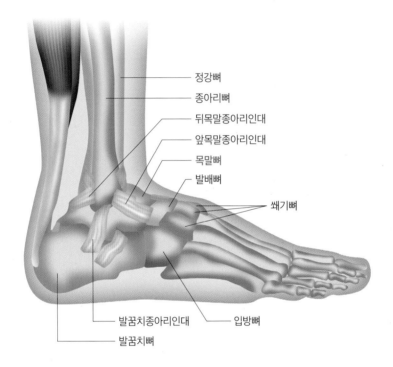

정강뼈
종아리뼈
뒤목말종아리인대
앞목말종아리인대
목말뼈
발배뼈
쐐기뼈
발꿈치종아리인대
입방뼈
발꿈치뼈

목말뼈는 정강뼈, 종아리뼈와 만나 발목 관절을 형성한다.
발목은 구조상 안쪽으로 잘 꺾인다.
발목이 심하게 비틀리거나 꺾이면 발목 관절을 지탱하는
인대가 손상되는 '발목염좌'가 발생하기도 한다.

리인대(후거비인대, posterior talofibular ligament), 발꿈치종아리인대(종비인대, calcaneofibular ligament)를 자주 다칩니다. 그중에서도 목말뼈와 종아리뼈를 잇는 앞목말종아리인대 손상이 가장 빈번하게 일어납니다.

발목이 심하게 비틀리거나 꺾이며 발목 관절을 지탱하는 인대가 늘어나 발목에 통증을 유발하는 질환을 '발목염좌(ankle sprain)'라고 부릅니다. 다친 인대를 초기에 치료하지 않으면, 인대가 느슨해진 채로 아물어서 다시 부상을 입을 가능성이 높습니다. 또 발목염좌가 반복적으로 발생하면, 발목 관절의 연골이 손상될 위험도 있습니다. 발목염좌 치료법은 얼음찜질, 압박 등의 요법을 통하여 인대가 제대로 아물길 기다리는 것밖에 없습니다.

태어나자마자 가죽 끈으로 묶인 오이디푸스의 발과 발목염좌를 앓는 발은 퉁퉁 부었다는 공통점이 있습니다. 오이디푸스의 발처럼 되지 않으려면, 평소 앞을 잘 살피며 다녀야 합니다.

신탁의 쳇바퀴에 갇힌 오이디푸스

테베의 왕으로 즉위한 오이디푸스는 선왕비인 이오카스테와 결혼했습니다. 어머니와 결혼한다는 신탁까지 실현한 것이지요. 두 사람은 그 사실을 알지 못한 채, 자식까지 낳으며 살았습니다.

재위 중 테베에 심한 역병이 퍼지자, 오이디푸스는 역병을 없앨 방법을 알려달라고 기도했습니다. 그러자 선왕 라이오스의 살해범을 찾으면 테베가 안정된다는 신탁이 내려왔습니다. 오이디푸스는 선왕의 살해범을 찾는 과정에서 충격적인 진실과 마주했습니다. 그토록 애타

앙리 레오폴드 레비, 〈테베에서 벗어나는 오이디푸스〉, 19세기경, 캔버스에 유채, 95×67cm, 랭스미술관

게 찾아 헤맨 선왕의 살해범이 바로 자신이라는 것을요. 오이디푸스는
자신이 선왕의 아들이라는 것 또한 알게 되었습니다. 이오카스테는 이
사실에 절망하여 스스로 목숨을 끊었고, 오이디푸스는 아내이자 어머
니인 이오카스테의 옷에서 황금핀을 빼 자신의 눈을 찔렀습니다. 눈먼
오이디푸스는 딸 안티고네(Antigone)와 함께 테베를 떠나 죽을 때까지
이곳저곳을 떠돌았습니다.

프랑스 화가 레비(Henri Léopold Lévy, 1840~1904)는 테베를 떠나는 부
녀의 모습을 그렸습니다. 절벽 위에 날개를 편 스핑크스가 보입니다.
작품을 감도는 어두운 분위기가 부녀가 겪을 고난을 암시합니다. 잔인
한 신탁은 오이디푸스에 이어 그의 딸 안티고네까지 비극적 운명으로
이끌었습니다.

안티고네에게 대물림된 슬픈 운명

안티고네에게는 쌍둥이 오빠가 있었습니다. 오이디푸스와 안티고네가
테베를 떠난 후, 형제는 왕위 다툼을 벌이다 죽었습니다. 왕관은 안티
고네의 외삼촌인 크레온(Creon)의 차지가 되었습니다.

크레온은 조카인 폴리네이케스(Polynices)가 반역을 도모했다는 이유
로, 그의 시신을 매장하지 말라는 왕명을 내렸습니다. 그 무렵, 안티고
네는 테베로 돌아왔고, 왕명을 어기고 오빠의 주검을 수습해 묻어주었
습니다. 크레온은 이 소식에 길길이 날뛰며 안티고네를 산 채로 무덤
에 가두었습니다. 무덤에 갇힌 안티고네는 스스로 목숨을 끊었습니다.

프랑스 화가 르네프뵈(Jules Eugène Lenepveu, 1819~1898)는 오빠의 시신

쥘 외젠 르네프뵈, 〈폴리네이케스를 묻어주는 안티고네〉, 1835~1838년, 종이에 수채, 27.4×35.3cm, 뉴욕 메트로폴리탄미술관

에 헌주하는 안티고네의 모습을 그렸습니다. 작품에 감도는 회색빛이 상황을 더욱 슬퍼 보이게 합니다.

　안티고네는 오빠를 묻어주기 위해 왕명에 반하는 행동을 했습니다. 그래서 안티고네의 'anti-'는 어떤 일이나 인물에 반대하는 성향을 뜻하는 접두사가 되었습니다.

　근육을 설명하는 해부학적 용어에도 이 'anti-'가 등장합니다. 신체 부위가 특정 방향으로 움직일 수 있도록 수축하는 근육을 '주작용근(agonist)'이라고 부릅니다. 이와는 반대 방향으로 이완하는 근육을 '대

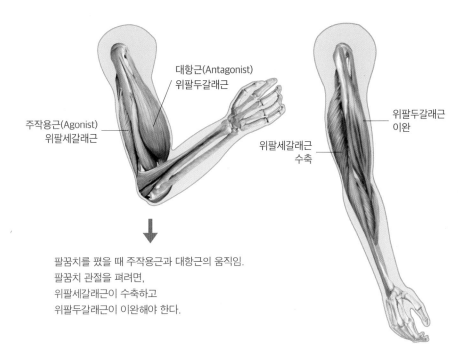

대항근(Antagonist)
위팔두갈래근

주작용근(Agonist)
위팔세갈래근

위팔세갈래근
수축

위팔두갈래근
이완

팔꿈치를 폈을 때 주작용근과 대항근의 움직임.
팔꿈치 관절을 펴려면,
위팔세갈래근이 수축하고
위팔두갈래근이 이완해야 한다.

항근(antagonist)'이라고 부릅니다. 주작용근의 움직임과는 반대로 움직인다는 데에서 붙여진 이름이지요. 주작용근이 수축하면 대항근이 이완해야 부드럽게 움직일 수 있습니다. 두 근육은 힘 대결을 하는 것이 아니라 서로를 돕습니다.

특정 연예인을 비방하는 사람들을 '안티'라고 부릅니다. 도를 넘은 비방글은 상대의 마음을 난도질합니다. 'anti-'는 눈먼 아비의 방랑길을 함께하고, 권력을 탐하다 부질없이 목숨을 잃은 오빠의 육신과 영혼을 위로한 심성 고운 안티고네에게 유래한 말입니다. 부디 'anti-'가 '비방'을 의미하지 않았으면 합니다. 누군가에게 상처를 주면, 그 아픔이 부메랑이 되어 돌아올 수 있음을 기억해야 합니다.

알렉산드로스 대왕은 긴 창과 방패로 무장한
'팔랑크스 대형'을 발전시켜 수많은 전쟁을 승리로 이끌었으며,
동서양 문화가 융합된 '헬레니즘 문화'를 꽃피웠습니다.
알렉산드로스의 조화와 포용 정신을 닮은 인체 기관이
엄지손가락입니다.

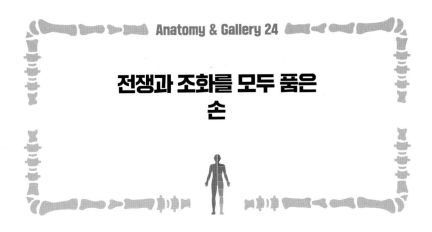

전쟁과 조화를 모두 품은 손

그리스 코린트에 입성한 젊은 왕이 그곳의 유명한 철학자인 디오게네스를 찾아갔습니다.

"당신이 원하는 게 있다면, 무엇이든 들어주겠네. 소원을 말해보게."

"그렇다면, 제가 햇빛을 쬘 수 있도록 자리를 비켜주시지요."

왕은 권력에 아부하지 않는 디오게네스의 태도에 감명을 받았다고 합니다. 이 에피소드의 주인공은 유럽, 아시아, 아프리카 세 대륙에 걸친 대제국을 건설한 전설적인 왕 알렉산드로스입니다. 흔히 알렉산더 대왕이라고 부르지요.

유년 시절, 알렉산드로스는 단단한 신체에 비해 유순한 얼굴을 하고 있었습니다. 또한 속세에 관심이 없었습니다. 그의 아버지이자 마케도니아 왕인 필리포스 2세(Philippos II, BC 382~BC 336)는 아들을 왕위 계승

필록세누스, 〈알렉산드로스 모자이크〉, BC 100년경, 모자이크, 272×582cm, 나폴리국립고고학박물관

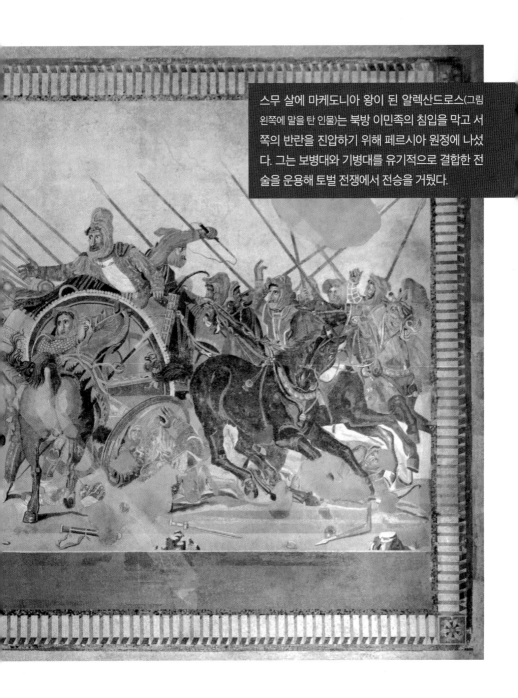

스무 살에 마케도니아 왕이 된 알렉산드로스(그림 왼쪽에 말을 탄 인물)는 북방 이민족의 침입을 막고 서쪽의 반란을 진압하기 위해 페르시아 원정에 나섰다. 그는 보병대와 기병대를 유기적으로 결합한 전술을 운용해 토벌 전쟁에서 전승을 거뒀다.

자에 맞게 변모시키기 위해, 그리스 철학자 아리스토텔레스에게 보냈습니다. 알렉산드로스는 2년 동안 아리스토텔레스에게 문법, 기하학, 수사학 등을 배웠습니다. 또한 신체를 단련했고 다수의 서적을 탐독했습니다.

서양에서 최초로 동방 원정대를 이끈 알렉산드로스

마케도니아는 그리스 도시국가 중에서 최대 규모의 군사력을 자랑했고, 다른 국가가 대항하지 못할 정도로 부강했습니다. 그런데 필리포스 2세가 아이가이의 극장에서 마케도니아 귀족 청년에게 살해당하자, 다른 도시 국가들이 마케도니아를 호시탐탐 넘봤습니다. 스무 살의 알렉산드로스는 새로운 왕으로 즉위했고, 테베와 아테네의 반란을 군사력으로 제압하며 왕권을 강화하였습니다. 알렉산드로스는 그리스 도시국가들의 공수 동맹인 코린트 동맹의 맹주 자리에 올랐습니다. 기원전 334년, 알렉산드로스는 북방 이민족의 침입을 막고 서쪽의 반란을 진압하기 위해 코린트 동맹군을 이끌고 페르시아 원정에 나섰습니다.

알렉산드로스는 보병대·기병대 등의 다양한 부대를 유기적으로 결합해 운용하는 전술을 구사했고, 페르시아와 맞서 대승을 거두며 전진하였습니다. 페르시아의 마지막 왕 다리우스 3세(Darius III, BC 380?~BC 330)는 알렉산드로스와 접전을 펼쳤지만, 결국 알렉산드로스에게 무릎을 꿇었습니다.

1831년 폼페이의 한 주택에서 일부가 손상된 채 발견된 〈알렉산드로스 모자이크〉(352~353쪽)에는 코린트 동맹군과 페르시아군의 이소스 전투 모습이 담겨 있습니다. 400만 개의 조각으로 이루어진 〈알렉산드로스 모자이크〉는 그리스 회화를 동양적 기법인 모자이크로 재현한 작품입니다.

그림 왼쪽에 투구를 쓰지 않은 채 전장을 지휘하는 젊은 왕이 알렉산드로스입니다. 가슴팍에 있는 고르고는 그리스신화 속 괴물로, 알렉산드로스가 그리스 문화를 계승했음을 표현합니다. 긴소매는 동방 문화를 받아들인 알렉산드로스의 포용력을 보여줍니다. 동서양 문화가 혼재된 그의 모습은 동서양 문화가 융합된 '헬레니즘(Hellenism) 문화'가 알렉산드로스의 손에서 탄생했음을 알려줍니다. 오른쪽에 말 네 필이 끄는 전차를 타고 있는 남자가 다리우스 3세입니다. 전차 아래에는 갑작스럽게 제국의 몰락을 맞이한 페르시아 군인이 깔려 있습니다.

알렉산드로스에 비해 다리우스 3세가 크게 표현되어 주인공처럼 보이기도 합니다. 하지만 승리의 여신은 알렉산드로스의 편이었습니다. 알렉산드로스는 포로가 된 다리우스 3세의 어머니, 왕비, 두 명의 딸을 정중하게 대했고, 다리우스 3세가 사망하자 그의 장례식을 장엄하게 치러주었습니다. 알렉산드로스는 용맹한 왕이자 포용할 줄 아는 인간이었습니다.

손 안에 있는 승리의 대형

페르시아군은 코린트 동맹군보다 수적으로 우위에 있었으나, 패배하고 말았습니다. 알렉산드로스는 수적 열세를 어떻게 극복했을까요?

다양한 요인이 복합적이겠지만 가장 큰 승리 요인은 코린트 동맹군

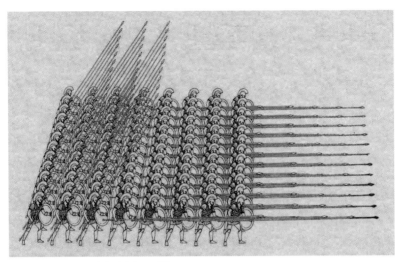
긴 창과 방패를 든 보병들이 만든 '팔랑크스 대형'.

의 '팔랑크스 대형'입니다. 동맹군의 보병은 왼손에 큰 방패를, 오른손에는 3m 길이의 장창을 들고 전장에 나갔습니다. 방패와 창으로 무장한 보병들 다수가 한데 모여 고슴도치 같은 대형을 이루는 것이 팔랑크스입니다.

하나의 대형은 가로와 세로가 16줄로 이루어졌고, 앞줄의 병사들이 전사하면 다음 줄의 병사들이 빈자리를 메웠습니다. 보통 앞줄에 나이가 어린 신병이, 뒷줄에 경험이 많은 고참병들이 섰습니다. 동맹군의 보병들은 큰 방패 뒤로 몸을 숨기고 긴 창으로 적병들을 무찔렀습니다.

팔랑크스는 적군을 저지하는 능력이 뛰어나다는 장점이 있었습니다. 실제로 소수정예의 동맹군이 페르시아군을 격퇴한 증거도 있었지요. 하지만 단점도 존재했습니다. 중무장한 병사들이 밀집대형으로 이동하니 기동성이 떨어졌고, 병사들이 방어본능에 의해 방패 뒤로 숨어

손가락뼈의 구성

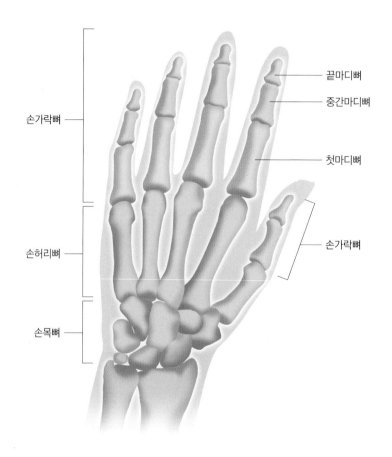

손가락뼈

끝마디뼈

중간마디뼈

첫마디뼈

손허리뼈

손가락뼈

손목뼈

손은 총 27개의 뼈로 구성되어 있으며,

단위 면적당 뼈의 개수가 가장 많은 신체 부위다.

긴 창과 방패를 든 보병들이 만든 팔랑크스 대형은 손가락과 닮았다.

그래서 손가락뼈(phalanx)의 명칭은 팔랑크스 대형의 이름에서 따왔다.

대형이 오른쪽으로 쏠리는 현상이 생겼습니다. 이에 알렉산드로스는 창의 길이를 6m로 늘리고, 기울어진 사선대형을 만들어 팔랑크스 대형의 단점을 보완하였습니다.

알렉산드로스의 필살기 팔랑크스(phalanx)는 우리의 손가락과 닮았습니다. 손가락을 구성하는 손가락뼈(지골)가 'phalanx'인 이유도 여기에 있습니다. 영어 'arm'은 팔을 뜻하는 명사이자, '무장하다'를 뜻하는 동사입니다. arm은 군대를 뜻하는 'amry'에서 유래하였는데요. 팔과 손은 우리의 무기로, 잘못 휘두르면 타인에게 피해를 줄 수 있음을 암시합니다.

손은 총 27개의 뼈로 구성되어 있으며, 단위 면적당 뼈 개수가 가장 많은 신체 부위이기도 합니다. 손뼈는 손목 관절을 이루는 손목뼈(carpal bones), 손바닥 부위의 손허리뼈(중수골, metacarpal bone), 손가락을 형성하는 손가락뼈로 나누어집니다. 손목뼈는 작은 뼈 8개로 구성되어 있습니다. 손바닥에는 5개의 손허리뼈가 있으며, 손가락뼈와 이어져 있습니다. 손가락뼈는 첫마디뼈, 중간마디뼈, 끝마디뼈(proximal, middle, and distal phalanges)로 나뉘며, 엄지손가락에는 중간마디뼈가 없습니다. 엄지손가락은 2개, 나머지 네 손가락은 각각 3개의 손가락뼈가 있습니다. 뼈와 뼈가 만나는 곳에는 관절이 발달하고 관절은 신체를 자유롭게 움직일 수 있도록 도와줍니다. 엄지손가락은 한 번, 나머지 손가락은 두 번 접히는 이유는 손가락뼈의 개수가 2와 3으로 다르기 때문입니다.

손은 뼈와 관절이 많아 다른 신체 기관보다 자유롭게 움직일 수 있습니다. 하지만 누군가에게 상처를 남길 수도 있습니다. 신이 부여한 손이 무기보다는 창조의 도구로 이용되길 바랍니다.

동방의 문화를 포용한 서양의 왕

루이 14세(Louis XIV, 1638~1715)의 궁정화가이자 베르사유궁전 내부 장식을 지휘한 화가 르브룅(Charles Le Brun, 1619~1690)은 미남으로 알려진 알렉산드로스를 자주 그렸습니다. 〈알렉산더와 포루스〉(360~361쪽)의 소재는 인도의 서쪽을 다스리던 포루스(Porus, ?~BC 315)와 알렉산드로스의 전쟁입니다. 알렉산드로스는 그림 오른쪽에 화려한 투구를 쓴 채 말에 올라 누군가에게 손을 내미는 인물입니다.

포루스군의 수많은 병사들과 코끼리 부대가 알렉산드로스의 군대가 인도로 들어가는 관문인 히다스페스 강을 건너지 못하게 막았습니다. 알렉산드로스 군대는 코끼리의 위협과 수적 열세에도 불구하고, 폭우가 내릴 때 강 상류의 폭이 좁은 지형을 통해 포루스군에 접근했습니다. 알렉산드로스군은 적군을 기습하여 제압했습니다. 코끼리가 쓰러져 있는 모습에서, 치열한 전투 끝에 포루스가 패배했다는 사실을 알 수 있습니다. 승리의 여신은 알렉산드로스의 손을 다시 한 번 들어주었습니다. 포루스의 능력을 인정한 알렉산드로스는 적국의 수장인 그를 죽이지 않고 총독에 임명하는 포용정책을 펼쳤습니다.

알렉산드로스는 여러 나라를 정복하는 과정에서 서양의 그리스 문화와 동양의 오리엔탈 문화가 융합한 헬레니즘 문화를 창조해냈습니다. 알렉산드로스는 적군뿐 아니라 문화까지 끌어안은 것이지요. 헬레니즘 미술 작품에서는 관능적 아름다움과 격정적 감정, 운동감이 느껴집니다. 〈라오콘 군상〉(417쪽), 〈사모트라케의 니케〉(363쪽)가 헬레니즘 미술을 대표하는 작품입니다. 르브룅의 또 다른 작품 〈바빌로니아에

샤를 르브룅, 〈알렉산더와 포루스〉,
1665년, 캔버스에 유채, 470×1264cm,
파리 루브르박물관

인도 서쪽을 다스리던 포루스와 알렉산드로스의 전쟁을 그린 작품. 화려한 투구를 쓰고 말에 올라 손을 내밀고 있는 인물이 알렉산드로스다. 코끼리들이 쓰러져 있는 모습에서 전투의 결과를 짐작해볼 수 있다.

샤를 르브룅, 〈바빌로니아에 입성하는 알렉산더 대왕〉, 1665년, 캔버스에 유채, 405×707cm, 파리 루브르박물관

입성하는 알렉산더 대왕〉에서는, 인도 문화를 대표하는 코끼리를 탄 알렉산드로스를 볼 수 있습니다. 이 모습은 알렉산드로스가 동서양 문화를 융합해 헬레니즘을 탄생시켰음을 알립니다.

손가락의 '맞섬'이 문화의 융합으로!

새해가 시작될 때면, 사람들이 사주, 관상, 손금 등으로 앞날을 알아보려고 합니다. 그중에서 손금으로 운명을 알아보는 방식은 고대 인도에서 시작했고, 아리스토텔레스가 이 방법을 수상학(手相學)으로 발전시켰습니다. 수상학이 그리스에서 발달할 수 있었던 것은 알렉산드로스가 손금에 관심이 많았기 때문입니다.

오랜 기간 전쟁을 치르던 알렉산드로스는 점성술사를 불러 손금을 보며 불안감을 달랬습니다. 페르시아 정복에 나서기 전, 점성술사가 세계를 정복하기엔 그의 손금이 짧다고 말하자 알렉산드로스는 바로 칼을 꺼내 손금을 늘렸다고 합니다.

사실 손금은 손의 진화를 증명하는 살아 있는 화석입니다. 손가락의 움직임에 따라 피부가 접히며 손금이 형성되기 때문입니다. 두뇌선과 감정선은 엄지를 제외한 네 손가락을 굽힐 때 피부가 접히는 부위에 생기고, 생명선은 엄지손가락이 굽혀지는 부위에 생깁니다.

엄지손가락이 접힐 수 있게 도와주는 근육을 '엄지맞섬근(opponens pollicis)'이라고 부릅니다. 엄지손가락의 끝마디가 다른 손가락의 끝마디와 맞닿는 운동은 '맞섬(opposition)'이라고 합니다. 맞섬은 '대립'의 뜻을 갖고 있지만, 손 안의 '맞섬'은 맞닿음을 의미합니다. 손금에 관심이 많았던 알렉산드로스는 자신의 손가락이 붙는 모양을 보면서, 전쟁 중에도 조화와 융합이 필요하다고 느낀 듯합니다. 융합의 중요성을 알고 있었기에, 알렉산드로스는 8년여의 전쟁 끝에 헬레니즘이라는 눈부신 문화를 세상에 남길 수 있었습니다.

작자 미상, 〈사모트라케의 니케〉,
BC 331~BC 323년경, 대리석, 높이 328cm,
파리 루브르박물관

사람을 잡아먹는 반인반수의 괴물 미노타우로스를 가두기 위해
다이달로스는 한 번 들어가면 절대로 나올 수 없는 '라비린토스',
즉 미궁을 설계했습니다.
미궁 안에 던져진 사람들은 미궁을 빠져나오지 못하고,
끝내 미노타우로스에게 잡아먹히고 말았습니다.
소리를 전달해주는 귀에도 '미궁'이라는 이름의 기관이 있습니다.
귓속 미궁을 무사히 빠져나올 방법은 있는 걸까요?

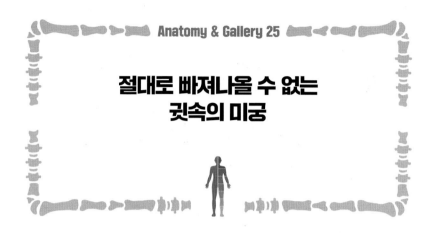

절대로 빠져나올 수 없는
귓속의 미궁

인체는 '우주'에 비유될 만큼 복잡합니다. 특히 소리를 전달하는 귀에는 들어가면 쉽사리 빠져나올 수 없는 '미궁(labyrinth)'이라는 이름이 붙은 복잡한 기관이 있습니다. 이번 이야기는 귓속의 미궁과 '황소' 때문에 운명이 미궁처럼 꼬인 여인 3대의 이야기입니다.

그리스신화는 제우스의 바람기에서 비롯된 이야기가 참 많지요. 이번 이야기의 첫 단추도 역시 제우스가 끼웁니다. 에우로페(Europe)에게 반한 제우스는 하얀 황소로 변신해 그녀를 크레타 섬으로 납치했습니다. 한 여인에게 정착할 제우스가 아니지요. 그는 크레타 왕 아스테리오(Asterios)가 탐낼 만한 선물과 함께 에우로페와 아들 셋을 아스테리오에게 보냅니다. 아스테리오가 죽자, 제우스의 세 아들은 왕위를 놓고 다툼을 벌입니다. 장남 미노스(Minos)는 아우들에게 자신이 기도하

인간의 몸에 황소의 머리와 꼬리가 달린
'반인반수' 미노타우로스를 그려넣은 고대
그리스시대 항아리 '암포라'.

작자 미상, 〈암포라〉,
BC 540년, 세라믹, 높이 37.5cm,
런던 대영박물관

면 신이 하얀 황소를 내려준다고 호언장담합니다. 놀랍게도 포세이돈이 정말 하얀 황소를 보내주었습니다. 사실 포세이돈은 미노스를 포함해 세 왕자의 증조할아버지였거든요.

포세이돈 덕분에 왕위 싸움에서 승리한 미노스는 보답의 의미로 그에게 매해 하얀 황소를 바치기로 약속했습니다. 그러나 미노스의 아내 파시파에(Pasiphae)가 제물로 바칠 하얀 황소를 마음에 들어하자, 미노스는 황소를 바꿔치기했습니다. 이 사실을 안 포세이돈은 분노해 파시파에가 황소를 사랑하게 만들었습니다. 결국, 파시파에는 인간의 몸에 황소의 머리와 꼬리가 달린 반인반수 '미노타우로스(Minotauros)'를 낳았습니다.

미궁을 탈출할 비책, '아리아드네의 실'

성장할수록 난폭해진 미노타우로스는 급기야 사람까지 먹어치웠습니다. 미노스는 다이달로스(Daedalos)를 시켜 아무도 탈출할 수 없는 미궁 '라비린토스(Labyrinthos)'를 만들어 미노타우로스를 가둬버렸습니다.

당시 크레타는 아테네로부터 조공을 받고 있었는데, 미노스는 아테네에 처녀 총각 일곱 쌍을 보내라 요구했습니다. 이들을 미노타우로스의 먹이로 라비린토스에 던질 요량이었던 것이죠. 매년 아테네의 청춘들이 괴물의 먹이로 목숨을 잃자, 아테네의 왕자 테세우스(Theseus)는 미노타우로스를 처단하기 위해 크레타로 떠납니다.

황소 때문에 꼬인 운명은 에우로페, 파시파에에 이어 '크레타의 공주' 아리아드네(Ariadne)에게 넘어옵니다. 크레타에 도착한 테세우스를 발견한 아리아드네는 한눈에 사랑에 빠졌습니다. 테세우스가 크레타에 온 목적을 알게 된 그녀는 그가 미궁을 빠져나올 수 있는 묘책을 건넵니다. 묘책은 바로 '실타래'였습니다. 그녀는 실을 조금씩 풀면서 미궁으로 들어갔다가 실을 따라 나오면 미궁을 탈출할 수 있다는 설명도 덧붙였지요. 그녀의 조언대로 테세우스는 실을 조금씩 풀면서 미궁의 중심을 향해 나아갔습니다.

테세우스는 미노타우로스를 단숨에 처단합니다. 프랑스의 조각가 바리(Antoine Louis Barye, 1796~1875)의 〈미노타우로스를 베는 테세우스〉는 바로 이 순간을 묘사하고 있습니다. 테세우스에게 필사적으로 매달린 미노타우로스와 달리 테세우스는 매우 초연한 모습입니다. 두려움이라고는 한 톨 묻어 있지 않은 테세우스의 표정에서, 우리는 이 대결의 승자를 예측할 수 있습니다.

테세우스와 미노타우로스가 대결하기 전, 숨 막히는 긴장감을 표현한 그림을 한 점 볼까요? 영국 화가 존스의 〈미궁 속의 테세우스〉를 보시지요. 벽 뒤에서 테세우스를 지켜보는 미노타우로스와 실을 풀며 미노타우로스에게 접근하는 테세우스의 모습에서 긴장감이 고조됩니다. 작품 속 테세우스는 오른손에는 긴 칼을, 왼손에는 실타래를 들고

앙투안 루이 바리, 〈미노타우로스를 베는 테세우스〉,
1843년, 청동, 높이 45.7cm, 뉴욕 메트로폴리탄미술관

에드워드 콜리 번 존스, 〈미궁 속의 테세우스〉, 1861년, 종이에 혼합 재료로 채색, 25.5×26.1cm, 버밍엄미술관

있습니다. 바닥에는 그의 목숨줄이 되어줄 붉은 실과 미노타우로스에게 잡아먹힌 이들의 뼛조각이 놓여 있습니다. 위쪽에는 작품의 배경인 라비린토스와 주인공인 테세우스와 미노타우로스의 이름이 적혀 있습니다. 마치 영화 속 자막처럼 느껴집니다.

미노타우로스를 물리친 테세우스는 아리아드네의 실을 따라서 미궁에서 탈출했습니다. 이 신화 때문에 문제를 푸는 과정의 핵심 요소를 '아리아드네의 실'이라고 부릅니다.

미궁을 통해 뇌로 전달되는 소리

미노타우로스를 가두기 위해 다이달로스가 만든 미궁(迷宮, labyrinth)은 미로(迷路, maze)와 다릅니다. 미로는 막다른 길과 갈림길이 복잡하게 얽혀 있어 길을 잃고 헤맬 수 있는 구조입니다. 반면 미궁은 길이 하나라서 돌돌 말린 길을 따라가면 무조건 중심에 이르도록 설계되어 있습니다. 소리도 귓속으로 들어와서 복잡한 관들을 통과하는데, 특히 속귀 안쪽 달팽이의 구조가 미궁과 비슷합니다.

소리는 물질의 진동이 매질을 타고 퍼져나가는 현상입니다. 물질이 진동하면 음파가 공기라는 매질을 타고 속귀로 들어옵니다. 음파는 청각세포를 자극하고, 청각세포의 신호를 받은 뇌는 비로소 소리를 인식합니다.

귀의 가장 안쪽 부분인 속귀의 별칭이 'labyrinth', 바로 '미궁'입니다. 속귀는 세 부분으로 나뉩니다. 나선형 모양의 '달팽이(cochlea)'는 소리를 감지하는 기관입니다. 3개의 고리처럼 생긴 '반고리뼈관(semicircular canal)'은 몸이 얼마나 회전하는지 감지하는 평형기관입니다. 두 기관 사이에 있는 '안뜰(전정, vestibule)'은 몸의 운동감각이나 위치감각을 감지하여 뇌로 전달하는 기관으로, 특히 눈의 움직임에 따른 평형감각을 담당합니다.

귀의 구조

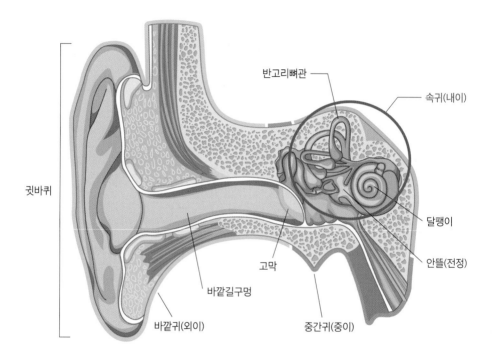

귓바퀴

반고리뼈관

속귀(내이)

달팽이

안뜰(전정)

고막

바깥길구멍

바깥귀(외이)

중간귀(중이)

달팽이, 반고리뼈관, 안뜰이 있는 속귀는 복잡한 생김새 때문에
'미궁'이라고도 부른다. 속귀 바깥 부분인 뼈미로는
막미로, 속미로로 구성된다.
속림프에 문제가 생기면, 청각 또는 평형감각을 잃을 수 있다.

캄파나 카소니 장인 학교, 〈테세우스와 미노타우로스〉,
16세기경, 패널에 유채, 69×155cm,
파리 루브르박물관

라비린토스 밖에서 테세우스를 기다리는 두
여인은 아리아드네와 파이드라다. 두 여인 모
두 테세우스를 좋아했다고 한다. 둘 중 언니인
아리아드네는 라비린토스를 무사히 탈출할
수 있는 방법을 알려줄 만큼 지혜로웠다.

속귀의 바깥 부분은 뼈로 되어 있습니다. 이 부분을 '뼈미로(bony
labyrinth)'라고 부릅니다. 뼈미로 안에는 얇은 물질로 이루어진 '막미로
(membranous labyrinth)'가 있고, 그 안에는 액체 형태의 '속림프(endolymph)'
가 가득 차 있습니다. 청각자극과 평형자극이 속귀로 전달되면 속림프
에 파동이 일면서 청각세포와 평형세포를 자극합니다. 속림프가 제대
로 순환하지 않으면 어지럼증이 생기고 심하면 구토를 하기도 합니다.

'영웅의 아내' 대신
'신의 배필'이 된 아리아드네

크레타로 간 테세우스의 이야기를 나열식으로 묘사한 〈테세우스와 미노타우로스〉(372~373쪽)에는 사랑하는 남자를 기다리는 아리아드네의 모습이 담겨 있습니다. 작품 오른쪽에는 라비린토스와 두 여성이 보입니다. 아리아드네와 그녀의 여동생 파이드라(Phaedra)입니다. 파이드라 역시 테세우스에게 반했다고 합니다. 두 여인은 초조한 마음으로 테세우스를 기다리고 있습니다. 특히 테세우스가 미궁에 들어가기 전에 미궁에서 무사히 탈출하면 결혼하기로 약속한 아리아드네는 더욱 애타는 마음이었겠지요. 미궁 정중앙에 있는 테세우스는 미노타우로스의 목을 베고 있습니다. 그런데 테세우스는 미궁을 나와 아리아드네와 결혼했을까요?

미궁을 탈출한 테세우스는 아리아드네를 데리고 아테네로 떠났습니다. 그런데 배가 잠시 낙소스 섬에 정박했을 때, 그는 깜빡 잠이 든 아리아드네를 두고 떠났습니다. 테세우스가 고향에 마음에 둔 여자가 있었기 때문이라는 설과 아리아드네에게 반한 '술의 신' 디오니소스(Dionysus)가 그녀를 납치했다는 설 등이 거론됩니다. 두 번째 설은 아리아드네가 이후 디오니소스의 아내가 되기 때문에 나온 것으로 보입니다.

티치아노는, 속절없이 떠나는 배를 향해 손을 뻗은 아리아드네와 그녀를 강렬하게 쳐다보는 디오니소스를 한 캔버스 안에 담았습니다. 작품 중앙에 붉은 천을 휘감고 하늘에 떠 있는 남성이 바로 디오니소스

베첼리오 티치아노, 〈디오니소스와 아리아드네〉,
1520~1523년, 캔버스에 유채, 176× 191cm,
런던 내셔널갤러리

입니다. 티치아노는 아리아드네를 향해 돌진하는 디오니소스를 통해 사랑에 빠진 남성의 모습을 표현하고 있습니다. 〈디오니소스와 아리아드네〉 속 아리아드네는 디오니소스를 거부하는 듯, 그에게 몸을 돌리고 있습니다. 하지만 사람들 뒤편 나무를 타고 오르는 포도넝쿨은, 디오니소스의 상징이자 부부의 상징으로 두 사람이 부부가 될 것을 암시합니다.

디오니소스는 상처받은 아리아드네를 보듬어주었고, 그녀는 그의 사랑을 받아주었습니다. 디오니소스는 그녀에게 결혼 선물로 왕관을 주었습니다. 아리아드네가 죽고 난 후, 디오니소스는 이 왕관을 하늘로 보내 별자리로 만들었습니다. 〈디오니소스와 아리아드네〉의 왼쪽 하늘에서 반짝이는 별 무리가 바로 '왕관자리'입니다.

아리아드네를 버리고 떠난 테세우스에게는 비극이 닥쳤습니다. 그는 괴물을 처단하고 돌아올 때 배에 흰 돛을 달기로 아버지와 약속했습니다. 하지만 그 사실을 잊고, 출발할 때와 마찬가지로 검은 돛을 달고 아테네로 향했습니다. 멀리서 검은 돛을 본 아버지는 아들이 죽었다고 오해했고 실의에 빠져 바다로 몸을 던졌습니다.

아리아드네가 알려준
삶의 '미궁'을 풀 열쇠

'살인 사건이 미궁에 빠졌다'처럼 사건이나 문제가 얽혀서 쉽게 해결하기 어려운 상태를 미궁이라고 합니다. 살다 보면 허다하게 미궁에 빠집니다. 다이달로스의 미궁을 탈출하는 방법은 뜻밖에 단순했습니

작자 미상, 〈잠자는 아리아드네〉, 2세기 중반, 대리석, 2.2×1.3×1m, 피렌체 우피치미술관(그리스시대 원작을 모각)

다. 들어왔던 길을 차근차근 되짚으며 돌아나가기. 아리아드네가 건넨 붉은 실타래는 고립무원의 존재들에게 '실낱같은 희망'을 버리지 않는다면, 위기를 헤치고 앞으로 나갈 방법이 있음을 상징하는 것일지도 모르겠습니다.

소통도 마찬가지입니다. 소통의 문제를 해결하는 가장 쉬운 방법은 상대의 입장이 되어보는 것입니다. 사람의 귀가 제아무리 미궁처럼 복잡할지라도, 열린 마음으로 대화의 끈을 절대 놓지 않는다면 소통의 길은 열려 있습니다.

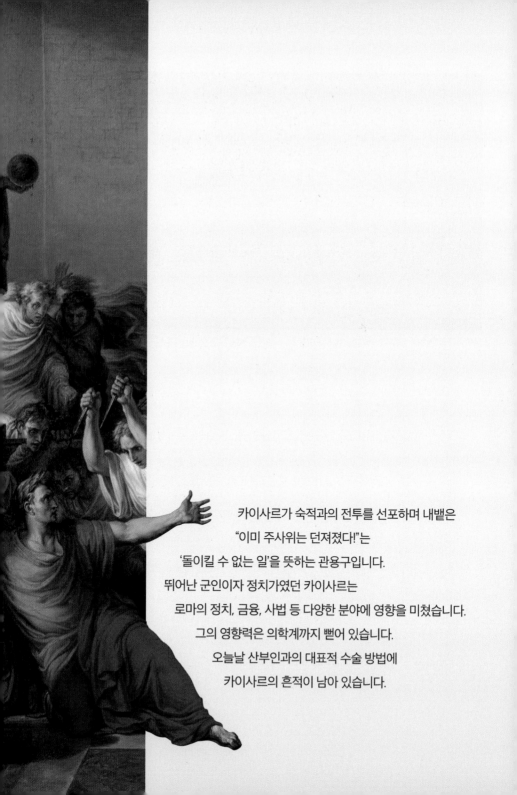

카이사르가 숙적과의 전투를 선포하며 내뱉은
"이미 주사위는 던져졌다!"는
'돌이킬 수 없는 일'을 뜻하는 관용구입니다.
뛰어난 군인이자 정치가였던 카이사르는
로마의 정치, 금융, 사법 등 다양한 분야에 영향을 미쳤습니다.
그의 영향력은 의학계까지 뻗어 있습니다.
오늘날 산부인과의 대표적 수술 방법에
카이사르의 흔적이 남아 있습니다.

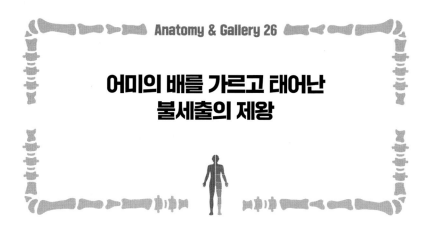

어미의 배를 가르고 태어난
불세출의 제왕

영원히 황제로 불릴 남자가 있습니다. 로마의 정치가 카이사르(Gaius Julius Caesar, BC 100~BC 44)입니다. 황제는 독일어로 '카이저(kaiser)', 러시아어로 '차르(czar)'입니다. 두 단어 모두 카이사르에게서 유래했습니다.

로마 귀족 가문에서 태어난 카이사르는 언변과 지략이 뛰어났습니다. 로마의 입법 및 자문을 담당했던 원로원에서는 승승장구하는 카이사르가 너무 큰 권력을 쥐게 될까 봐, 최고 직위인 집정관에 임명하지 않았습니다. 그러자 카이사르는 당시 권력을 움켜쥐고 있던 크라수스(Marcus Licinius Crassus, BC 115~BC 53)와 폼페이우스(Magnus Gnaeus Pompeius, BC 106~BC 48)를 자신의 편으로 만들며, 결국 집정관의 자리에 올랐습니다. 세 정치인은 동맹을 맺고 로마의 권력을 독점하는데요. 이를 '삼두정치(三頭政治)'라고 부릅니다.

로마의 일인자를 나타내는 붉은 망토

카이사르는 집정관을 역임한 후, 갈리아의 총독이 되어 갈리아 일대를 하나하나 정복해나갔습니다. 갈리아 지역은 현재 북부 이탈리아, 프랑스, 벨기에, 스위스 서부, 그리고 라인 강 서쪽의 독일을 포함하는 넓은 지역입니다. 그런데 카이사르는 7년이라는 짧은 기간에 이곳을 모두 정벌했습니다.

〈카이사르 앞에 항복하러 온 베르킨게토릭스〉는 이 시절 카이사르를 그렸습니다. 오른쪽에 붉은 망토를 걸치고 의자에 앉아 있는 남자

리오넬 노엘 로이어, 〈카이사르 앞에 항복하러 온 베르킨게토릭스〉, 1899년, 캔버스에 유채, 321×482cm, 르 뷔엉 빌레 크로자티에미술관

가 카이사르입니다. 카이사르는 갈리아를 정복할 때 늘 붉은 망토를 걸쳤다고 합니다. 왼쪽에 흰 말을 타고 온 남자는 갈리아에 살던 아르베니족의 부족장 베르킨게토릭스(Vercingetorix, BC 82~BC 46)입니다. 카이사르의 당당한 태도는 갈리아 정벌에서 거둔 성과를 상징합니다.

카이사르는 갈리아 정복으로, 정치적 입지가 더욱 넓어졌습니다. 갈수록 강해지는 그가 두려웠던 원로원에게 기회가 찾아왔습니다. 삼두정치의 주역인 크라수스가 전쟁 중 사망하였고, 폼페이우스의 아내였던 카이사르의 외동딸이 아이를 낳다가 사망했던 것입니다. 로마 귀족들은 이때를 틈타 삼두정치를 와해시킬 계획을 세웠습니다. 원로원에 포섭당한 폼페이우스는 카이사르에게 군대를 버리고 로마로 들어오라고 했습니다. 그 제안은 카이사르에게 목숨을 끊으라는 것과 다름없었습니다. 카이사르는 원로원과 협상하려고 시도했지만, 실패로 돌아갔습니다. 결국 카이사르는 로마군과의 전면전을 선택했습니다.

승리에 가까워지는 단서가
'발목뼈'의 어원에 있다!

카이사르는 로마로 들어서는 길목인 루비콘 강 앞에서 "이미 주사위는 던져졌다!"라고 말했습니다. 또는 "이미 루비콘 강을 건넜다!"라고 말했다고 합니다. 두 문장 모두 '어떻게 할지 결정했다'는 의미로 사용됩니다.

르네상스 화가 푸케(Jean Fouquet, 1420~1480)의 작품(382쪽)에는 철저하게 무장한 카이사르군이 보입니다. 그들이 서 있는 곳은 루비콘 강

장 푸케, 〈카이사르시대까지의 고대 역사와 로마인 이야기들〉, 15세기, 양피지에 채색, 45.1×33cm, 파리 루브르박물관

앞입니다. 카이사르의 군대는 폼페이우스가 이끄는 로마군을 어렵지
않게 제압했습니다.

카이사르의 다짐을 통해 로마시대에 이미 주사위가 존재했다는 사
실을 알 수 있습니다. 로마시대의 주사위는 말처럼 발굽이 있는 동물
들의 '목말뼈(talus)'였습니다. 목말뼈는 발목뼈 중에서 두 번째로 큽
니다. 정강뼈와 종아리뼈와 맞닿아 발목 관절을 형성하여 몸의 하중
을 발로 분산시키는 역할을 합니다. 목말뼈는 주사위를 뜻하는 라틴어
'taxillus'에서 유래했습니다.

다른 발목뼈의 어원에 대해서도 알아볼까요? 목말뼈 앞에는 배
모양의 '발배뼈'가 있습니다. 발배뼈는 작은 배를 뜻하는 라틴어
'navicular'에서 유래했는데요. 'navy(해군)', 'navigator(항해사)' 등의 어원
도 'navicular'입니다. '발꿈치뼈(calcaneum)'는 발뒤꿈치를 뜻하는 'calx'
에서 유래했습니다. 'calx'에는 발뒤꿈치 외에도 조약돌이란 뜻이 있습
니다. 그때는 조약돌을 이용하여 수를 세었기 때문에, 조약돌을 뜻하는
'calculus'는 계산하다를 뜻하는 'calculate'의 어원이 되었습니다. 목말
뼈 아래에 있는 '입방뼈(cuboid)'는 라틴어로 주사위를 뜻하는 'cobos'에
접미사 '-oid'가 붙어 만들어졌습니다. 육면체와 유사한 모양의 입방뼈
는 주사위와 닮았습니다. 발배뼈 앞쪽에 있는 뼈는 '쐐기뼈(cuneiform)'
로 쐐기를 뜻하는 'cunes'와 형태를 뜻하는 'form'의 합성어입니다.

발목뼈의 어원을 살펴보면서, 필자는 발목뼈에 전쟁에 필요한 것들
이 있다고 느꼈습니다. 전쟁 중에는 카이사르처럼 '주사위'를 던질 용
기가 필요합니다. 또 적군에게 화살을 쏘는 각도를 '계산'해야 하지요.
때로는 '배'를 타고 바다를 건너야 합니다. 그리고 승자가 될 수 있도록

발목뼈

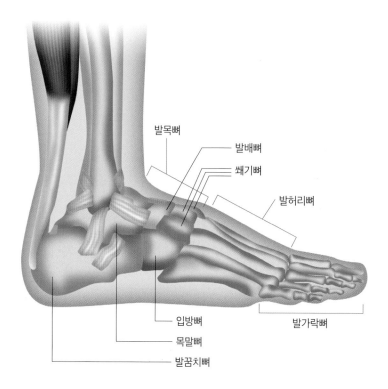

발목뼈

발배뼈

쐐기뼈

발허리뼈

입방뼈

목말뼈

발꿈치뼈

발가락뼈

로마시대에는 동물들의 목말뼈로 주사위를 만들었다.
목말뼈는 주사위를 뜻하는 라틴어 'taxillus'에서 유래했다.
사람의 목말뼈 아래에 있는 입방뼈는 육면체 모양으로
현재 우리가 사용하는 주사위와 닮았다.

알맞은 때에 '쐐기'를 박아야 합니다. 발목뼈와 관련 있는 단어들만 잘 기억해도 승리에 한 발자국 가까워질 수 있습니다.

로마의 제왕을 사로잡은 이집트의 팜파탈

로마에서 도망친 폼페이우스는 이집트로 몸을 피했습니다. 카이사르는 그를 찾아 이집트로 향했습니다. 그러나 이집트의 왕 프톨레마이오스 13세(Ptolemy XIII Theos Philopator, BC 62~BC 47)는 카이사르와 적대적 관계에 놓이고 싶지 않아 신하를 시켜 폼페이우스를 암살했습니다.

카이사르의 등장으로, 새로운 국면을 맞은 인물이 폼페이우스 외에 한 명 더 있습니다. 이집트 최고 미녀 클레오파트라 7세 (Cleopatra VII Philopator, BC 69~BC 30)입니다. 그녀는 동생이자 남편인 프톨레마이오스 13세와 권력 다툼을 벌이고 있었습니다. 그녀는 카이사르의 지지가 피 비린내 나는 권력 다툼에서 유

장 레옹 제롬, 〈카이사르 앞의 클레오파트라〉, 1866년, 캔버스에 유채, 183×129.5cm, 개인 소장

리한 고지를 점령할 '열쇠'라는 걸 잘 알고 있었지요.

〈카이사르 앞의 클레오파트라〉에는 천을 걷고 나온 클레오파트라가 보입니다. 클레오파트라는 카이사르에게 접근하기 위해 진상품이었던 천에 몸을 숨겨서 그의 방에 들어갔습니다. 붉은 천을 걸치고 놀란 표정을 짓는 남자가 카이사르입니다. 이 일을 계기로 두 사람은 가까워졌고, 카이사르의 도움으로 클레오파트라는 이집트 권력을 손에 쥐었습니다.

산부인과 수술에 이름을 남긴 카이사르

로마로 돌아온 카이사르는 교육·금융·사법·교통 등의 정책을 개선했습니다. 로마가 대제국으로 성장할 발판을 마련해가는 시기에, 카이사르는 로마의 일인자로 군림했습니다. 그는 즉위 기간 중 1년의 주기를 세는 '율리우스력'을 제정했습니다. 율리우스는 카이사르의 이름입니다.

카이사르는 산부인과 수술에도 이름을 남겼습니다. 그는 어머니의 배를 가르고 태어났다고 전해집니다. 산모의 복부와 자궁을 절개한 후 태아를 꺼내는 '제왕절개(caesarean section)'에서 '제왕'은 카이사르를 뜻합니다. 일각에서는 제왕절개가 '자르다'는 의미의 라틴어 'cedare'에서 유래했다고 주장합니다.

임신한 여성의 자궁벽은 태아의 발육에 따라 점차 커지며, 분만 후에는 다시 원래 크기로 돌아갑니다. 아기가 태어날 때가 되면 '자궁(uterus)' 근육이 수축하며 아기를 몸 밖으로 밀어냅니다. '자궁경부

자궁과 주변 기관

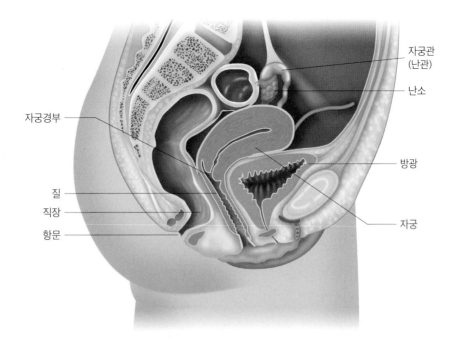

자궁관
(난관)

난소

자궁경부

방광

질

직장

항문

자궁

자궁은 아래쪽이 위쪽보다 좁은 서양배를 닮았다.

자궁은 배아가 착상하고, 태반이 부착하고, 태아가 성장하는 근육조직이다.

임신한 여성의 자궁벽은 태아의 발육에 따라 커지며

분만 후에는 다시 원래 크기로 돌아간다.

(cervix)'가 열리고 '질(vagina)'을 통해 아기가 나오는데요. 이 과정을 '자연분만'이라고 합니다. 그렇다면 제왕절개가 필요한 때는 언제일까요? 산모에게 당뇨, 고혈압 등의 질병이 있거나 태아 위치가 자연분만에 맞지 않으면, 산모의 복부와 자궁을 절개해 태아를 꺼내야 합니다. 그 외에도 조기 진통, 태반 조기 분리 등의 난산 시에도 제왕절개를 합니다.

생명을 잉태하는 자궁은 아래쪽이 위쪽보다 좁은 서양배를 닮았습니다. 자궁은 배아가 착상하고, 태반이 부착하고, 태아가 성장하는 근육조직입니다. 자궁의 아래쪽인 자궁경부는 질과 연결됩니다. 자궁의 양쪽에는 '자궁관(난관, uterine tube)'이 있습니다. 자궁관은 자궁과 '난소(ovary)'를 연결하는 역할을 합니다. 난소는 여성의 생식세포인 '난자(ovum)'를 생성합니다.

열 달 동안 정성껏 품고 있던 태아를 세상에 내놓는 출산은 고귀한 일입니다. 자연분만이든 제왕절개든, 어떤 방식이든 출산은 경이로운 일입니다. 생명 탄생을 돕는 중요한 수술 이름에 '제왕'이라는 단어가 붙는 것은 결코 어색하지 않습니다.

무소불위의 권력은 없다!

정적을 제거하고 승승장구할 것만 같았던 카이사르의 앞날에 먹구름이 몰려왔습니다. 카이사르가 로마 황제로 즉위하기 전, 원로원은 그가 아끼던 부하 브루투스(Marcus Juniu Brutus, BC 85~BC 42)를 포섭했습니다. 그들은 카이사르를 살해하기로 공모했습니다. 브루투스와 원로원 의원들은 카이사르를 약 20차례 찔렀습니다. 가장 믿었던 부하에게 배신

빈첸초 카무치니, 〈카이사르의 죽음〉, 1804~1805년, 캔버스에 유채, 112×195cm, 로마국립현대미술관

당한 카이사르는 죽기 전 "브루투스, 너마저"라는 말을 남겼습니다.

카무치니(Vincenzo Camuccini, 1771~1844)가 그린 〈카이사르의 죽음〉은 최고의 권력에도 끝이 있음을 알려줍니다. 트레이드마크인 붉은 망토를 걸친 카이사르는 이날 난생 처음 무릎을 꿇지 않았을까 싶습니다. 카이사르는 황제를 가리키는 단어이지만, 그는 정작 황제가 되지 못했습니다. 인생은 참 아이러니합니다.

해부학에서 발뒤꿈치뼈에 붙어 있는 힘줄을
가리키는 아킬레스건은
'치명적인 약점'이라는 의미를 담고 있기도 합니다.
신화 속 완전무결한 아킬레우스의 유일한 약점이
바로 '발목'이었기 때문입니다.
아킬레스건은 쉽게 다칠 수 있는 부위이긴 하지만,
우리가 두 발로 걷고 뛸 수 있게 해주는 중요한 힘줄입니다.

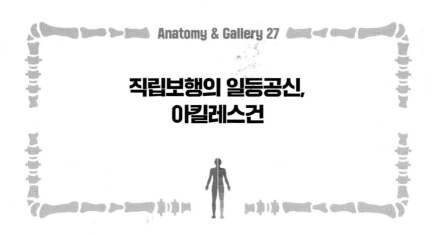

직립보행의 일등공신, 아킬레스건

2021년 5월, NBA의 전설 코비 브라이언트(Kobe Bryant, 1978~2020)가 농구 명예의 전당에 헌액되었습니다. 불의의 사고로 사망한 그를 대신해 아내가 감사한 마음을 전했습니다. 훌륭한 선수였던 코비는 '아킬레스건(발꿈치힘줄, achilles tendon)' 부상 이후로 제 기량을 발휘하지 못했습니다. 운동선수들이 빈번히 부상을 당하는 부위인 아킬레스건은 그리스 신화 속 인물의 이름에서 따왔습니다.

주인공은 바로 테티스의 아들 아킬레우스입니다. 님프와 인간 사이에서 태어난 아킬레우스는 유한한 삶을 살 수밖에 없었지요. 아들의 운명을 바꾸고자, 테티스는 갓 태어난 아들을 스틱스 강에 담갔습니다. 스틱스 강물에 목욕하면 몸이 강철처럼 단단해지기 때문입니다. 이제 아킬레우스의 몸은 어떤 화살과 칼도 뚫을 수 없게 되었습니다. 딱 한

앙투안 보렐, 〈스틱스 강에 아킬레우스를 담그는 테티스〉,
1788년, 캔버스에 유채, 99×177cm,
파르마국립미술관

군데, 테티스가 잡고 있던 발목만 빼고요.

프랑스 화가 보렐(Antoine Borel, 1743~1810)이 그린 작품에서 스틱스 강에 들어가는 아킬레우스를 볼 수 있습니다. 아킬레우스와 테티스는 유독 밝게 표현되었습니다. 이 장면만 보면 테티스가 비정한 어미로 보입니다. 하지만 그녀의 행동은 아들을 살리기 위한 결단이었습니다.

신탁에 맞선 어머니의 눈물 나는 모성

테티스는 아킬레우스를 케이론(Chiron)에게 보냈습니다. 바토니의 작품(394쪽)에서 알 수 있듯, 케이론은 상반신은 사람이고 하반신은 말인 켄타우로스족이었습니다. 그리고 매우 박학다식하였습니다. 그에게는 '영웅의 스승'이라는 별칭이 있는데요. 아킬레우스는 케이론에게 학문과 무술을 배웠습니다.

아킬레우스는 강철처럼 단단한 몸에 뛰어난 무예 실력까지 겸비했지만, 테티스는 여전히 아들의 목숨을 걱정했습니다. 아들이 트로이전쟁에 참전하면 요절

폼페오 바토니, 〈아킬레우스와 케이론〉,
1746년, 캔버스에 유채, 159×127cm,
피렌체 우피치미술관

얀 드 브레이, 〈리코메데스 딸들 사이에서 찾은 아킬레우스〉, 1664년, 캔버스에 유채, 129×179cm, 바르샤바국립미술관

하지만 평생 영웅의 명예를 누릴 것이고, 그렇지 않으면 평범하게 살지만 죽지 않을 것이란 신탁을 들었기 때문입니다. 그녀는 아들이 죽지 않길 바랐습니다.

테티스와 반대로 아킬레우스를 꼭 트로이전쟁에 참전시켜야 하는 사람이 있었습니다. 그리스군의 장군 오디세우스(Odysseus)였지요. 그는 이 전쟁을 승리로 이끌려면 아킬레우스를 참전시켜야 한다는 예언을 들었습니다. 그래서 그는 아킬레우스를 필사적으로 찾아다녔고, 아킬레우스가 리코메데스 왕궁에 있다는 사실까지 알아냈습니다.

하지만 오디세우스는 왕궁에서 아킬레우스를 찾을 수 없었습니다. 아킬레우스가 여자로 변장한 상태였기 때문입니다. 그는 한 가지 꾀를

냈습니다. 리코메데스의 딸들에게 반짝이는 장신구를 선물하면서, 그 안에 슬쩍 무기를 넣어두었습니다. 여인들이 장신구를 구경할 때, 적군의 침입을 알리는 나팔 소리가 들렸습니다. 그러자 아킬레우스는 본능적으로 상자 안의 무기를 집어 들었습니다. 그렇게 아킬레우스는 스스로 오디세우스 앞에 모습을 드러냈습니다.

네덜란드 화가 브레이(Jan de Bray, 1627~1697)의 〈리코메데스 딸들 사이에서 찾은 아킬레우스〉(395쪽)에는 여자 옷을 입고 있지만 힘줄이 툭 불거진 아킬레우스의 우람한 팔뚝이 담겨 있습니다. 그는 칼을 잡는 게 익숙해 보입니다. 그를 둘러싼 모두 의심스러운 눈초리를 보냅니다. 심지어 강아지조차 그에게 주목하지요. 오디세우스에게 정체를 들킨 아킬레우스는 더 이상 참전을 미룰 수 없었습니다.

엎치락뒤치락하는 두 진영

아킬레우스의 합류로, 그리스군은 승승장구했습니다. 하지만 전쟁 도중 생긴 포로를 처리하는 방식 때문에 총사령관인 아가멤논과 아킬레우스 사이에 불화가 생겼고, 아킬레우스는 더 이상 전쟁에 나가지 않았습니다. 아킬레우스가 빠지자 그리스군은 수세에 몰렸고, 상황을 타개하고자 그의 친구 파트로클로스(Patroklos)가 몰래 아킬레우스의 갑옷을 입고 참전했습니다. 파트로클로스는 트로이의 명장 헥토르(Hektor) 손에 사망했습니다.

친구의 죽음에 충격을 받은 아킬레우스는 다시 트로이군에 맞섰고, 친구의 원수인 헥토르를 처단했습니다. 분이 풀리지 않은 아킬레우스

프란츠 폰 마치, 〈아킬레우스의 승리〉, 1892년, 프레스코, 그리스 아킬레이온궁전

는 헥토르의 시신을 전차에 매달고 힘껏 내달렸습니다.

　마치(Franz von Match, 1861~1942)의 〈아킬레우스의 승리〉에는 기세등등한 아킬레우스와 땅에 끌려 다니는 헥토르의 시신이 강하게 대비됩니다. 이 장면으로 당시 승기(勝機)가 그리스군으로 넘어왔다는 사실을 알 수 있습니다.

　헥토르를 잃은 후, 트로이군은 거듭 패배했습니다. 트로이군을 이끌던 파리스는 전쟁의 판도를 뒤집기 위해 아폴론(Apollon)에게 기도했습니다. 아폴론은 그에게 아킬레우스의 약점이 '발목'임을 알려주었습니다. 파리스는 아폴론의 조언에 따라 아킬레우스의 발목을 향해 화살을 쐈습니다. 파리스의 화살은 정확히 아킬레우스의 발목을 관통했고, 그리스군을 이끌던 명장 아킬레우스는 사망했습니다.

발목 움직임을 좌우하는 아킬레스건

루벤스의 〈아킬레우스의 죽음〉에서 낯빛이 창백한 인물이 아킬레우스, 그림 왼쪽에 활을 들고 있는 인물이 파리스, 후광이 비치는 인물이 '태양의 신' 아폴론입니다. 화살은 아킬레우스의 오른쪽 발목을 관통했습니다. 영웅 아킬레우스가 발목 부상으로 죽음에 이르렀기 때문에, 아킬레우스는 '치명적 약점'과 동의어가 되었습니다. 그런데 아킬레스건은 우리의 약점이기만 할까요?

종아리 뒤에는 세 근육이 있습니다. 무릎 뒤편에는 '장딴지빗근 (plantaris)', 종아리 가장 바깥쪽에는 '장딴지근(비복근, gastrocnemius)', 그 밑에는 '가자미근(soleus)'이 있습니다. 두 개의 장딴지근과 하나의 가자미근을 합쳐 '종아리세갈래근(하퇴삼두근, triceps surae muscle)'이라고 부릅니다. 종아리세갈래근은 발꿈치 부근에서 얇아지며 발뒤꿈치에 붙는데, 이 힘줄이 아킬레스건입니다.

아킬레스건은 발꿈치를 들어 올릴 때, 걸을 때처럼 발을 들어 올릴 때 사용됩니다. 아킬레스건은 앞으로 나아가는 추진력을 발생시킵니다. 아킬레스건은 매우 굵고 단단하지만, 아킬레스건 주위 근육은 종아리에 비해 상대적으로 작고 얇습니다.

'아킬레스건 파열'은 스포츠 활동이 많아지면서 발병 빈도가 높아진 질환입니다. 주로 발을 드는 동작에서 아킬레스건이 파열됩니다. 아킬레스건이 터질 때는 별안간 뒤에서 걸어차인 듯한 느낌이 들면서 '퍽' 하는 파열음이 들립니다. 스포츠 경기 중 발생하는 흔한 부상이지만, 보행에 상당한 지장을 초래합니다.

페테르 파울 루벤스, 〈아킬레우스의 죽음〉,
1630~1635년, 캔버스에 유채, 108.5×109.5cm,
디종 마냉미술관

다리 근육

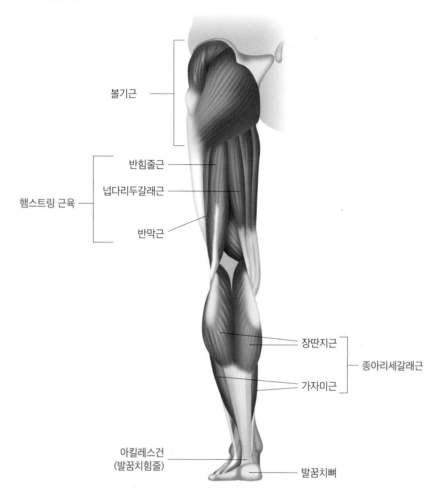

볼기근

반힘줄근

넙다리두갈래근

반막근

햄스트링 근육

장딴지근

종아리세갈래근

가자미근

아킬레스건
(발꿈치힘줄)

발꿈치뼈

아킬레스건은 발목 뒤에 있는 크고 단단한 힘줄로,

발을 들어 올리거나 걸을 때 사용한다.

스포츠 활동이 빈번해지면서 아킬레스건 파열이 자주 발생한다.

아킬레스건은 우리 몸에서 가장 크고 강력한 힘줄이지만 다치기 쉬운 곳입니다. 평소에는 아무런 문제가 없다가 갑자기 끊어질 수도 있습니다. 그러니 발목에 있는 아킬레우스가 난데없이 파열하지 않도록, 자주 발목을 좌우로 돌리고 앞뒤로 젖히며 아킬레스건을 강화해야 합니다.

약점이 아닌 강점으로 기억되길!

스포츠 뉴스를 보면, 아킬레스건 파열만큼 자주 등장하는 부상명이 있습니다. 바로 '햄스트링(hamstring) 부상'입니다. 2021년 3월 프리미어리그에서 활약 중인 손흥민 선수가 햄스트링 부상으로 경기 도중 실려 나가기도 했습니다.

햄스트링 근육은 허벅지 뒤에 있는 세 근육, '넙다리두갈래근(대퇴이두근, biceps femoris)', '반힘줄근(semitendinosus)', '반막근(semimembranosus)'을 통칭합니다. 햄스트링 근육은 무릎을 굽히는 동작을 할 때 사용됩니다. 또 보행 속도를 늦추거나 멈춰 서거나 방향을 바꿀 때에도 사용됩니다.

햄스트링 부상은 세 근육 중 하나가 최대로 늘어난 상태에서 순간적으로 근육에 힘이 과하게 들어갈 경우 발생합니다. 갑작스러운 방향 전환을 요하는 스포츠인 축구, 농구, 테니스 선수들에게 종종 나타납니다.

아킬레스건과 햄스트링은 다치기 쉬워서 약점으로 언급되지만, 직립보행을 도와주는 중요한 부위입니다. 해부학자 입장에서 이 부위들이 약점으로만 부각되어서 살짝 아쉽습니다. 해부학의 기초를 공부했으니 이제는 아킬레스건과 햄스트링 근육의 약점보다 강점을 먼저 기억하시길 바랍니다.

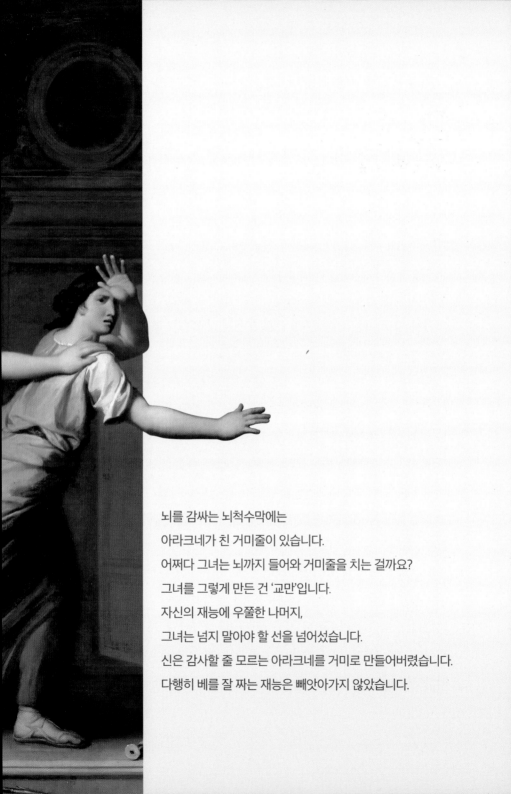

뇌를 감싸는 뇌척수막에는
아라크네가 친 거미줄이 있습니다.
어쩌다 그녀는 뇌까지 들어와 거미줄을 치는 걸까요?
그녀를 그렇게 만든 건 '교만'입니다.
자신의 재능에 우쭐한 나머지,
그녀는 넘지 말아야 할 선을 넘어섰습니다.
신은 감사할 줄 모르는 아라크네를 거미로 만들어버렸습니다.
다행히 베를 잘 짜는 재능은 빼앗아가지 않았습니다.

아라크네가 뇌 속에 친 거미줄

아테나는 직물의 수호신이었습니다. 지혜로울 뿐 아니라 손재주도 탁월한 여신이었지요. 이런 그녀에게 당당히 도전장을 내민 여인이 있습니다. 바로 아라크네(Arachne)였습니다. 염색장의 딸인 아라크네는 길쌈과 자수에서 두각을 나타냈습니다. 올림포스 여신들은 그녀가 짠 융단을 구경하러 지상으로 내려오기도 했습니다. 그러자 아라크네의 콧대는 하늘 높은지 모르고 치솟았고, 그녀는 자신의 솜씨가 아테나보다 뛰어나다는 말까지 했습니다. 이 소식을 들은 아테나는 노파로 변신하여 그녀를 찾아가서 신을 모욕하면 안 된다고 충고했습니다. 하지만 아라크네는 그녀의 말에 콧방귀를 뀌었습니다. 그러고는 자신이 아테나와 길쌈 대결을 해도 이길 자신이 있다고 호언장담했습니다. 그 순간 노파로 변신했던 아테나는 본래의 모습으로 아라크네 앞에 나타났

디에고 벨라스케스 데 케야르, 〈실 잣는 여인들〉, 1656년경, 캔버스에 유채, 220×289cm, 마드리드 프라도미술관

습니다.

　스페인 화가 벨라스케스(Diego Rodriguez de Silva y Velázquez, 1599~1660)
는 아테나의 충고를 무시한 아라크네의 모습을 캔버스로 옮겼습니다.
그림 오른쪽 흰색 상의를 입은 여인이 아라크네입니다. 왼쪽에는 하얀
스카프를 머리에 두른 노파가 보입니다. 옷 사이로 드러난 매끈한 다
리는 그녀가 노파가 아니라 사실 아테나임을 알려줍니다. 벽에는 여러
가지 색실로 그림을 짜 넣은 태피스트리가 걸려 있습니다. 이 태피스
트리가 어떤 이야기를 담고 있는지는 잠시 후에 말씀드리겠습니다.

'직물의 여신'에게 도전장을 내민 여인

갑자기 아테나가 나타나자, 그곳에 있던 사람들은 무릎을 꿇고 그녀에게 경배했습니다. 하지만 아라크네는 안색이 조금 창백해졌을 뿐 당당히 그녀를 맞았습니다. 그리고 잠시 후 길쌈 대결이 펼쳐졌습니다.

이탈리아 화가 틴토레토(Tintoretto, 1518~1594)는 베틀을 두고 앉은 두 사람의 모습을 〈미네르바와 아라크네〉(406쪽)에 담았습니다. '미네르바(Minerva)'는 로마신화 속 지혜와 기술의 신입니다. 그리스신화의 아테나와 로마신화의 미네르바 이야기가 거의 유사해서, 현대에는 두 신을 동일하다고 봅니다.

작품 속 투구를 쓰고 있는 여인은 아테나입니다. 한쪽 턱을 괸 채 반대편에 앉은 아라크네를 못마땅한 눈으로 쳐다보고 있습니다. '네 실력이 그렇게 뛰어나더냐? 어디 한 번 맘껏 재주를 부려보아라.' 이런 마음으로 아라크네를 지켜보는 것 같습니다. 그럼에도 아라크네는 주눅 들지 않고 베를 짜는 데에 집중합니다. 〈미네르바와 아라크네〉는 두 사람을 아래에서 올려다보는 특이한 구도의 작품입니다.

아라크네가 완성한 직물을 본 아테나는 감탄할 수밖에 없었습니다. 그녀의 길쌈 솜씨가 자신의 예상보다 훨씬 훌륭했기 때문입니다. 솜씨만 두고 보았을 때, 아라크네가 아테나보다 우위에 있었습니다. '질투의 여신' 젤로스(Zelus)도 아라크네의 솜씨를 인정했습니다.

아테나가 짠 직물에는, 아테나와 포세이돈의 경합, 신에게 대항하여 벌을 받는 인간, 평화의 상징 올리브나무가 직조되어 있었습니다. 아라크네에게 대결을 포기하라는 메시지를 보낸 것이었지요. 아라크네의

틴토레토, 〈미네르바와 아라크네〉, 1575년, 캔버스에 유채, 145×290cm, 피렌체 우피치미술관

직물에는 신들의 문란한 사생활이 담겨 있었습니다. 특히 제우스가 바람을 피우는 현장이 많았지요. 제우스의 딸인 아테나는 아라크네의 직물을 자세히 본 뒤 불같이 화를 내며 직물을 갈기갈기 찢어버렸습니다.

앞서 본 〈실 잣는 여인들〉(404쪽) 속 벽에 걸려 있는 태피스트리에도 제우스의 은밀한 사생활이 묘사되어 있습니다. 아라크네는 제우스가 에우로페를 납치하려고 황소로 변신한 이야기를 그림으로 꾸몄습니다. 이 태피스트리에는 화가 벨라스케스의 깨알 같은 위트도 들어가 있습니다. 황소가 에우로페를 등에 업고 바다를 건너는 장면은, 티치아노의 〈에우로페의 납치〉와 일치합니다. 티치아노에 대한 벨라스케스의 팬심이 발현된 작품이라 할 수 있겠네요.

아테나는 올림포스 신들을 능멸한 아라크네의 이마를 서너 번 내려쳤습니다. 극한의 공포를 느낀 아라크네는 목을 매달아 죽으려고 했습니다. 그 모습에 측은함을 느낀 아테나는 아라크네의 목숨을 구제했습니다. 대신, 평생 반성하며 베를 짜라는 의미로 그녀를 거미로 만들어

르네 앙투안 우아스, 〈미네르바와 아라크네〉,
1706년, 캔버스에 유채, 105×153cm,
파리 베르사유궁전

버렸습니다.

프랑스 화가 우아스가 그린 〈미네르바와 아라크네〉(407쪽)에는 아테나가 아라크네를 공격하는 장면이 담겨 있습니다. 아테나의 손이 닿자, 아라크네는 거미로 변했습니다. 아라크네는 아름다운 태피스트리를 짜는 대신 거미줄을 쳐야 했습니다.

아테나의 저주가 깃들어서인지, 거미를 무서워하는 사람들이 많습니다. 그중에서도 거미에 극도의 공포감을 느끼는 사람들이 있습니다. 그들이 느끼는 증상을 '거미공포증' 또는 '아라크노포비아(arachnophobia)'라고 부릅니다. 아라크네는 장인 대신 거미를 대표하는 이름이 된 것이지요.

뇌척수막에 거미줄을 친 아라크네

뇌를 둘러싼 '뇌척수막'에 거미로 변해버린 아라크네가 제 집을 만든 것처럼 보이는 부분이 있습니다. '거미막(arachnoid)' 아래에 있는 '거미막밑공간(지주막하강, subrachnoid space)'이 그곳입니다.

사람의 뇌와 척수는 세 층으로 이루어진 뇌척수막에 싸여 있습니다. 먼저 머리뼈 안쪽에 '경질막(경막, dura mater)'이 있습니다. 매우 두껍고 치밀한 조직으로 구성되어 있습니다. 여기에 뇌의 구획을 나누는 '대뇌낫', '소뇌천막', '소뇌낫'이란 주름이 있습니다(175쪽 참조). 경질막 바로 밑에 아주 얇은 거미막이 있습니다. 그 아래쪽에 뇌 표면을 감싸는 '연질막(pia mater)'이 있습니다. 연질막은 매우 얇아서 뇌 표면의 고랑과 틈새에 따라 요철이 생깁니다. 결합성 조직들은 거미막과 연질막 사이

뇌척수막의 구조

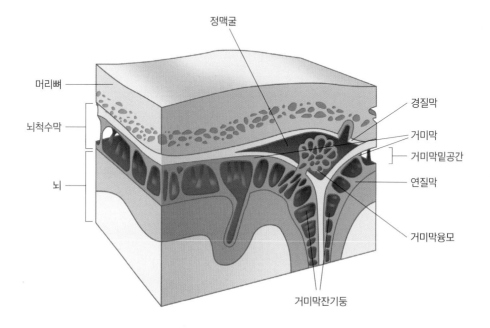

정맥굴

머리뼈

뇌척수막

뇌

경질막

거미막

거미막밑공간

연질막

거미막융모

거미막잔기둥

사람의 뇌와 척수는 경질막 · 거미막 · 연질막으로 구성된
뇌척수막으로 싸여 있다. 결합성 조직은 거미막과 연질막 사이에
무수한 거미막잔기둥을 만든다.
거미막잔기둥이 있는 거미막밑공간은
거미로 변한 아라크네가 친 거미줄처럼 보인다.

에 무수한 '잔기둥'을 만듭니다. 거미막과 연질막 사이의 잔기둥은 '거미막잔기둥(arachnoid trabeculae)'이라고 부르고, 거미막잔기둥이 있는 곳을 '거미막밑공간'이라고 부릅니다. 거미막밑공간에는 투명한 뇌척수액이 흐릅니다. 뇌척수액은 뇌척수막과 함께 뇌를 보호합니다.

거미막밑공간에는 뇌척수액 외에도 큰 혈관이 있습니다. 뇌에 혈액을 공급해주는 혈관이지요. 뇌동맥이 부푸는 '뇌동맥류'를 앓고 있거나 뇌 혈관이 선천적으로 기형일 경우, 거미막밑공간에 있던 혈관이 터지는 '거미막밑출혈(지주막하출혈)'이 발생할 위험이 있습니다. 이 혈관이 터지면, 뇌로 혈액을 공급할 수 없습니다. 또 뇌 안에 고인 혈액이 뇌조직을 압박해 뇌손상을 일으키기도 합니다. 거미막밑출혈이 생긴 환자들 중 3분의 1만이 생존합니다. 3분의 2는 뇌 혈관이 터지자마자 또는 병원으로 이송되거나 치료받는 도중 사망합니다. 갑작스레 아라크네가 거미로 변한 것처럼, 우리 뇌 속의 거미줄도 한순간에 엉망이 될 수 있습니다.

중앙으로 갈수록 해답과 가까워지는
아라크네의 거미줄

아라크네는 실력으로 신을 앞지른 인간이었습니다. 물론 교만한 성격 때문에, 그 영광을 단 한순간도 누릴 수 없었지만요. 그녀의 다이내믹한 인생은 화가들의 창작 욕구를 자극했습니다.

베네치아를 주름잡던 화가 베로네세(Paolo Veronese, 1528~1588)는 두칼레궁전 천장에 그녀를 새겼습니다. 그의 본명은 칼라아리(Cagliari)지만,

그는 자신이 나고 자란 도시 베네치아의 이름을 따서 베로네세라고 이름을 바꾸었습니다. 그만큼 베네치아에 애착이 컸던 풍속화가였습니다.

16세기 베네치아에서 유명했던 두 화가, 베로네세와 틴토레토는 베네치아 총독이 머물던 두칼레궁전을 장식해달라는 요청을 받았습니다. 이곳은 그들의 손길이 더해져 아주 화려해졌습니다(412쪽). 그래서 현대에는 화려하게 치장된 공적 건물로도 유명합니다. 두칼레궁전의 대회의실 천장에 베로네세가 그린 〈아라크네〉가 있습니다.

이 작품의 다른 이름은 〈변증법〉입니다. 변증법은 모순과 대립을 근본 원리로 하여 사물의 본질에 다가가는 방식입니다. 해답을 찾기 위해 다른 관점을 지닌 사람에게 질문을 거듭하지요. 아라크네의 양손

파올로 베로네세, 〈아라크네(변증법)〉, 1575~1577년, 캔버스에 유채, 180×250cm, 베니스 두칼레궁전

베로네세와 틴토레토가 그린 그림들로 장식된 베니스 두칼레궁전의 천장.

사이에는 거미줄이 보입니다. 거미줄은 바깥쪽은 비대칭적이지만 안쪽으로 들어갈수록 모양이 대칭적으로 변합니다. 거미줄의 모양은 서로 다른 의견을 모순과 대립을 통해 통합하는 변증법과 닮았습니다. 그래서 아라크네가 변증법을 대표하는 것입니다.

아라크네를 천당에서 나락으로 떨어뜨린 교만

1861년 출간된 단테(Dante Alighieri, 1265~1321)의 《신곡》 중 〈연옥편〉에는 거미가 되어 신음하는 아라크네가 등장합니다. 그녀의 죄목은 '교만'이었습니다. 그녀가 조금만 겸손했더라도 신에게 인정받은 길쌈 실력을 마음껏 뽐내면서 부와 명예를 누렸을 것입니다. 하지만 거미로 변한 그녀는 뛰어난 재능에 대한 찬사 대신 사람들의 비명을 들어야만 했지요.

《피터팬》을 쓴 영국의 소설가 겸 극작가 제임스 매튜 배리(James Matthew Barrie, 1860~1937)가 남긴 말을 끝으로, 아라크네 이야기를 마칠까 합니다.

"인생은 겸손을 배우는 긴 수업시간이다."

오토 헨리 바허, 〈아라크네〉, 1884년, 에칭,
30.6×22.3cm, 뉴욕 메트로폴리탄미술관

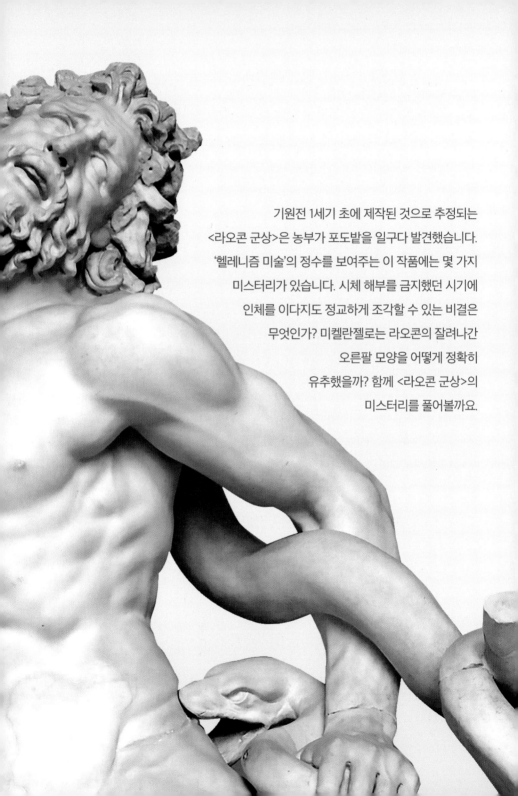

기원전 1세기 초에 제작된 것으로 추정되는
<라오콘 군상>은 농부가 포도밭을 일구다 발견했습니다.
'헬레니즘 미술'의 정수를 보여주는 이 작품에는 몇 가지
미스터리가 있습니다. 시체 해부를 금지했던 시기에
인체를 이다지도 정교하게 조각할 수 있는 비결은
무엇인가? 미켈란젤로는 라오콘의 잘려나간
오른팔 모양을 어떻게 정확히
유추했을까? 함께 <라오콘 군상>의
미스터리를 풀어볼까요.

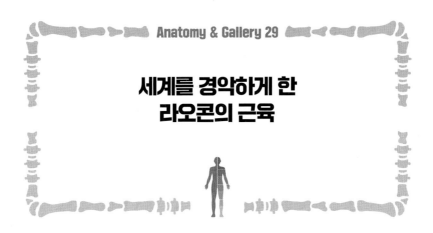

세계를 경악하게 한
라오콘의 근육

사과 한 알에서 촉발된 트로이전쟁은 해부학적으로도 많은 이야깃거리를 남겼습니다.

아킬레우스와 헥토르가 전사한 후, 그리스와 트로이 군대는 진퇴양난에 빠졌습니다. 그때 그리스군의 지략가 오디세우스가 커다란 목마 안에 정예군을 매복시킨 후 이 목마를 트로이 성 안으로 들여보내자는 아이디어를 냈습니다. 그는 목마만 두고 그리스군이 몸을 숨기면, 트로이군이 목마를 성 안으로 들여놓을 것이라고 예상했습니다.

트로이에서는 그리스군이 버리고 간 목마를 두고 의견이 갈렸습니다. 대다수가 목마를 들여오자는 입장이었지만, 예언자 카산드라(Cassandra)와 아폴론 신전의 제사장 라오콘(Laocoon)은 목마를 들여놓아선 절대 안 된다며 맞섰습니다. 하지만 두 사람의 의견은 받아들여지지 않았습니다. 결국 목마는 트로이 성 안으로 들어왔고, 목마에 숨어 있던 그리스 정예군의 기습으로 트로이는 무너졌습니다.

포도밭에서 발견한 헬레니즘 미술의 걸작

라오콘은 목마가 성 안으로 들어오자, 목마를 향해 힘껏 창을 내던졌습니다. 이 행동이 그리스군을 지지하던 포세이돈을 분노하게 만들었고, 포세이돈은 라오콘과 두 아들을 벌하려 뱀을 보냈습니다. 라오콘 부자는 뱀에 물려 고통스럽게 죽었습니다.

뱀에 물려 고통으로 몸부림치는 라오콘 부자를 생동감 있게 표현한 조각상이 바로 〈라오콘 군상〉입니다. 1506년 로마의 한 농부가 포도밭을 일구다 발견한 〈라오콘 군상〉은 〈피에타〉(18쪽), 〈다비드상〉(265쪽)과 함께 세계 3대 조각으로 손꼽히는 명작입니다.

발굴 당시 라오콘의 오른팔은 절단된 상태였습니다. 당국은 여러 조각가를 불러 잘려나간 팔 모양을 추측하도록 했습니다. 대부분이 팔이 위를 향해 쭉 펴진 상태라고 추측했지만, 미켈란젤로만이 어깨와 팔 근육 모양에 비추어 오른팔이 뒤로 접혀 있었을 것이라고 주장했습니다. 하지만 다수 의견에 따라 라오콘의 오른팔은 쭉 펴진 상태로 복원되었습니다.

그런데 1905년, 로마 석공 작업장에서 〈라오콘 군상〉의 잘려나간 팔이 발견되었습니다. 놀랍게도 라오콘의 오른팔은 뒤쪽으로 굽은 모양이었습니다! 미켈란젤로가 해부학에 얼마나 정통했는지, 400년이 지난 후에 증명된 셈입니다.

작자 미상, 〈라오콘 군상〉, BC 1세기 초, 대리석, 265×158×105cm, 바티칸미술관

엘 그레코, 〈라오콘〉, 1610~1614년, 캔버스에 유채, 137.5×172.5cm, 워싱턴D.C.국립미술관

　　기원전에 만들어진 조각상이지만 〈라오콘 군상〉에는 인체의 주요 근육이 정확하고 상세하게 표현되어 있습니다. 그래서 해부학에 정통했던 미켈란젤로가 〈라오콘 군상〉을 만든 장본인이라는 설이 나돌기도 했지요.

　　독특한 화풍을 자랑하는 화가 그레코(El Greco, 1541~1614)도 라오콘 부자를 그렸습니다. 엿가락처럼 길게 늘인 인체는 해부학적 정확성에서는 한참 벗어나 있습니다. 그레코의 〈라오콘〉이 〈라오콘 군상〉과 닮은 점이라면, 라오콘 부자가 뱀에 물린 상태라는 것뿐입니다. 신의 분노를 산 자에게는 항상 매서운 형벌이 뒤따릅니다.

어깨와 위팔을 움직이는 톱니바퀴 근육

다시 〈라오콘 군상〉(417쪽)으로 돌아가서, 라오콘의 왼쪽 가슴근육에서 시선을 비스듬히 내려보시죠. 울퉁불퉁하게 튀어나온 근육들이 보입니다. 이 근육은 '앞톱니근(serratus anterior)'입니다. 앞톱니근은 라틴어로 톱을 뜻하는 'serratus'와 앞을 뜻하는 'anterior'의 합성어입니다. 근육의 앞부분은 첫 번째 갈비뼈부터 아홉 번째 갈비뼈에 걸쳐 붙어 있으며, 뒷부분은 어깨뼈 안쪽에 붙어 있습니다. 갈비뼈에 붙어 있는 모양새가 마치 톱니바퀴 같습니다.

앞톱니근은 어깨뼈를 모으고 가슴벽에 고정시키는 역할을 합니다. 앞톱니근은 숨을 들이마실 수 있게 갈비뼈를 들어 올립니다. 또 팔을 앞으로 뻗을 수 있게 어깨뼈를 앞으로 보내고 어깨 회전을 돕습니다. 앞톱니근의 주 역할은 어깨뼈를 움직이는 것입니다. 그래서 앞톱니근이 마비되면, 마치 등에 날개가 난 것(날개어깨뼈, winged scapula)처럼 어깨뼈가 위로 들뜹니다. 또한 앞톱니근을 과도하게 움직이면 어깨관절이 안정되지 않아, 오십견, 회전근개파열, 건초염 등의 질병이 생길 수 있습니다.

앞톱니근은 앞으로 손을 내뻗는 동작을 많이 하는 복서들에게 잘 발달하여 '복서의 근육'이라고도 부릅니다. 앞톱니근은 일반인에게는 잘 발견되지 않습니다. 그레코의 〈라오콘〉에서 모든 인물이 옆구리가 훤히 보이지만 앞톱니근이 잘 보이지 않는 것처럼요. 그럼에도 〈라오콘 군상〉에는 앞톱니근이 정확하게 표현되었습니다. 이것이 어떻게 가능했을까요?

앞톱니근

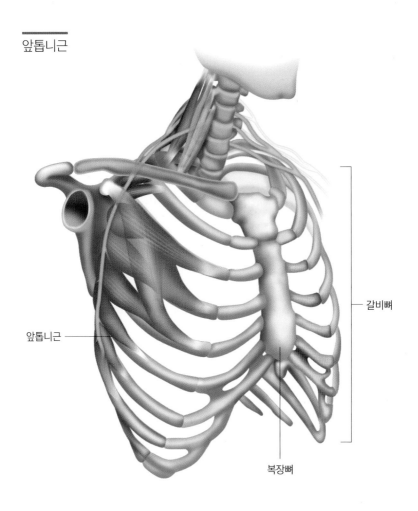

갈비뼈

앞톱니근

복장뼈

앞톱니근은 어깨뼈와 갈비뼈를 연결하는 근육으로,
갈비뼈에 붙은 쪽 근육이 톱니처럼 생겼다. 앞톱니근은 어깨와 위팔을
들어 올리며, 갈비뼈를 들어 올려 공기를 들이마실 수 있게 한다.
앞으로 손을 내뻗는 동작이 많은 복서들에게 특히 발달하여
'복서의 근육'이라고도 부른다.

〈라오콘 군상〉이 제작된 로마시대로 시간을 거슬러가 볼까요. 기독교를 국교로 채택한 로마는 시체 해부를 금지했습니다. 그래서 당시 최고의 해부학자 갈레노스는 콜로세움의 검투사를 치료하거나 그들의 사체를 관찰하고, 가축을 해부하며 인체 내부를 유추했습니다. 아마 검투사들이라면 앞톱니근이 발달하였을 것입니다. 〈라오콘 군상〉을 조각한 미스터리한 조각가는 검투사를 모델로 앞톱니근이 발달한 라오콘을 조각할 수 있었던 게 아닐까 추측해봅니다.

앞톱니근은 어깨와 위팔을 움직이는 톱니바퀴입니다. 또 호흡을 도와주는 근육이지요. 검투사처럼 앞톱니근이 선명히 보이도록 운동할 필요는 없지만, 호흡 안정과 어깨 근육 단련을 위해서는 가슴 운동도 빼놓아서는 안 됩니다.

세이렌의 노랫소리와 지략가의 비명

그리스군을 승리로 이끈 지략가 오디세우스는 전쟁을 끝내고 고향으로 향했습니다. 이 과정에서 그는 여러 모험을 겪는데요. 그 이야기는 호메로스의 손에서 《오디세이아》로 탄생했습니다. 《오디세이아》 중 '바다의 님프' 세이렌(Siren)의 이야기를 들려드리겠습니다.

세이렌은 감미로운 노래로 지나가는 배에 있는 선원들을 유혹하여 바다로 빠뜨리는 무시무시한 님프였습니다. 세이렌은 상반신은 여자의 모습을 하고, 하반신은 새의 모습을 하고 있었습니다.

오디세우스도 세이렌의 악명을 잘 알고 있었습니다. 그래서 님프 키르케(Circe)에게 세이렌의 유혹을 무사히 벗어나는 방법을 전수받았습

허버트 제임스 드레이퍼, 〈오디세우스와 세이렌〉, 1910년, 캔버스에 유채, 88.9×110.5cm, 요크셔 헐 페렌스 미술관

니다. 군사들은 키르케의 조언대로 밀랍으로 귀를 막아 세이렌의 유혹
에서 벗어났습니다. 그런데 오디세우스는 세이렌의 노랫소리가 듣고
싶어 귀를 막지 않았습니다. 대신 부하들의 도움을 받아 자신의 몸을
돛대에 결박시켰습니다.

세이렌의 노랫소리가 들려오자, 아무 소리도 듣지 못해 평온한 선원
들과 달리 오디세우스는 밧줄을 풀고 싶어 몸부림쳤지요. 부하들은 필
사적으로 그를 만류했습니다. 부하들 덕분에 오디세우스는 산 채로 세
이렌의 바다를 통과할 수 있었습니다.

신화와 역사를 즐겨 그린 영국 화가 드레이퍼(Herbert James Draper,
1864~1920)의 〈오디세우스와 세이렌〉에는 오디세우스가 절규하는 모습

이 생생히 담겨 있습니다. 오디세우스에게 다가오는 세이렌은 신화 속 설명과 달리 인어의 형상입니다. 결국 오디세우스 일행을 한 명도 죽이지 못한 세이렌은 비통함에 스스로 목숨을 끊었습니다.

노래와 비명이 나오는 '성대'

세이렌의 노래도, 오디세우스의 비명도 모두 '성대(Voical cord)'에서 나옵니다. 성대는 후두를 앞뒤로 가로지르는 V자 형태의 점막 주름 한 쌍으로 구성됩니다. 두 주름 사이로 공기가 지나가면서 소리가 납니다. 공기를 들이마시면 성대의 주름이 이완되어서 열리고, 숨을 참거나 목소리를 내면 주름이 긴장되어 좁아집니다.

목소리는 성대 주름이 진동하는 폭에 따라 높게 나오기도 하고, 낮게 나오기도 합니다. 대개 남성의 목소리는 150~160Hz, 여성의 목소리는 240~250Hz입니다. 진동수 차이는 남성과 여성의 성대 길이가 다르기 때문에 발생합니다. 변성기 전에는 남녀 모두 성대가 0.8cm 정도지만, 변성기 이후에 남성의 성대는 1.8~2.4cm, 여성의 성대는 1.3~1.7cm까지 자라면서 목소리의 높낮이가 달라집니다.

평생 미성으로 노래하는 남자 가수 '카스트라토(castrato)'의 삶을 그린 영화 〈파리넬리〉에는 이 설명과 상반된 등장인물이 나옵니다. 주인공 파리넬리(Farinelli, 1705~1782)는 성인이 된 이후에도 아주 높은 음역대로 노래하지요. 어떻게 그럴 수 있었을까요?

파리넬리가 소년이던 시절, 아버지는 아들을 카스트라토로 키우기 위해 거세시켰습니다. 파리넬리처럼 거세당한 경우, 남성 호르몬 분비

성대 구조

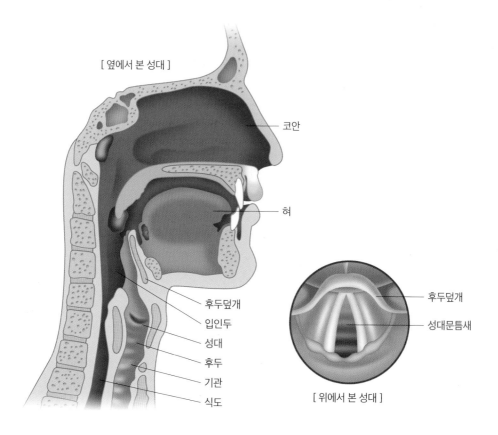

[옆에서 본 성대]

코안

혀

후두덮개
입인두
성대
후두
기관
식도

후두덮개

성대문틈새

[위에서 본 성대]

성대는 후두를 앞뒤로 가로지르는 V자 형태의 점막 주름 한 쌍으로 구성된다.

한 사람의 목소리는 성대 주름이 진동하는 폭에 따라 결정된다.

연령대와 성별에 따라 달라지는 성대 길이가 음역대를 바꾼다.

17세기 이탈리아에서는 소년들을 거세시켜 성대가 자라지 못하게 만들어

평생 미성으로 노래하는 카스트라토를 만들기도 했다.

가 감소되어 후두와 성대가 자라지 않습니다. 거세된 소년이 성인이 되면 폐와 목구멍은 더 커지지만 성대만은 어린 시절과 같은 크기로 남아 있습니다. 기형적 성대 구조 때문에, 파리넬리는 여성과 남성의 음역대를 모두 소화할 수 있습니다. 성대의 길이에 따라 목소리의 높낮이가 결정된다는 사실을 증명하는 잔인한 예시이지요.

누구를 위한 목소리인가?

가난했던 이탈리아 남부 사람들은 아들을 카스트라토로 키우기 위해, 어린 아들을 강제로 거세시키도 했습니다. 카스트라토로 성공하면 엄청난 부와 명예가 따라왔기 때문입니다. 카스트라토의 전성기였던 18세기 이탈리아에서 해마다 6천여 명의 소년이 거세당했다고 합니다. 거세했다고 모두 카스트라토로 성공하는 것도 아니었습니다. 실패한 많은 카스트라토가 자살로 생을 마감했습니다. 영문도 모른 채 부모의 손에 이끌려 거세당한 아이는 '천상의 목소리'를 원했을까요?

트로이전쟁이 진행되는 동안, 많은 병사들이 다쳤고 고통에 비명을 질렀습니다. 전장에 가족을 떠나보낸 이들은 불안한 마음을 울음으로 내뱉었겠지요. 과연 국민들은 트로이전쟁이 벌어지길 원했을까요?

아마 둘 다 아니었겠지요. 좋은 의도로 시작한 일이라도 많은 이에게 비명을 지르게 하면, 그 의미는 퇴색될 수 있습니다. 목을 많이 쓰면 성대의 탄력이 떨어지고 성대 주변 근육이 약화되어 목소리가 영영 변해버리는 것처럼요.

미술관에 간 해부학자

초판 1쇄 발행 | 2021년 7월 5일
초판 7쇄 발행 | 2023년 11월 24일

지은이 | 이재호
펴낸이 | 이원범
기획·편집 | 김은숙
마케팅 | 안오영
표지디자인 | 강선욱
본문디자인 | 김수미
해부학 일러스트 | 강선욱

펴낸곳 | 어바웃어북
출판등록 | 2010년 12월 24일 제313-2010-377호
주소 | 서울시 강서구 마곡중앙로 161-8 C동 1002호 (마곡동, 두산더랜드파크)
전화 | (편집팀) 070-4232-6071   (영업팀) 070-4233-6070
팩스 | 02-335-6078

ⓒ 이재호, 2021

ISBN | 979-11-87150-91-6   03470

일상공간을 지배하는 비밀스런 과학원리
시크릿 스페이스

개정 증보판

| 서울과학교사모임 지음 | 402쪽 | 18,000원 |

- 교육과학기술부 '우수 과학 도서' 선정
- 네이버 '오늘의 책' 선정 / 행복한아침독서 '추천 도서' 선정

나사못이나 자물쇠처럼 작고 평범한 사물에서
4차 산업혁명을 이끄는 인공지능에 이르기까지
기본원리를 낱낱이 파헤친 과학해부도감

138억 년 우주를 가로질러 당신에게로
어크로스 더 유니버스

| 김지현·김동훈 지음 | 456쪽 | 20,000원 |

걸어서 우주 속으로, 세계 곳곳을 탐험하며 드넓은 우주와 만나다!
"딱 일주일, 오직 별만 보고 싶다!"는 꿈을 오래도록 품고 산 남자.
그리고 단 2분 동안 일어나는 개기일식을 보기 위해 북극에서 가장 가까운 마을로
주저 없이 떠나는 남자. 이 책은 자기 몸집보다 큰 천체망원경을 둘러메고
별빛을 따라 걷는 '길 위의 과학자'들이 기록한 우주 탐험기다.

수학의 핵심은 독해력이다!
읽어야 풀리는 수학

| 나가노 히로유키 지음 | 윤지희 옮김 | 304쪽 | 16,800원 |

수학 문제가 풀리지 않을수록, 국어를 파고들어라!
독해력은 모든 학습의 기본이 되는 역량이다. 지식을 전달하는 가장 보편적인
매개체는 텍스트, 바로 '글'이기 때문이다. 수학은 인류가 만든 가장 오래된
언어이자 자연계 및 사회, 경제, 문화 등 우리 사회 전반을 이해할 수 있는
밑바탕이 되는 언어다. 수학을 잘하는 데 필요한 것은 풍부한 국어력이다!

과학이 만들어낸 인류 최고의 발명품, 단위!
별걸 다 재는 단위 이야기

| 호시다 타다히코 지음 | 허강 옮김 | 264쪽 | 15,000원 |

바이러스에서 우주까지 세상의 모든 것을 측정하기 위한 단위의 여정
센티미터, 킬로그램, 칼로리, 퍼센트, 헥타르, 섭씨, 배럴 등
우리 생활 깊숙이 스며든 단위라는 친근한 소재를 하나씩 되짚다보면,
과학의 뼈대가 절로 튼튼해진다.

모든 의사의 첫 환자는 본과생 때 만나는 카데바(해부용 시신)다. 해부학 실습을 지도했던 교수님은 카데바가 그 어떤 책보다 많은 지식을 알려줄 것이라고 말씀하셨다. 그 말은 사실이었다. 이 책은 해부학을 처음 접하는 이들에게 한 구의 카데바가 되어줄 것이다. 세계 유수의 미술관에서 듣는 해부학 수업은 독자들에게 잊지 못할 경험을 선물할 것이다. __ **한승호** (대한해부학회 이사장)

종교가 세상을 지배한 중세시대는 해부학의 암흑기였다. 수많은 사람을 죽음으로 몰아넣은 '페스트'는 신에서 인간 중심으로 사고의 방향을 트는 전환점이 되었다. 인본주의라는 사상의 전환을 통해 비로소 해부학은 발전할 수 있었다. 해부학은 인간을 탐구하는 학문이다. 이재호 교수는 '인체'를 치열하게 탐구한 예술가들의 작품을 전면에 배치함으로써, 해부학 대중화의 걸림돌을 말끔히 치워냈다. 의학과 예술을 통섭한 저자의 시도에 박수를 보낸다. __ **윤식** (대한해부학회 회장)

해부학은 생명을 잃은 인체를 바탕으로 삶을 연구하는 살아 있는 학문이다. 수많은 해부학자가 인체의 비밀을 낱낱이 밝혀냈기에 우리가 건강한 삶을 영위할 수 있는 것이다. 이 책은 명화를 통해 해부학에 생동감을 더한다. 또한 신화, 종교, 역사 등 인문학을 결합해 해부학을 흥미로운 이야기로 만들었다. __ **민복기** (대한의사협회 대외협력자문위원)

"현대 의학은 '해부학'이라는 자궁에서 잉태되었다"는 말이 있다. 의학은 해부학을 기반으로 발전했다. 그렇기에 의사가 된 지금도 인체를 분석하는 일을 게을리할 수 없다. 의사에게도 어려운 인체 탐구가 일반인에게 쉬울 리 없다. 그런데 예술 작품을 통해 인체를 탐구할 수 있는 책이라니, 더 없이 반갑다. 인체라는 우주가 궁금했던 이들에게 이 책은 좋은 안내자가 될 것이다. __ **이현아** (계명대학교 동산병원 교수)

의학의 '의' 자도 모르던 햇병아리 일러스트레이터 시절, 나는 몸의 구조를 익히기 위해 해부학 수업을 참관했고 일주일에 두세 번씩 해부학 실습실에서 스케치를 하며 밤을 새웠다. 다 빈치는 부패해가는 시체들 속에서 1800여 점의 그림을 그렸다고 한다. 그의 이야기를 읽으며 실습실에서 날이 밝아오는 것도 모르고 인체에 몰두했던 그 시절이 생각났다. 해부를 간접적으로 체험할 수 있게 하는 이 책을 통해 독자들도 인체에 몰입하는 시간을 보내길 바란다. __**장동수** (메디컬 일러스트레이터)

《인체의 구조에 관하여》는 근대 해부학 발전에 크게 이바지한 기념비적 저서다. 《인체의 구조에 관하여》에 수록된 정확하고 예술성 높은 해부도를 그린 화가 칼카르는 이 책의 숨은 주역이다. 칼카르뿐만 아니라 수많은 예술가들이 인간의 몸을 정확하게 묘사하기 위해 해부학자 만큼 인체를 집요하게 탐구했다. 그렇기에 명화는 아주 좋은 해부학 교본이다. __**윤관현** (인천가톨릭대학교대학원 바이오메디컬아트 교수)

이 책은 다 빈치, 미켈란젤로, 렘브란트, 루벤스 등 예술가들이 남긴 작품을 통해 뼈와 관절의 움직임부터 질병의 발현까지 탐구하는 재미있는 콘셉트의 과학 교양서다. 의대 입시를 준비하는 학생에게 해부학 지식을 쌓고 전공적합성과 융합적 사고력을 기를 수 있을 것이다. __**정구열** (경신고등학교 교사)

원인 모를 만성통증을 앓았던 나는 해부학을 공부한 후 의사의 조언을 제대로 이해하게 되었다. 해부학 지식은 통증을 완화하는 데 많은 도움을 주었다. 내 경험을 다른 사람들과 나누고자 해부학 만화를 그렸다. 책을 향한 독자들의 뜨거운 반응으로 일반인에게 해부학이 꼭 필요한 지식임을 다시 한 번 확인했다. 미술 작품을 통해 해부학을 쉽고 재미있게 소개하는 이 책의 참신한 시도가 참 반갑다.
__**압둘라** (《까면서 보는 해부학 만화》 저자)